本科层次职业教育装备制造大类系列教材

典型机器人编程技术
（ABB）

主　编◎梁法辉　李光志　韩昊宏
主　审◎金　涛

同济大学出版社
TONGJI UNIVERSITY PRESS
·上海·

内 容 提 要

本书以 ABB IRB120 和 ABB IRB6700 机器人为载体,以典型作业的应用编程为主要学习方向,以贴近工业的搬运、码垛、装配、点焊等项目进行全面实训,充分展现工业机器人应用编程技能要求。内容安排从易到难,分级递进,旨在引导学生迅速掌握实际操作与编程技能。课程模块化设计,集合了多种以工业机器人为核心的自动化辅助作业模块。通过设备实训,学生能够熟练掌握机器人的编程方法,深入了解机器人在智能制造系统中的作用,助力机器人技术教学创新和职业技能竞赛。

本书可作为高等职业院校工业机器人技术、电气自动化、机电一体化技术、智能制造等相关专业的教材使用,也适合企业中从事机电设备操作、装配、调试、维护维修等工作的技术人员,以及售后服务人员等社会爱好者学习。

图书在版编目(CIP)数据

典型机器人编程技术:ABB / 梁法辉,李光志,韩昊宏主编. -- 上海:同济大学出版社,2024.6.
ISBN 978-7-5765-1248-9

Ⅰ.TP242

中国国家版本馆 CIP 数据核字第 2024SF2675 号

本科层次职业教育装备制造大类系列教材

典型机器人编程技术(ABB)

主　编　梁法辉　李光志　韩昊宏　　**主　审**　金　涛
责任编辑　任学敏　**助理编辑**　韩　青　**责任校对**　徐春莲　**封面设计**　渲彩轩

出版发行	同济大学出版社　www.tongjipress.com.cn	
	(地址:上海市四平路1239号　邮编:200092　电话:021-65985622)	
经　销	全国各地新华书店	
制　作	南京月叶图文制作有限公司	
印　刷	启东市人民印刷有限公司	
开　本	787 mm×1092 mm　1/16	
印　张	14.75	
字　数	331 000	
版　次	2024年6月第1版	
印　次	2024年6月第1次印刷	
书　号	ISBN 978-7-5765-1248-9	
定　价	58.00元	

本书若有印装质量问题,请向本社发行部调换　　版权所有　侵权必究

"本科层次职业教育装备制造大类系列教材"编委会

主　　　任　李春明　韩　萍

执 行 主 任　王翼飞

执行副主任　李起振　董世钢

编　　　委（按姓氏笔画排序）

于伟丽　马旭东　王立超　王晨爽　田　野
田丰福　任　玲　李文博　李东兵　李明清
杨竹君　张　洋　陈艳辉　赵　宇　郝　睿
徐晓月　高红柳　梁法辉　董志会　颜丹丹

前　言

　　近年来,我国机器人产业发展迅速,《2023—2028年中国工业机器人行业深度调查及投融资战略研究报告》显示,2024年中国工业机器人市场规模将超700亿元。当前,随着智能制造产业的飞速发展,相应的人才储备数量和质量却捉襟见肘,已经成为产业转型升级的重要制约要素之一。

　　2021年,国家先后出台《"十四五"智能制造发展规划》《"十四五"机器人产业发展规划》等一系列战略规划,将机器人产业列为战略性新兴产业,并予以重点扶持。党的二十大报告中提出:"建设现代化产业体系。坚持把发展经济的着力点放在实体经济上,推进新型工业化,加快建设制造强国、质量强国、航天强国、交通强国、网络强国、数字中国。"

　　ABB机器人在全球工业机器人领域具有极高的声誉,属于"机器人四大家族"成员之一。ABB机器人作为智能制造领域的领先设备,其运动控制和自动化整合能力强,应用领域广泛,且稳定性高、可靠性高。本书以ABB IRB120和ABB IRB6700机器人为载体,以工业机器人应用编程职业技能等级标准要求为开发依据,采用工业机器人应用编程一体化教学创新平台和工业机器人运维平台,在多种典型场景下编程操作机器人完成各种作业任务。本书以职业技能培养为导向,以全面工程教育为手段,以创新能力培养为核心,结合电气类各专业课程,汇聚优秀师资力量,旨在提升学生企业实践能力,增强实际操作素养,进一步激发学习兴趣,使学生牢固掌握专业技能,拓宽行业视野,在专业上得到多元化、立体化、全面化发展。本书结合企业实际机器人应用编程岗位技能需求特征,依据机器人岗位实训资源与技能等级标准编写,不仅可以满足院校实际教学及考核鉴定的需求,而且可用于1+X证书制度试点名单中"工业机器人应用编程职业技能等级证书"的认证工作。

　　本书主要内容包括对工业机器人进行参数设定、手动操作工业机器人的方法介绍;按照工艺要求,使用基本指令对工业机器人进行操作编程、应用维护等工作的方法介绍。本书配有实操视频、PPT课件,学习者可扫码观看、下载;配套实操综合测验可扫描封底二维码下载获取。

　　本书从企业的生产实际出发,经过广泛调研,选取搬运、码垛、装配、点焊等典型项目,使学习者能够在完成相关工作任务的过程中,掌握工业机器人领域的基础性知识,以及能运用示教编程的方法,根据现场给定的工艺要求,自主完成相关编程任务。本书旨在培养学习者的创新意识、团队合作精神、国际视野及工匠精神,提升学习者信息素养。此外,本书利于学习者提升学习能力、解决机器人技术问题能力、沟通能力和管理协调能力,以更好地承担相应的岗位责任。

本书由长春汽车职业技术大学梁法辉、李光志、韩昊宏任主编;一汽-大众汽车有限公司金涛任主审;长春汽车职业技术大学闫坤、蔡坤、冯玉涛任副主编;一汽解放集团股份有限公司尚军,长春汽车职业技术大学王旭、刘富凯、徐洪亮、李永强参编。具体编写人员分工如下:梁法辉编写项目四;李光志编写项目一;韩昊宏编写项目三;项目五由李光志、韩昊宏共同编写;闫坤编写项目二;蔡坤、冯玉涛共同完成项目六编写;王旭负责数字资源库的建设;尚军、刘富凯、徐洪亮、李永强负责实例的收集、整理及审核。

在本书编写过程中,编者们参考、引用了国内外出版物中的相关资料,在此对这些资料的作者表示深深的谢意!本书的编写得到了中国一汽红旗制造中心、一汽解放集团股份有限公司、一汽-大众汽车有限公司等企业的大力支持,在此表示衷心的感谢,并对参与和支持本书编写和出版的每一位朋友表示诚挚的谢意。由于编写时间有限,难免会出现一些疏漏,恳请广大读者朋友提出宝贵意见和建议。

编 者

2024 年 3 月

目　录

前言

项目一　工业机器人手动操作 ·· 1
　　任务一　工业机器人的操作准备 ·· 1
　　任务二　手动关节坐标系操作 ·· 10
　　任务三　手动大地坐标系操作 ·· 23
　　任务四　手动工具坐标系操作 ·· 27
　　任务五　手动工件坐标系操作 ·· 35
　　理论综合测验 ·· 40

项目二　工业机器人基础编程 ·· 41
　　任务一　基础编程操作准备 ·· 41
　　任务二　基本运动指令编程 ·· 48
　　任务三　自动拾取工具 ·· 62
　　任务四　转数计数器的更新 ·· 70
　　理论综合测验 ·· 77

项目三　工业机器人搬运应用 ·· 79
　　任务一　测算工具负载 ·· 79
　　任务二　配置平口手爪工具动作信号 ····································· 87
　　任务三　电机部件单工件搬运应用 ·· 95
　　任务四　电机部件搬运应用 ·· 107
　　理论综合测验 ·· 117

项目四　工业机器人码垛应用 ·· 119
　　任务一　重叠式码垛应用 ··· 119
　　任务二　纵横交错式码垛应用 ··· 136
　　任务三　旋转交错式码垛应用 ··· 146

1

理论综合测验 ·· 155

项目五　工业机器人装配应用 ··· 157
　　任务一　电机部件装配应用 ··· 157
　　任务二　输出法兰装配应用 ··· 175
　　任务三　关节成品入库应用 ··· 183
　　理论综合测验 ·· 195

项目六　工业机器人点焊应用 ··· 196
　　任务一　机器人点焊工作站配置 ·· 196
　　任务二　伺服焊枪的配置及应用 ·· 206
　　任务三　点焊应用与编程 ··· 216
　　理论综合测验 ·· 225

参考文献 ··· 226

项目一

工业机器人手动操作

项目概述

工业机器人手动操作是编程人员的基本技能要求。通过对工业机器人操作准备、手动关节坐标系操作、手动大地坐标系操作、手动工具坐标系操作和手动工件坐标系操作5个任务的学习,学生可以掌握工业机器人应用编程证书技能中要求的如下技能:能够通过示教器或控制柜设定工业机器人手动、自动等运行模式;能够根据工作任务要求用示教器设定运行速度;能够根据操作手册设定语言界面、系统时间、用户权限等环境参数;能够根据安全规程,正确启动、停止工业机器人,安全操作工业机器人;能够及时判断外部危险情况,操作紧急停止按钮等安全装置;能够根据工作任务要求,使用示教器对工业机器人进行单轴、线性、重定位等操作。

任务一 工业机器人的操作准备

 任务概述

工业机器人应用编程人员在开始操作工业机器人前,需要了解工业机器人的基本组成、主要性能参数、安全操作规范、工具快换装置,以及能够正确开机、关机、配置示教器参数,为工业机器人基本操作做好准备工作。

 任务目标

知识目标:

1. 掌握工业机器人的基本组成。
2. 掌握工业机器人的主要性能指标。
3. 了解工业机器人的工具快换装置。
4. 了解工业机器人应用编程人员的安全操作规范。

技能目标:

1. 能够正确启动或关闭工业机器人。
2. 能够配置示教器环境参数。

3. 能够正确使用紧急停止按钮(以下简称急停按钮)并解除报警。

素养目标:

1. 树立专业所需职业素养。
2. 提升自身发展素养。

一、工业机器人开机

工业机器人开机包括如下六个步骤。

(1) 检查是否符合开机条件,主要包括工业机器人电源、周边设备、作业范围等。

(2) 检查急停按钮是否已拔起,包括控制柜急停按钮和 ABB 工业机器人示教器(以下简称示教器)急停按钮,分别如图 1-1-1(a) 和图 1-1-1(b) 所示。

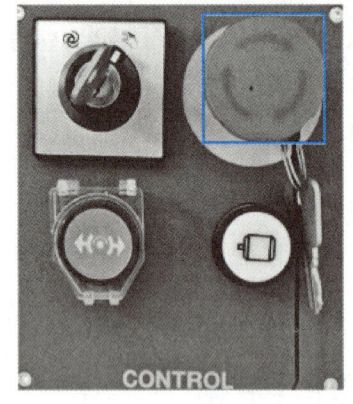
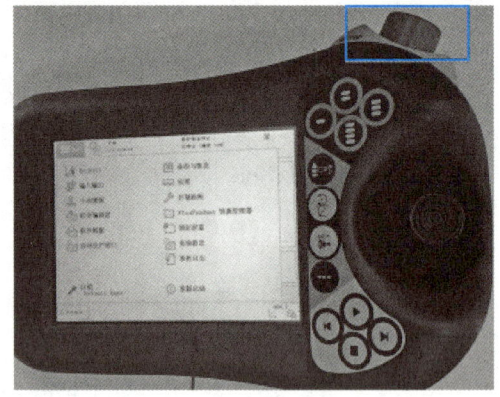

(a) 控制柜急停按钮　　　　　　　　(b) 示教器急停按钮

图 1-1-1　急停按钮

(3) 打开实训平台电源开关,即将控制台上电源开关旋至"1"位置,平台上电,如图 1-1-2 所示。

(4) 打开工业机器人控制柜上电源开关,即将工业机器人控制柜上的电源开关旋至"1 ON"的位置,如图 1-1-3 所示。

图 1-1-2　平台电源开关　　　　　　图 1-1-3　控制柜电源开关

（5）系统供气，将空气压缩机上的气泵开关和供气阀门打开，即将气泵开关向上拉起，气泵上电，并将气泵阀门旋至与气管平行方向打开阀门，如图1-1-4所示。

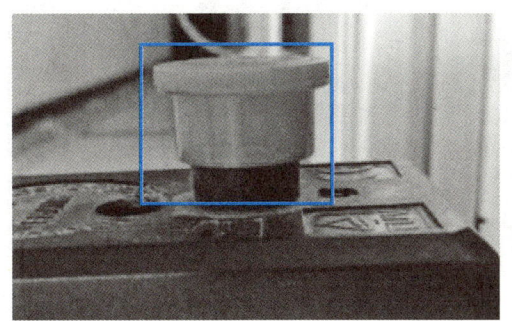 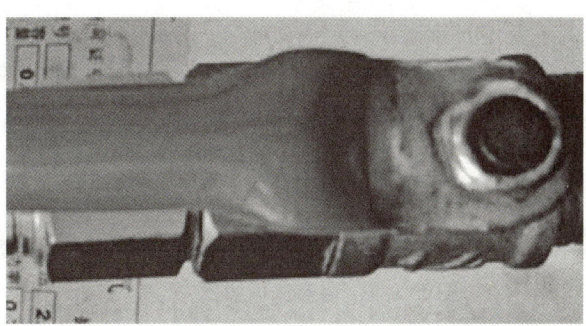

（a）将气泵开关向上拉起，气泵上电　　　　　（b）将气泵阀门旋至与气管平行方向打开阀门

图1-1-4　气泵开关

（6）等待一段时间，画面自动开启，完成机器人开机。

二、配置示教器参数

示教器可以选择多种语言，用户可以依次点击"菜单键"→"控制面板"→"语言"对示教器语言进行设置，下面以将示教器语言修改为中文为例，介绍示教器语言设置的方法。

（1）点击主界面菜单键，选择控制面板按键"Control Panel"，如图1-1-5所示。

（2）在"控制面板"界面中选择语言选项"Language"，如图1-1-6所示。

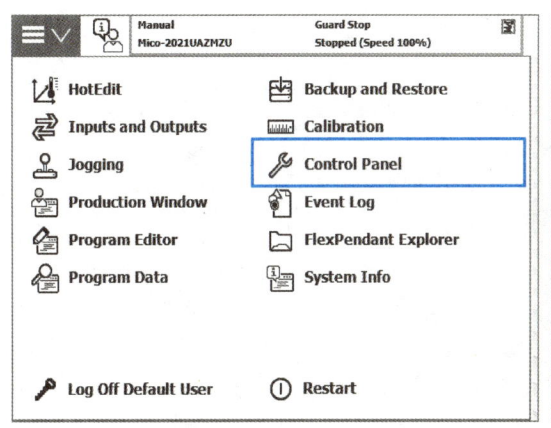 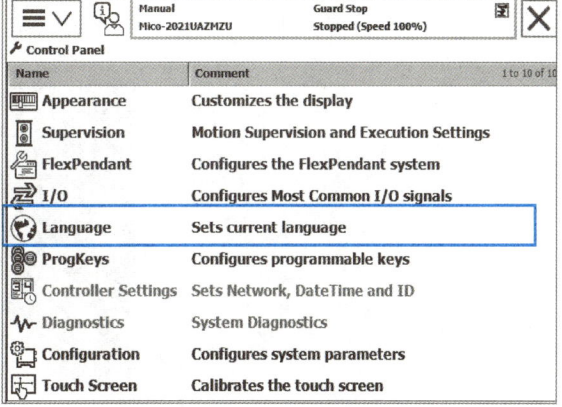

图1-1-5　主界面菜单　　　　　　　　　图1-1-6　控制面板界面

（3）语言选项中选择"Chinese"，如图1-1-7所示。

（4）点击"OK"按钮，然后根据系统提示选择"Yes"重启示教器，即可更改示教器语言为中文模式，如图1-1-8所示。

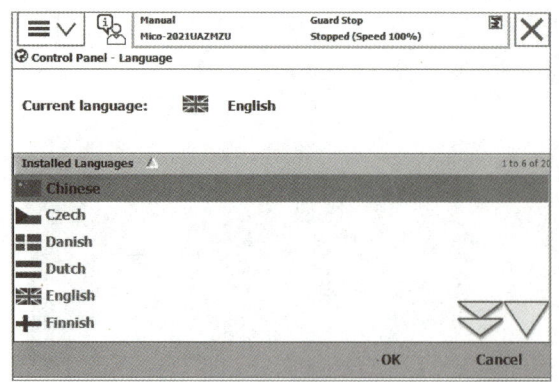
图1-1-7　语言选项界面

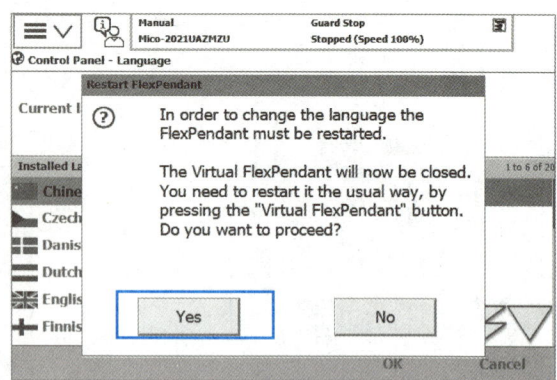
图1-1-8　更改完成界面

三、正确使用紧急停止按钮并解除报警

（1）当按下示教器或者控制柜上的急停按钮时，工业机器人的屏幕上将显示紧急停止报警提示，如图1-1-9所示。

（2）逆时针旋转急停按钮，就能将急停按钮松开，此时要检查是示教器上的急停按钮被触发，还是控制柜上的急停按钮被触发，如图1-1-10所示。

（3）按下工业机器人控制柜上的伺服上电按键，将紧急停止报警提示清除。

（4）查看紧急停止报警是否解除，解除后"紧急停止"红字将消失，如图1-1-11所示。

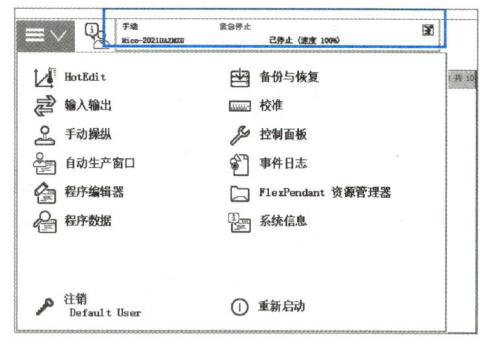
图1-1-9　紧急停止报警提示

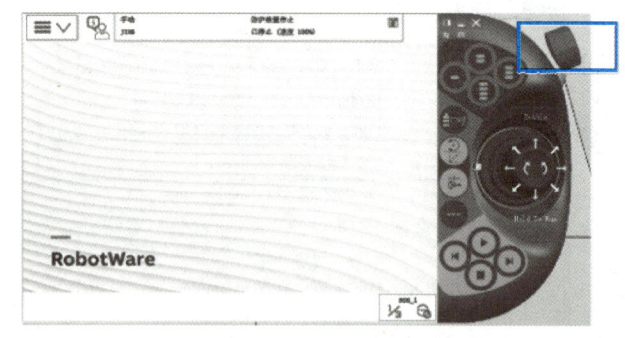
图1-1-10　示教器急停按钮被触发

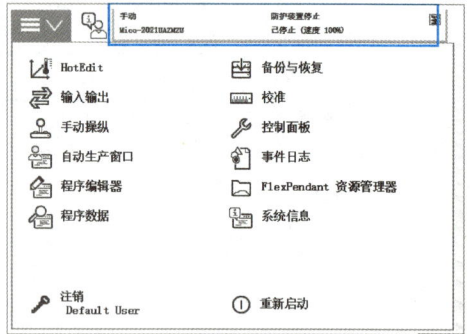
图1-1-11　紧急停止报警解除界面

四、工业机器人关机

（1）手动操作工业机器人，将其返回工作原点，如图1-1-12所示。

（2）整理示教器线缆，将示教器放置到指定位置，如图1-1-13所示。

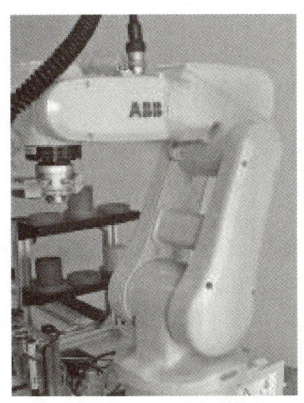
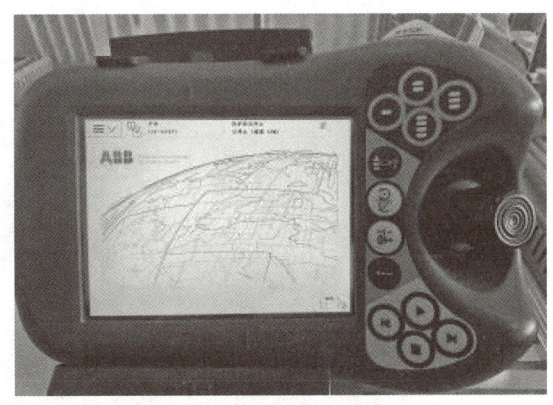

图 1-1-12　工业机器人原点位置　　　　图 1-1-13　示教器摆放位置

（3）关闭工业机器人主电源,将控制柜上的电源开关由"1　ON"旋至"0　OFF"位置。

（4）按下急停按钮（实训平台、示教器或者控制柜中的任意一个即可），使工业机器人处于紧急停止报警状态。实训平台急停按钮如图1-1-14所示。

（5）关闭实训平台电源开关,将电源开关旋至"0"位置,如图1-1-15所示。

（6）将空气压缩机上的气泵开关和供气阀门关闭,将气泵开关向下压,将气泵阀门旋至与气管垂直的方向。

（7）整理工业机器人系统周边设备、电缆、工件等。

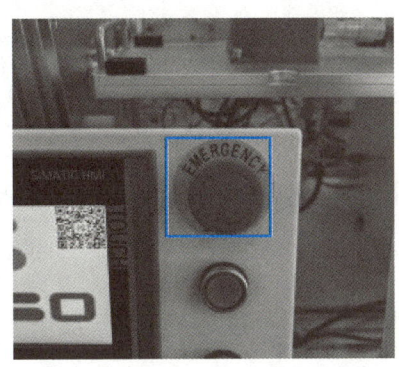

图 1-1-14　实训平台急停按钮　　　　图 1-1-15　实训平台电源开关关闭

理论基础

一、工业机器人基本组成

工业机器人是一种能自动控制、可重复编程、多用途、可在3个或更多轴上进行编程的操作机,通常用于生产线、装配线等自动化生产过程中的物流和加工操作。工业机器人有着高效、高精度、可编程、可重复性强等特点,可以取代人力完成单调、重复的劳动,并且能够提高生产效率和产品质量。工业机器人系统主要由工业机器人本体、控制柜、示教器和连接线缆等组成,如图 1-1-16 所示。

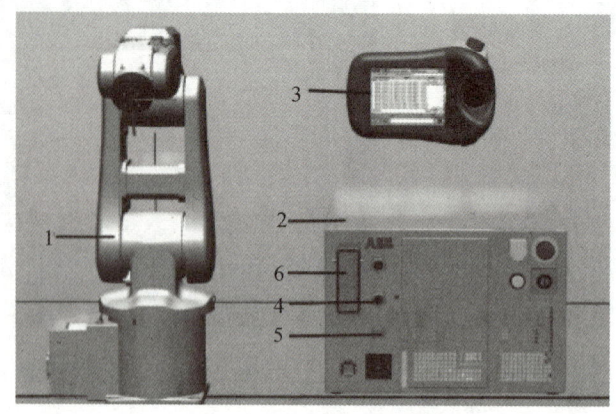

1. 工业机器人本体;2. 控制柜;3. 示教器;4. 示教器线缆;5. 编码器线缆;6. 动力线缆

图 1-1-16　工业机器人基本组成

1. 工业机器人本体

工业机器人本体是执行机构,是工业机器人的支承基础。工业机器人应用编程一体化教学创新平台采用 ABB IRB120 紧凑型工业机器人,其负载为 3 kg,工作区域为 580 mm。该型号机器人是 ABB 机器人中最小、最快的多用途六轴工业机器人,具有紧凑、灵活、轻便等特点,能够实现高速、高精度的动作,广泛应用于工业制造和自动化生产线中实现装配、搬运、分拣、上下料、包装盒涂胶密封、焊接等工艺。

工业机器人本体主要由传动部件、机身、臂部、腕部和手部组成,有的机器人还具有行走机构。

2. 控制柜

控制柜是工业机器人的指挥中枢,通过驱动器驱动执行机构的各个关节按所需的顺序、沿确定的轨迹运动,完成特定的作业。

3. 示教器

示教器是手动操作装置,能够进行手动操作、程序编写、参数配置等基本操作。

4. 连接线缆

工业机器人使用的连接电缆主要有电源线缆、示教器线缆、控制线缆和编码器线缆,其中,给控制柜提供电源的是动力线缆。示教器和控制柜通过示教器线缆进行连接。工业机器人本体和控制柜通过编码器线缆进行连接。

二、工业机器人主要性能指标

虽然工业机器人的种类、用途不尽相同,但任意工业机器人都具有特定的作业范围和要求。目前,工业机器人的主要技术参数包括自由度、分辨率、定位精度、重复定位精度、作业范围、运动速度和承载能力。

1. 自由度

自由度是指工业机器人所具有的独立坐标轴运动的数目,不包括末端执行器的开合自由度。工业机器人的自由度是根据其用途设计的,可能少于6个也可能多于6个。多自由度使工业机器人可以进行复杂空间曲面的作业。

2. 分辨率

分辨率是指工业机器人每个关节所能实现的最小移动距离或最小转动角度。

3. 定位精度和重复定位精度

定位精度是指机器人末端执行器实际到达位置与目标位置之间的差异,由机械误差、控制算法与系统分辨率等部分组成,通常用多次反复测试的定位结果代表点与指定位置之间的距离来表示。重复定位精度是指在同一环境、同一条件、同一目标动作、同一命令之下,工业机器人连续重复运动若干次,其位置的分散情况。重复定位精度是关于精度的统计数据,以实际位置值的分散程度来表示。

4. 作业范围

作业范围是工业机器人运动时手臂末端或手腕中心所能到达的位置点的集合,也称为机器人的工作区域。由于末端执行器的形状和尺寸是跟随作业需求配置的,所以为真实反映机器人的特征,作业范围是指不安装末端执行器时的工作区域。作业范围的形状和大小是十分重要的,在执行某作业时可能会因为存在手部不能到达的作业死区而不能完成任务。

5. 运动速度

运动速度影响工业机器人的工作效率和运动周期,它与工业机器人所提取的重力和位置精度均有密切关系。运动速度提高,工业机器人所承受的动载荷增大,必将承受加减速时较大的惯性力,从而影响工业机器人的工作平稳性和位置精度。

6. 承载能力

承载能力是指工业机器人在作业范围内的任何位姿上所能承受的最大重量。承载能力不仅取决于负载的质量,而且与工业机器人运行的速度以及加速度的大小和方向有关。为安全起见,承载能力这一技术指标是指高速运行时的承载能力。承载能力不仅指负载,而且包括了工业机器人末端操作器的质量。

三、工具快换装置

工业机器人工具快换装置又称工业机器人换枪盘,它是一种用于工业机器人快速更换末端执行器的装置,可以在数秒内快速更换不同的末端执行器,使工业机器人更具柔性、更高效,被广泛应用于自动化行业的各个领域。

工具快换装置通常由主盘[图1-1-17(a)]和工具盘组成,主盘安装在工业机器人法兰盘上,工具盘与末端执行器连接。

利用电信号和压缩空气完成主盘和工具盘之间的通信,工业机器人工具快换装置能够让不同的介质,例如空气、电信号、液体、视频信号等从工业机器人手臂连接到末端执行器。

本书中工具快换装置的释放和夹紧由主盘工具通过气动形式来实现。常见工业机器人工具快换装置有吸盘、弧口气爪(弧口手爪、弧口夹爪)、平口气爪(平口手爪、平口夹爪)、绘图笔工具等,如图1-1-17(b)~图1-1-17(e)所示。

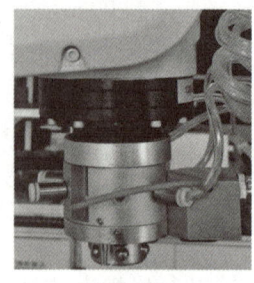 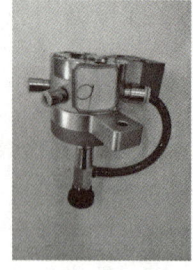 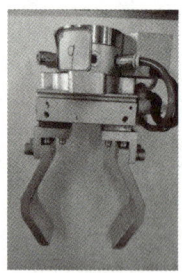 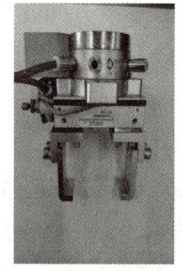 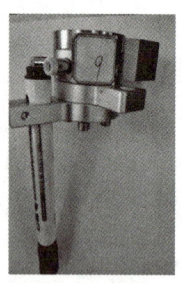

(a) 主盘　　　　(b) 吸盘工具　　　(c) 弧口气爪工具　　(d) 平口气爪工具　　(e) 绘图笔工具

图1-1-17　工业机器人工具快换装置

四、工业机器人安全操作规范

1. 操作前的安全

（1）在工业机器人运行和等待的过程中，人员绝不可进入工业机器人的工作区域。在开机或启动机器人前，务必确认已符合各项安全条件，清除一切工业机器人运动范围内的阻挡物，同时不要试图操作工业机器人做危险动作。若要使工业机器人立即停下来，应按急停按钮。

（2）操作前应仔细阅读并掌握操作、示教、维护等安全事项。连接电源电缆前，应确认供电电源电压、频率、电缆规格符合要求，确保工业机器人控制柜可靠接地，确认外部动力电源（包含控制电源、气源）切断。

2. 示教过程的安全

建议在安全围栏之外完成示教，但如果确实需要进入安全围栏内，应严格执行下述事项：

（1）清楚标识示教工作正在进行中，以免有人通过控制器、示教器等误操作工业机器人系统装置。

（2）完成示教工作后，应在围栏外确认工作，这时，工业机器人的速度选择低速以下，直到运动确认正常。

（3）示教过程中，确认机器人的运动范围，不要靠近工业机器人或进入工业机器人手臂的下方。

 关联图谱

工业机器人的操作准备										
基本组成		主要性能指标		工具快换装置		开关机		配置示教器参数		紧急停止按钮
本体、控制柜、示教器、连接线缆	认识工业机器人基本组成	自由度、分辨率、定位和重复定位精度、作业范围、速度和承载能力	认识现场设备的主要性能指标	工具快换装置定义、组成及常见快换工具	正确安装工具快换装置	安全操作注意事项、开机步骤流程	工业机器人开机操作、关机操作	示教器初始环境认识	能够正确配置示教器参数	认识急停按钮	能够解除紧急停止引起的报警
理论	实践	理论	实践	理论	实践	理论	实践	理论	实践	理论	实践

任务实施记录单及验收单

任务名称：工业机器人的操作准备		实施日期： 年 月 日	
任务要求	具有安全意识，能够对设备进行正确开机、关机操作，并且能配置示教器参数		
学习重点			
学习难点			
计划用时		实际用时	
组别		组长	
组员姓名			
成员任务分工			
实施场地			
现场5S管理			
任务实施步骤与信息记录	1. 工业机器人的基本组成 2. 主要性能参数 3. 安全操作规范 4. 工具快换装置 5. 开关机操作 6. 配置示教器参数		

（续表）

综合评价	1. 目标完成情况 2. 存在问题 3. 改进方向

任务二　手动关节坐标系操作

任务概述

认识示教器，掌握坐标系的种类、定义，熟悉手动操作界面，并能够通过手动关节坐标系实现工业机器人单个轴的运动，认识各个运动关节，同时为机械零点标定做好准备工作。

任务目标

知识目标：
1. 认识示教器的基本组成。
2. 掌握工业机器人坐标系基本概念。
3. 了解工业机器人原点位置。
4. 掌握工业机器人手动操纵界面。

技能目标：
1. 能够设置示教器手动关节坐标系操作的基本条件。
2. 能够手动操作示教器，将工业机器人关节移动到指定角度。

素养目标：
1. 树立良好的安全意识。
2. 培养主动学习意识。

实践训练

手动关节坐标系实操演示

一、手动关节坐标系操作

（1）工业机器人开机完成后，将控制柜上的模式开关拨到手动模式，不能是自动模式，否则将无法进行手动操作，如图 1-2-1 所示。

(2)打开主菜单,点击"手动操纵",将跳转界面进行模式选择,如图 1-2-2 所示。

(3)选中"动作模式"栏进入动作模式设定窗口,如图 1-2-3 所示。

(4)根据需要选择动作模式,这里选中"轴 1-3",完成后点击"确定"按钮保存退出,如图 1-2-4 所示。

(5)点击示教器屏幕右下角的"快速设置按钮",在弹出的菜单中点击速度设置按钮设置速度为 20%,如图 1-2-5 所示。

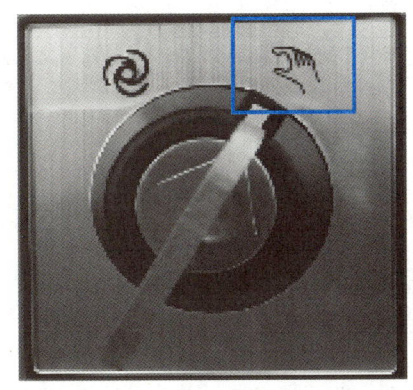

图 1-2-1 控制柜手动模式切换

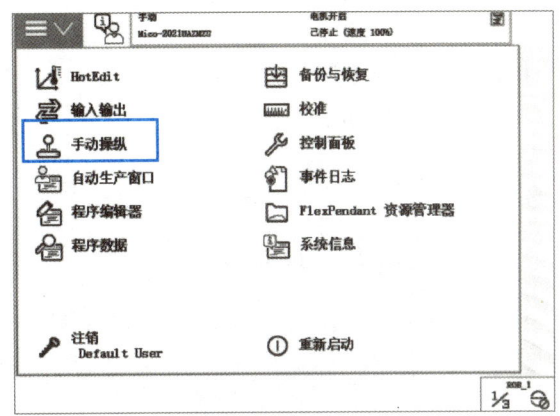

图 1-2-2 主菜单界面

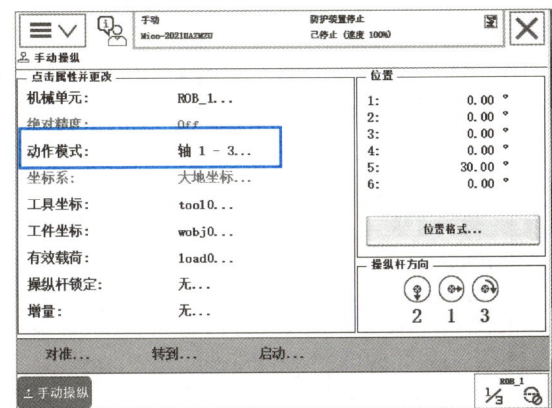

图 1-2-3 动作模式选择

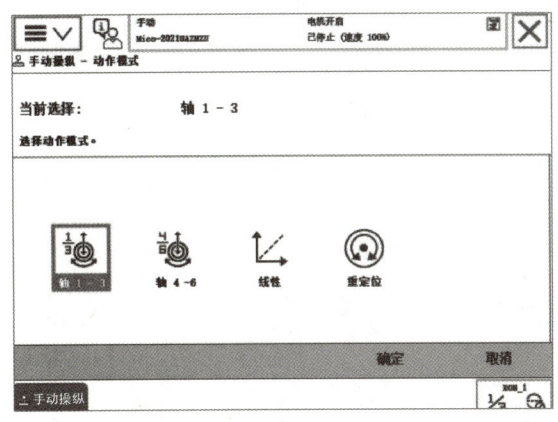

图 1-2-4 "轴 1-3"动作模式选择

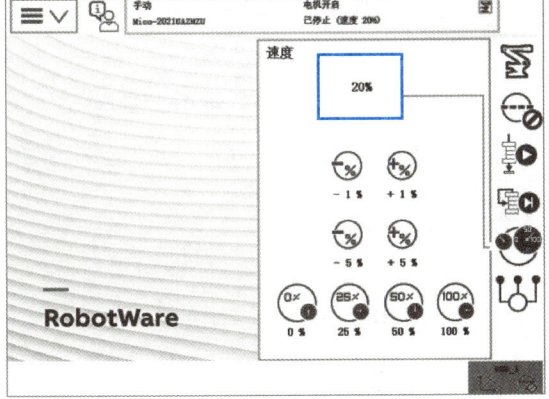

图 1-2-5 速度设置

(6)操作者手持示教器,按住使能按键,直到示教器状态栏显示"电机开启",如图 1-2-6 所示。

(7)操纵操作杆,分别将轴 1、2、3 移动到 90°、-30°、30°位置,如图 1-2-7 所示。

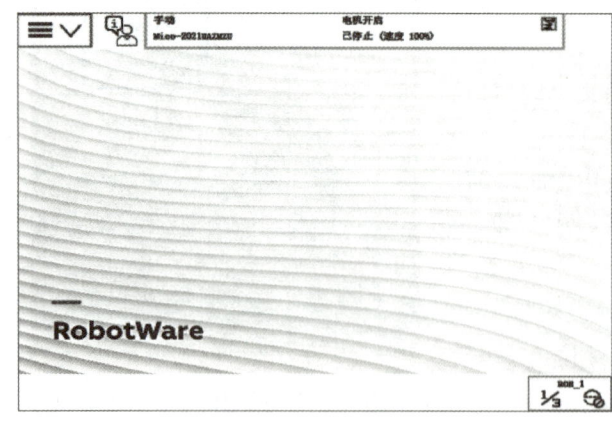
图 1-2-6 电机开启界面

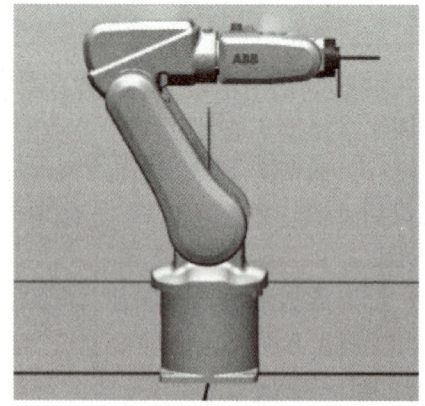
图 1-2-7 "轴 1-3"位置

（8）动作模式切换为"轴 4-6"，点击"确定"按钮保存，如图 1-2-8 所示。

（9）操纵操作杆，分别将轴 4、5、6 移动到 0°、90°、0°位置，如图 1-2-9 所示。

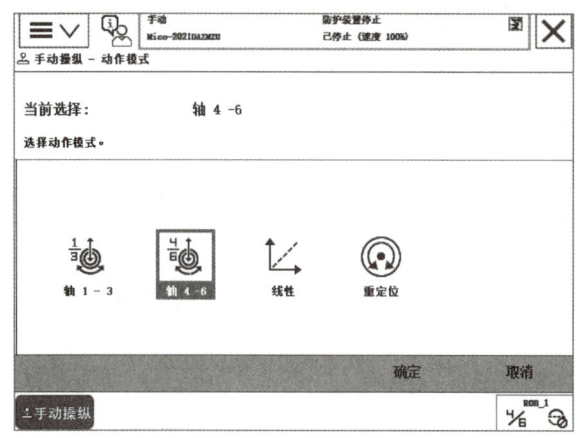
图 1-2-8 "轴 4-6"选择

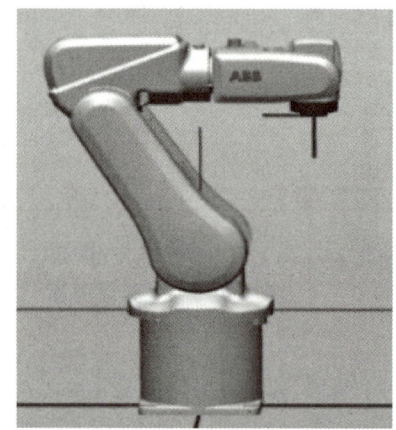
图 1-2-9 "轴 4-6"位置

理论基础

一、认识示教器

1. 示教器组成部件

示教器，是一种用于工业机器人控制的手持式装置。它通过连接器连接控制柜，主要用于设置运动参数、编写工业机器人的运动路径，使工业机器人可以按照编写好的工艺文件工作。示教器还可以进行实时监控、调整和安全急停操作，实现工业机器人的实时移动。示教器包括连接器、使能按键、触摸屏、触摸笔、急停按钮、操作杆和一些功能按钮，如图 1-2-10 所示。示教器基本组成部件及其功能描述见表 1-2-1。

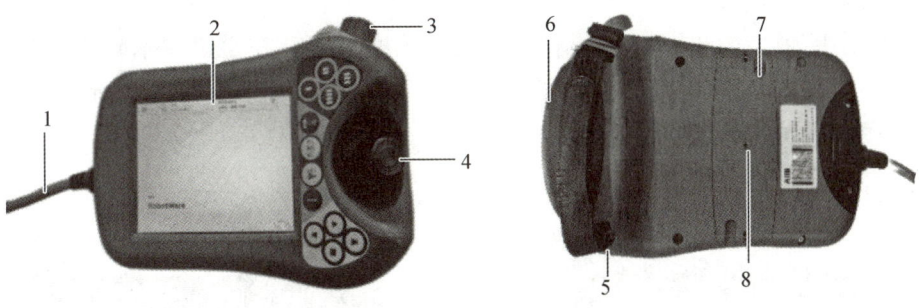

1. 连接器；2. 触摸屏；3. 急停按钮；4. 操作杆；5. USB 接口；6. 使能按键；7. 触摸笔；8. 重置按钮

图 1-2-10　工业机器人示教器正反面

表 1-2-1　示教器基本组成部件及其功能描述

标号	部件名称	功能描述
1	连接器	与工业机器人控制柜连接
2	触摸屏	人机交互界面
3	急停按钮	紧急情况下停止工业机器人
4	操作杆	控制工业机器人的各种运动
5	USB 接口	USB 与示教器连接的接口
6	使能按键	释放电机抱闸
7	触摸笔	与触摸屏配套使用
8	重置按钮	将示教器重置为出厂状态

2. 示教器菜单

示教器菜单显示工业机器人的状态、程序执行的设置等信息，如图 1-2-11 所示。

图 1-2-11 中"A"部分为 ABB 菜单。"B"部分为操作员窗口，用于显示来自工业机器人程序的消息。操作者需要对程序作出某种响应，从而防止继续程序可能会出现的情况。"C"部分为状态栏，用于显示工业机器人的状态（手动、全速手动、自动）、工业机器人的系统信息、工业机器人电机运行的状态、当前工业机器人或外轴的使用状态。"D"部分为任务栏，通过 ABB 菜单，可以打开多个视图，最多可以打开六个视图，但一次只能操作一个。任务栏显示所有打开的视图，并可以用于视图切换。"E"部分为"快速设置"菜单。

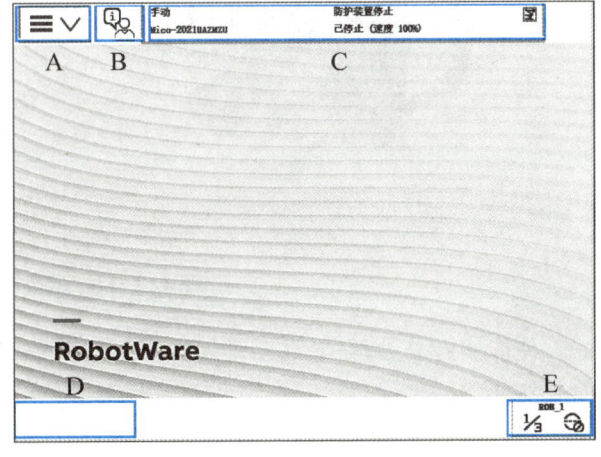

图 1-2-11　示教器菜单

3. 示教器手持方式

对于惯用手为右手的人来说,操作工业机器人时通常是左手手持示教器,四指按在使能按键上,右手进行屏幕和按钮的操作。示教器的手持方式如图 1-2-12 所示。如需使用右手手持,可在系统中旋转显示画面。

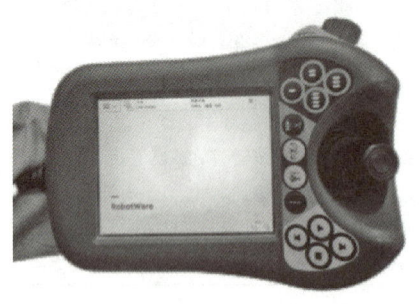 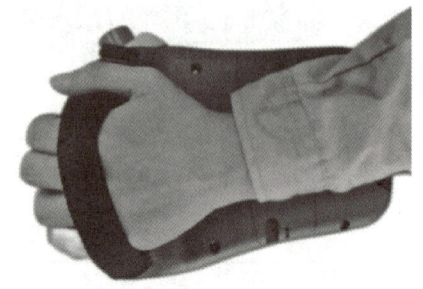

（a）示教器正面手持示意　　　　　　　　（b）示教器背面手持示意

图 1-2-12　示教器手持方式

4. 示教器使能按键

通常情况下,电机处于抱闸的状态,从而保持当前的状态。那么,要想操作工业机器人动作,必须按下使能按键来释放电机抱闸。

使能按键是工业机器人为保证操作人员的人身安全而设计的,只有在按下使能按键,并保持"电机开启"的状态下,才可对工业机器人进行手动操作与程序的调试。当发生危险时,人会本能地将使能按键松开或按紧,电机抱闸将闭合从而锁住工业机器人,工业机器人则会马上停下来,以保证安全,如图 1-2-13 所示。

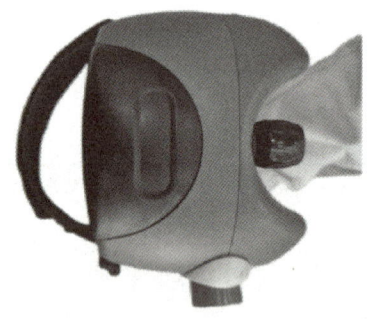 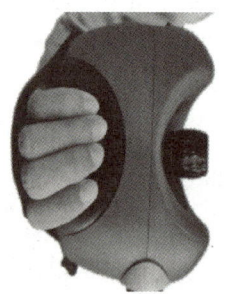

（a）使能按键松开示意　　　　　　　　（b）使能按键按下示意

图 1-2-13　示教器使能按键

使能按键分为两挡,在手动模式下第一挡按下去,工业机器人处于"电机开启"状态,此时长按使能按键保持该状态,从而可以手动操纵机器人。

手动模式下如果按下使能按键第一挡会显示"电机开启",那么松开使能按键或按下第二挡会显示"防护装置停止",如图 1-2-14 所示。

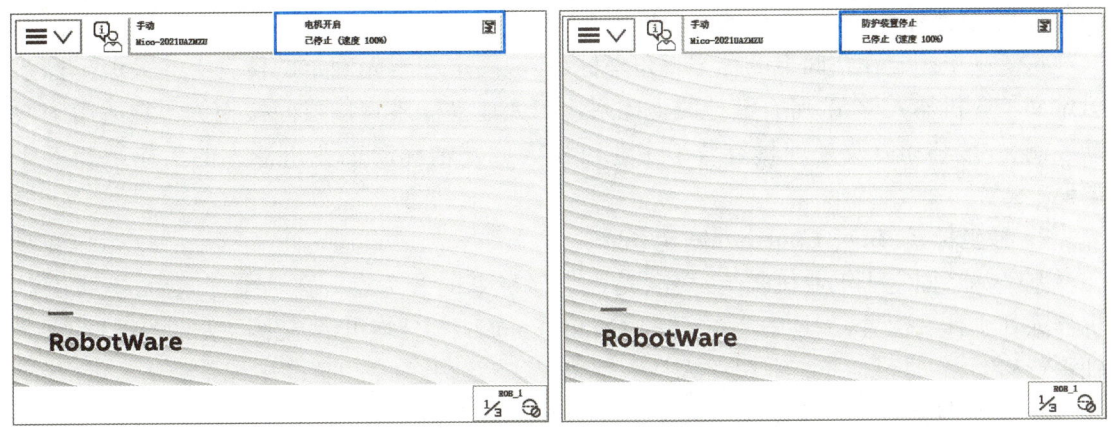

图 1-2-14 使能按键挡

5. 示教器操作杆

示教器操作杆位于示教器的右侧。操作杆可以进行上、下、左、右、斜角、旋转等 10 个方向的操作。斜角操作相当于相邻的两个方向的合成动作。操作者在使用操作杆时,必须注意时刻观察工业机器人的动作。

手动操作时,工业机器人的运行速度与操作杆的扳动或旋转幅度相关。扳动或旋转幅度小时,工业机器人运行速度较慢;扳动或旋转幅度大时,运行速度也将随之较快。为了保证工业机器人状态的可控性,需要小幅度操纵操作杆。

二、工业机器人坐标系

工业机器人的运动实质是根据不同的作业内容、轨迹要求,在各种坐标系下的运动。换句话说,对工业机器人进行示教或手动操作时,其运动方式是在不同坐标系下进行的。在 ABB 机器人中有大地坐标系、基坐标系、关节坐标系、工具坐标系、工件坐标系,如图 1-2-15 所示。

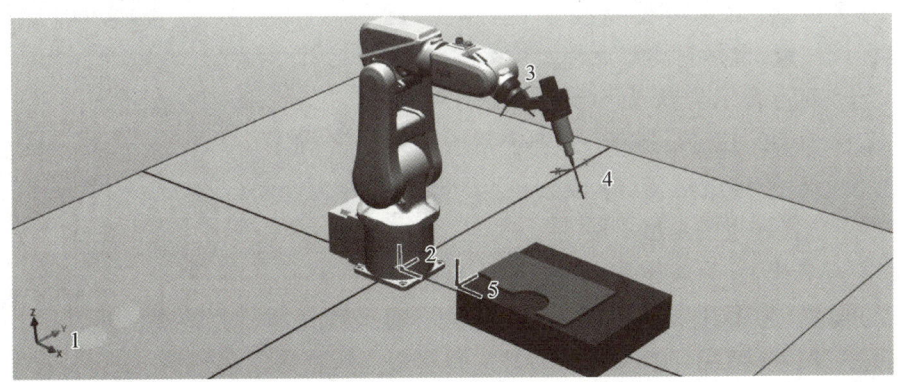

1. 大地坐标系;2. 基坐标系;3. 工具中心点;4. 工具坐标系;5. 工件坐标系

图 1-2-15 ABB 工业机器人常用坐标系

1. 大地坐标系（World Coordinate System）

这是一个固定在空间上的标准直角坐标系，被固定在事先确定的位置上。大地坐标系可定义工业机器人单元，所有其他的坐标系均与大地坐标系直接或间接相关。它适用于微动控制、一般移动以及处理具有若干工业机器人或外轴移动工业机器人的工作站和工作单元。

2. 基坐标系（Base Coordinate System）

基坐标系固定于工业机器人基座，是大地坐标系的参考点。在基坐标系中，不管工业机器人处于什么位置，工具中心点（Tool Center Point，TCP）均可沿基坐标系的 X 轴、Y 轴、Z 轴平行移动，它是最便于工业机器人从一个位置移动到另一个位置的坐标系。

3. 关节坐标系（Joint Coordinate System）

关节坐标系设定在工业机器人关节中，表示每个轴相对其原点位置的绝对角度。

4. 工具坐标系（Tool Coordinate System）

工具坐标系用来确定工具的位姿，由 TCP 和坐标方位组成，必须事先进行设定。工具坐标系是一个可自由定义、用户定制的坐标系，工具坐标系的原点被称为 TCP。

5. 工件坐标系（WorkObject Coordinate System）

工件坐标系用于确定工件的位姿，由工件原点和坐标方位组成，可以采用三点法来确定。工件坐标系是一个可自由定义、用户定制的坐标系，它定义工件相对于大地坐标系的位置。工业机器人可以拥有若干工件坐标系，或者表示不同的工件，或者表示同一工件在不同位置的若干副本。

三、工业机器人原点位置

工业机器人关节坐标系用来描述工业机器人每一个独立关节的运动，每一个关节具有一个自由度，一般由一个伺服电机控制，6 个关节的位置如图 1-2-16 所示。

工业机器人的关节与 0°刻度标记位置对齐时，为该关节的 0°位置，在 ABB 机器人每个关节上，均有 0°刻度标记位置，也是它的零点标定位。

关节坐标系的表示方法为 P =（J1,J2,J3,J4,J5,J6）。其中，J1、J2、J3、J4、J5、J6 分别表示 6 个关节，也称为 6 个轴的角度位置，单位为（°），也就是电机相对零点位置转过的角度。

一般用关节坐标系来定义工业机器人原点（HOME 点）位置，为了让工业机器人重心居中，通常原点位置为 P1 =（0°,0°,0°,0°,90°,0°），也可以定义为 P2 =（0°,-20°,20°,0°,90°,0°），P1 和 P2 原点位置示意分别如图 1-2-17（a）、图 1-2-17（b）所示。

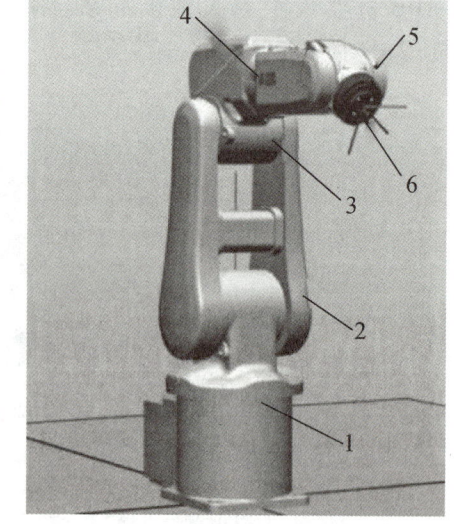

图 1-2-16 关节坐标系

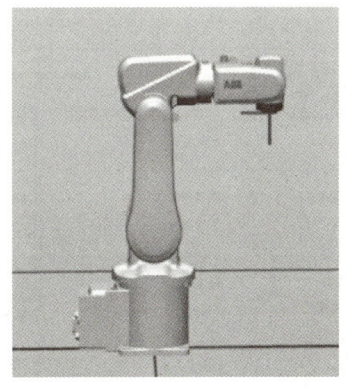 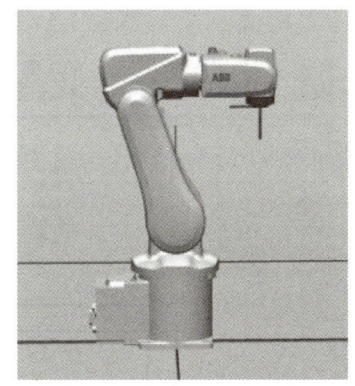

（a）P1 原点位置　　　　　　　　（b）P2 原点位置

图 1-2-17　工业机器人原点位置

四、手动操纵界面

手动操纵界面是手动模式下动作参数及状态的设定和显示窗口。可对工业机器人的机械单元、绝对精度、动作式、坐标系、工具坐标、工件坐标、有效载荷、操作杆锁定和增量等进行显示、选择、设定。操作者可通过"位置格式"设定位置数据格式，并且显示工业机器人当前位置状态。同时可以设定对准、转到和启动三个工业机器人相关数据。操作杆方向中给出了动作方向指示，箭头方向为正方向。

1. 机械单元

工业机器人系统可能由 1 个及以上的工业机器人组成，同时也可能含附加轴等机械单元，可通过"机械单元"选项进行选择切换，默认情况下，机械单元为"ROB_1"，如图 1-2-18 所示。

2. 动作模式

手动操纵界面左侧为动作参数设定界面，可在"动作模式"栏切换动作模式（包括"轴 1-3""轴 4-6""线性""重定位"4 种动作模式），如图 1-2-3 所示。

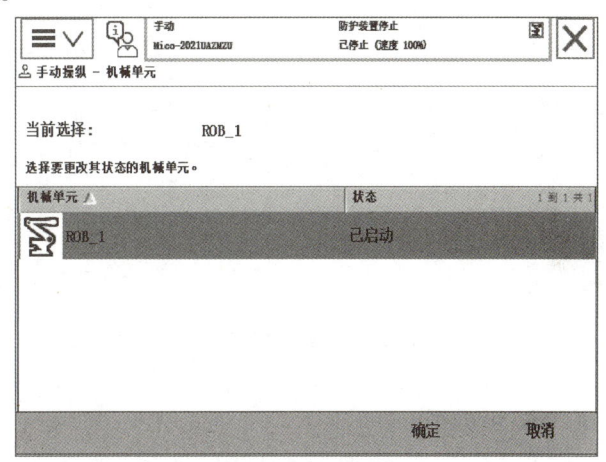

图 1-2-18　机械单元

工业机器人系统关节动作模式分为"轴 1-3"和"轴 4-6"两种模式。在"轴 1-3"模式下，操作者可以通过操作杆控制工业机器人轴 1～3 的运动，并在界面显示轴 1～6 转动的角度，如图 1-2-19 所示。在"轴 4-6"模式下，操作者可以通过操作杆控制工业机器人轴 4～6 的运动，同时，也在界面显示轴 1～6 转动的角度，如图 1-2-20 所示。

在线性模式下，操作者可通过操作杆控制工业机器人在工具坐标和工件坐标下，在 X、Y、Z 三个方向的移动，在界面中显示当前工业机器人在 X、Y、Z 三个方向上的具体位置，如图 1-2-21 所示。

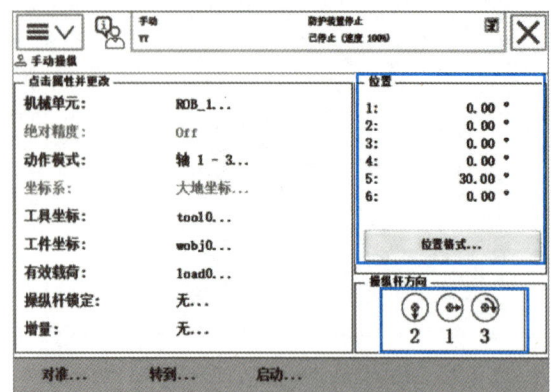
图1-2-19 "轴1-3"模式

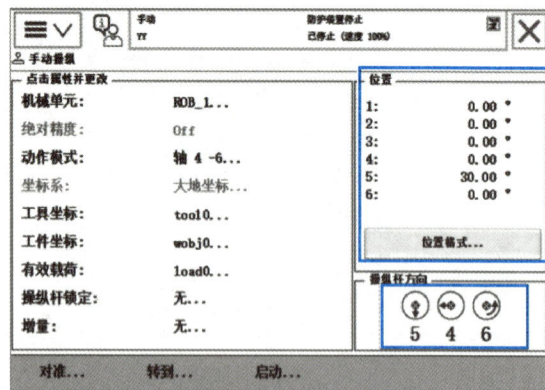
图1-2-20 "轴4-6"模式

在重定位模式下,操作者可以通过操作杆控制工业机器人在工具坐标和工件坐标下,在X、Y、Z三个方向的转动,对应界面如图1-2-22所示。

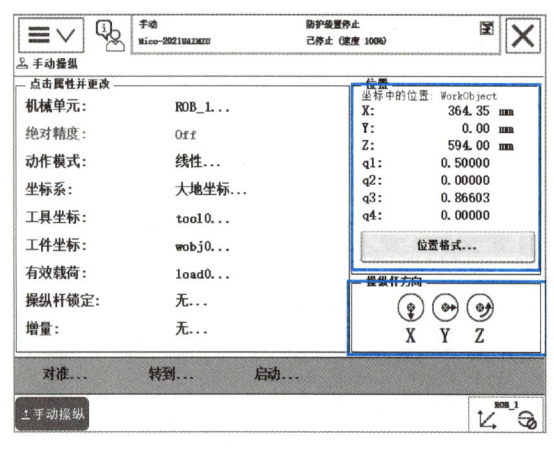
图1-2-21 线性模式

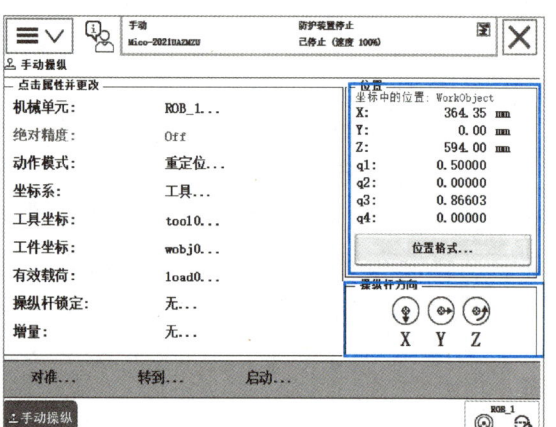
图1-2-22 重定位模式

3. 坐标系

在手动模式下,要选择适当的坐标系来控制工业机器人的运动。在"轴1-3""轴4-6"模式下,坐标系为灰色,默认为大地坐标系;在线性、重定位模式下,有4种选择,如图1-2-23所示。

4. 工具坐标

点击"工具坐标"可以建立新的工具坐标,并可以对新建的工具坐标进行修改,如图1-2-24所示。新建工具坐标系,如图1-2-25所示。

5. 工件坐标

点击"工件坐标"可以建立新的工件坐标,并可以对新建的工件坐标进行修改,如图1-2-26所示。新建工件坐标系,如图1-2-27所示。

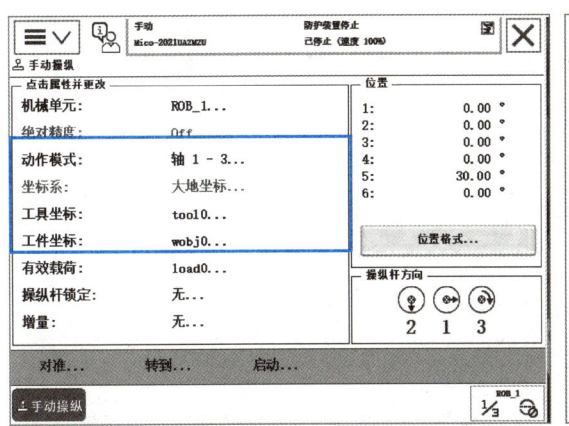
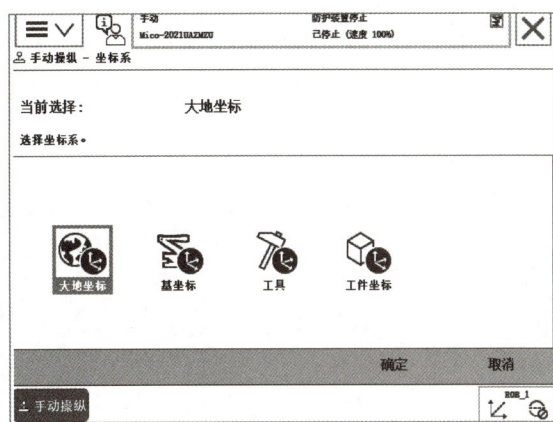

图 1-2-23 坐标系选择界面

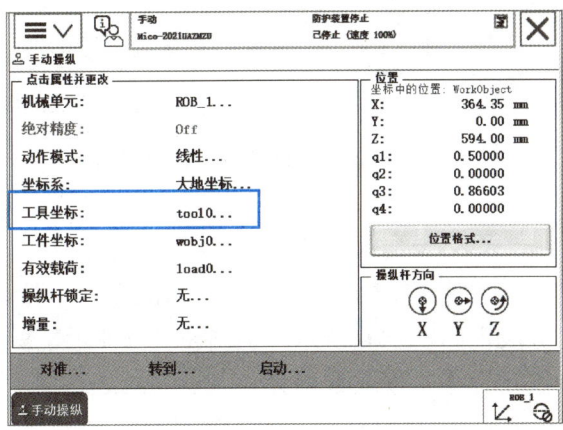
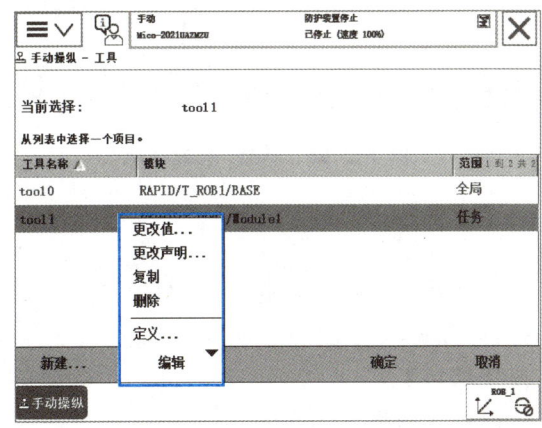

图 1-2-24 工具坐标系选择　　　　　　　图 1-2-25 新建工具坐标系

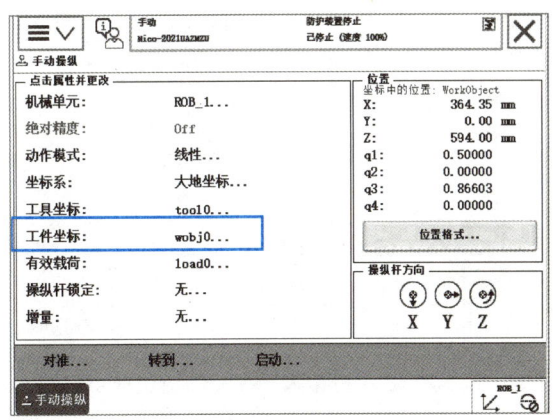
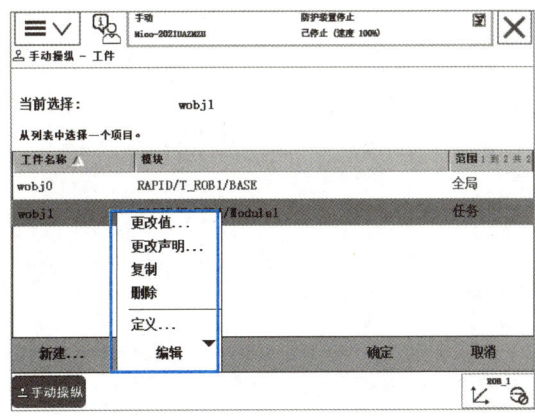

图 1-2-26 工件坐标系选择　　　　　　　图 1-2-27 新建工件坐标系

6. 有效载荷

在搬运中,如果需要搬运的物品很重,并且放的位置要求准确,就要把物体的重量放到有效载荷里。在程序运行时,一定要选择"有效载荷",如图1-2-28所示。新建"有效载荷",如图1-2-29所示。

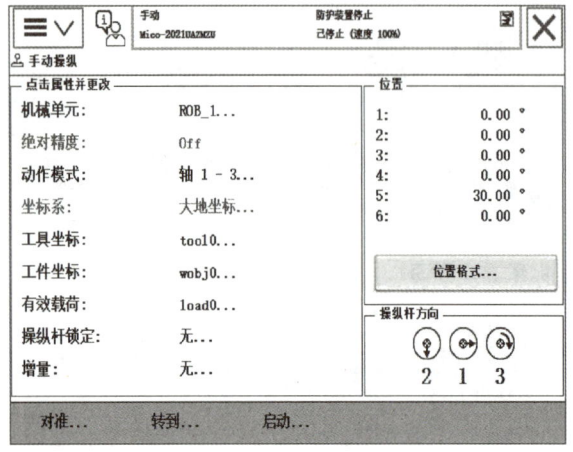

图1-2-28 选择"有效载荷"

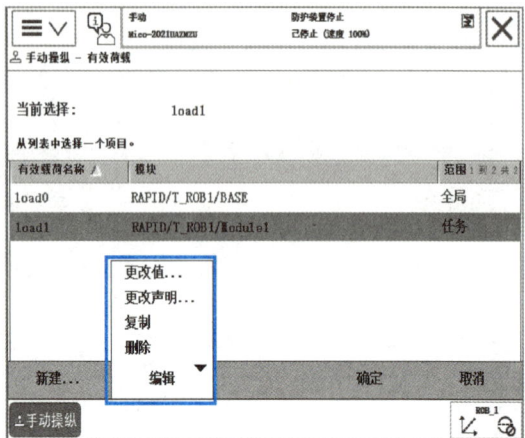

图1-2-29 新建"有效载荷"

7. 增量

在手动操纵工业机器人的过程中,如果使用操作杆控制工业机器人运动的速度不熟练,可以选择增量模式来控制工业机器人的运动,如图1-2-30所示。在增量模式下,操作杆每移一下,工业机器人就移动一步。如果操作杆持续一秒或数秒钟,工业机器人就会持续移动。通常,在需要进行微量移动时选择增量模式,并可以选择"大""中""小""用户",以选择移动的大小程度(增量)。增量选择界面,如图1-2-31所示。

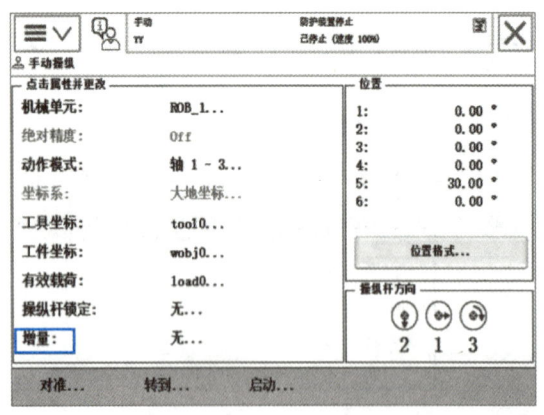

图1-2-30 选择增量模式

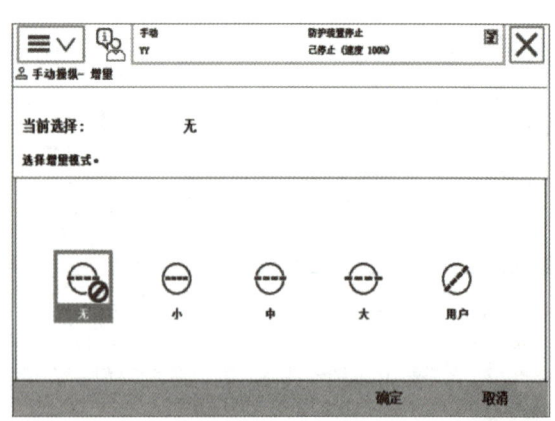

图1-2-31 增量选择界面

8. 操作杆锁定

操作杆锁定,选择需要的锁定方向后,工业机器人在此方向中将无法移动,如全选,则工业机器人无法移动,如图 1-2-32 所示。操作杆锁定界面,如图 1-2-33 所示。

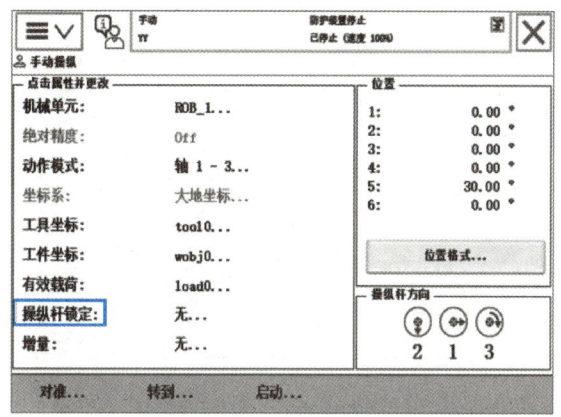

图 1-2-32 操作杆锁定选择

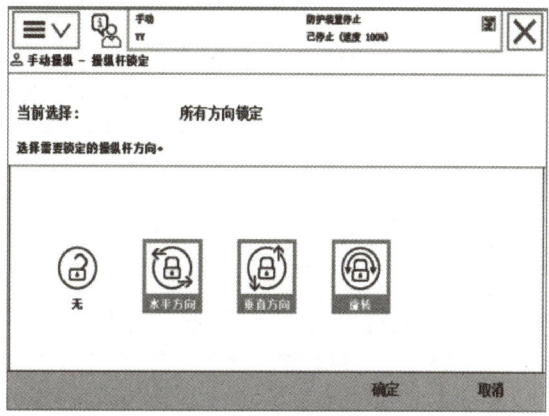

图 1-2-33 操作杆锁定界面

9. 位置

手动操纵界面右上方"位置"栏显示当前各轴角度,按照轴 1~6 的顺序排列,如图 1-2-19 所示。

10. 操纵杆方向

手动操纵界面右下方为轴动作方向指示,箭头方向为正方向,如图 1-2-20 所示。

 关联图谱

手动关节坐标系相关知识						
示教器	工业机器人坐标系		工业机器人原点位置		手动操作界面	手动关节坐标系操作
示教器组成部件、认识示教器菜单、手持方式、使能按键、操纵杆	能够手动操作示教器,包括使能按键、操纵杆使用等	大地坐标系、基坐标系、关节坐标系、工具坐标系、工件坐标系	认识不同坐标系,并能实现坐标系切换操作	机器人常用的原点位置	能够让机器人回到原点位置	机械单元、绝对精度、动作模式、坐标系、工具坐标、工件坐标、有效载荷、操作杆锁定和增量	能够对动作参数及状态进行设定	手动关节坐标系操作步骤及流程	能够在关节坐标系下进行手动操作
理论	实践	理论	实践	理论	实践	理论	实践	理论	实践

任务实施记录单及验收单

任务名称：手动关节坐标系操作		实施日期： 年 月 日	
任务要求	利用示教器完成手动关节坐标系操作，认识示教器、手动操作界面		
学习重点			
学习难点			
计划用时		实际用时	
组别		组长	
组员姓名			
成员任务分工			
实施场地			
现场5S管理			
任务实施步骤与信息记录	（任务实施过程中重要的信息记录，是撰写工程说明书和工程交接手册的主要文档资料，可另附纸张） 1. 示教器的组成、使能按键使用 2. 坐标系的种类、定义 3. 手动操作界面 4. 手动关节坐标系操作（0°、-20°、20°、0°、90°、0°）		
综合评价	1. 目标完成情况 2. 存在问题		

（续表）

综合评价	3. 改进方向

任务三　手动大地坐标系操作

 **任务概述**

采用大地坐标系进行手动操作，以实现工业机器人在 X、Y、Z 方向上的移动。将末端工具移动到目标位置，为现场编程调试工业机器人做好准备工作。

 **任务目标**

知识目标：

1. 掌握工业机器人大地坐标系基本概念。
2. 了解大地坐标系与基坐标系不重合条件。

技能目标：

1. 能够设置示教器手动大地坐标系操作的基本条件。
2. 能够手动操作示教器，将工业机器人移动到指定位置。

素养目标：

1. 树立良好的安全意识。
2. 培养严谨的工作态度。
3. 培养主动学习意识。

 **实践训练**

一、手动大地坐标系操作准备

手动大地坐标系实操演示

（1）工业机器人开机完成后，将控制柜模式开关拨到手动模式。

（2）打开示教器的手动操纵界面，进行工具坐标、工件坐标的选择。工具坐标选择默认的"tool0…"，工件坐标选择默认的"wobj0…"，如图 1-3-1 所示。

（3）点击"动作模式"，将动作模式切换为"线性"。

（4）点击"坐标系"，选择"大地坐标"，单击"确定"按钮保存退出，如图 1-3-2 所示。

（5）点击示教器屏幕右下角的"快速设置"按钮，在弹出的菜单中点击"速度设置"按钮，设置速度为 20%。

23

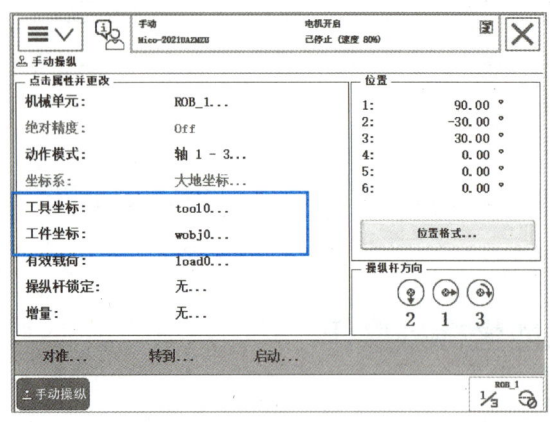
图 1-3-1 工具工件坐标选择

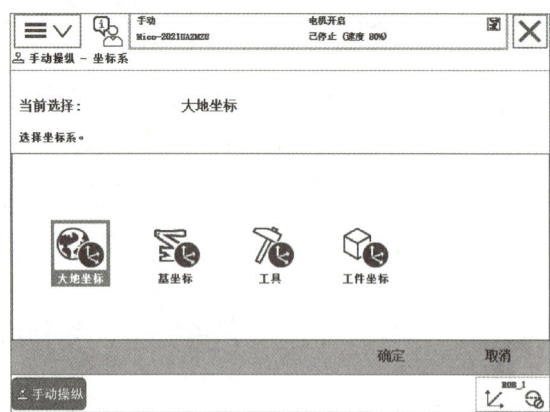
图 1-3-2 选择大地坐标

二、手动大地坐标系操作

使用大地坐标系观察工业机器人各姿态数据。

（1）操作者手持示教器，按住使能按键，直到示教器状态栏显示"电机开启"。

（2）在大地坐标系下，使用操作杆使工业机器人分别沿 X、Y、Z 轴方向移动，让工业机器人当前位置的值接近 170、160、540（单位：mm），如图 1-3-3 所示。

（3）此时工业机器人姿态如图 1-3-4 所示。

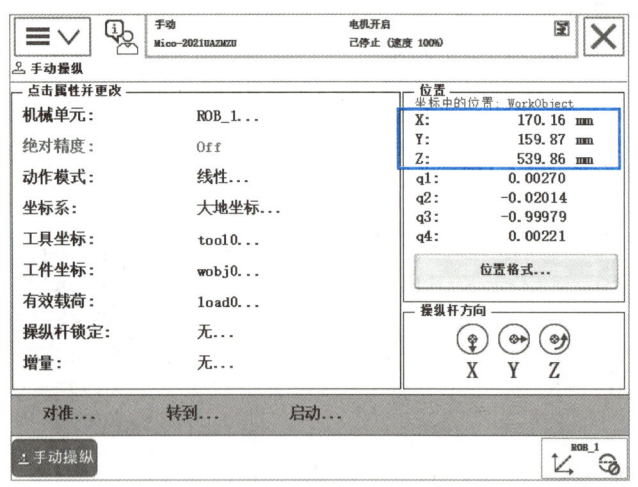
图 1-3-3 位置接近值显示

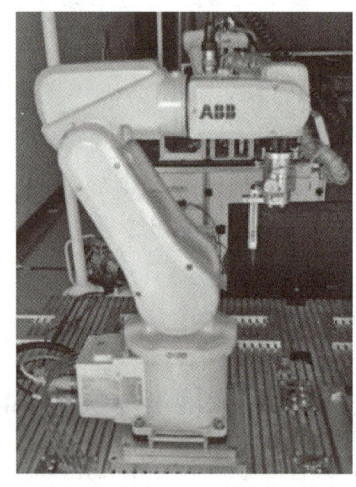
图 1-3-4 位置接近时工业机器人姿态

（4）开启增量模式，增量设为"小"，如图 1-3-5 所示。

（5）再次系统上电，操纵操作杆沿 X、Y、Z 轴方向运动，使工业机器人当前位置各轴的值精确到 170、160、540（单位：mm），如图 1-3-6 所示。此时工业机器人姿态如图 1-3-7 所示。

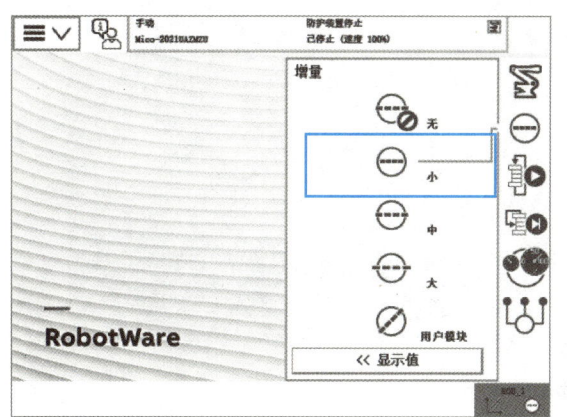 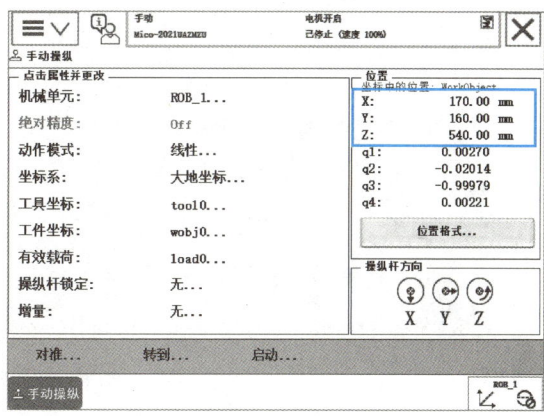

图 1-3-5　增量设置　　　　　　　图 1-3-6　位置精确值显示

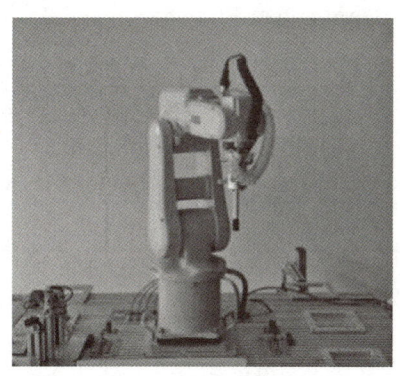 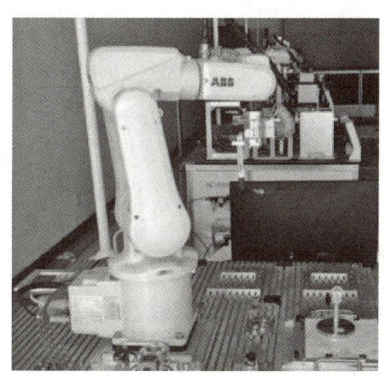

图 1-3-7　位置精确时工业机器人姿态

理论基础

大地坐标系是固定在地面上的直角坐标系,它有自己的零点,通常用来当作处理多个工业机器人安装位置或由外轴移动的工业机器人的位姿基准。通常情况下,大地坐标系与基坐标系是一致的。以下两种情况下,大地坐标系与基坐标系不重合。

1. 工业机器人倒装

如图 1-3-8 所示,倒装工业机器人的基坐标系与大地坐标系的 Z 轴的方向是相反的,这是因为工业机器人可以倒置但大地却不可以。

2. 带外部轴的工业机器人

如图 1-3-9 所示,大地坐标系固定在导轨上,而基坐标系却可以随工业机器人整体的移动而变化。

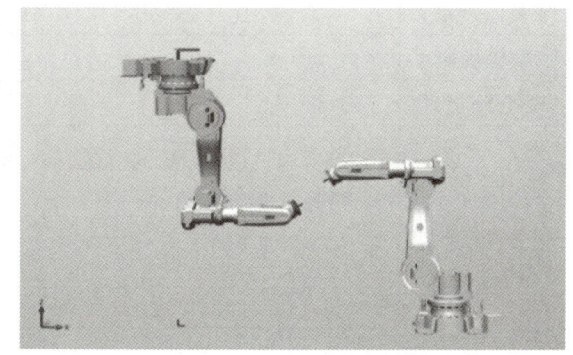

图 1-3-8　倒装工业机器人

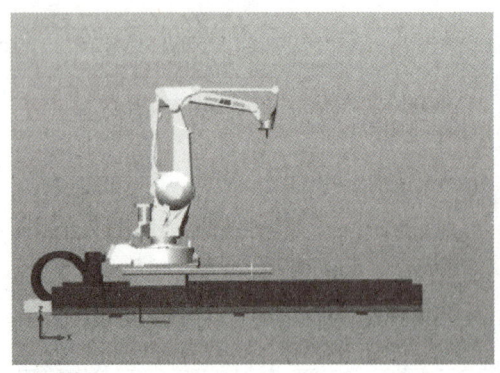 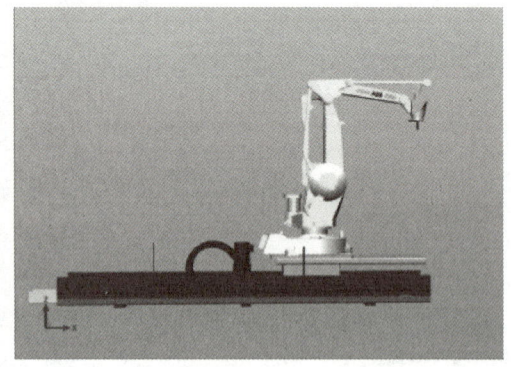

图 1-3-9　带外部轴的工业机器人

关联图谱

手动大地坐标系相关知识					
大地坐标系		手动大地坐标系操作准备		手动大地坐标系操作	
基本概念、大地坐标系与基坐标系不重合条件	大地坐标系动作模式切换	大地坐标系手动操作前准备流程	能够完成手动操作前的准备工作	手动大地坐标系操作步骤及流程	能够在大地坐标系下进行手动操作
理论	实践	理论	实践	理论	实践

任务实施记录单及验收单

任务名称：手动大地坐标系操作		实施日期：　　年　月　日	
任务要求	利用示教器完成手动大地坐标系操作		
学习重点			
学习难点			
计划用时		实际用时	
组别		组长	
组员姓名			
成员任务分工			
实施场地			
现场 5S 管理			
任务实施步骤与信息记录	（任务实施过程中重要的信息记录，是撰写工程说明书和工程交接手册的主要文档资料，可另附纸张） 1. 大地坐标系的定义		

（续表）

任务实施步骤与信息记录	2. 手动大地坐标系操作（200 mm、120 mm、360 mm） 3. 遇到的问题及解决办法
综合评价	1. 目标完成情况 2. 存在问题 3. 改进方向

任务四　手动工具坐标系操作

任务概述

采用手动工具坐标系进行工业机器人姿态的调整，实现工业机器人在 X、Y、Z 轴方向上的转动。

任务目标

知识目标：
1. 掌握工业机器人工具坐标系的基本概念。
2. 了解工具坐标系的标定方法。

技能目标：
1. 能够进行工具坐标系标定操作并验证工具数据。
2. 能够手动操作机器人，在线性和重定位模式下，将绘图笔插入笔筒。

素养目标：

1. 树立良好的安全意识。
2. 培养主动学习意识。

工具坐标系标定
实操演示

 实践训练

一、工具坐标系标定操作

（1）新建工具坐标系。在手动模式下点击"主菜单"下的"手动操纵"按钮，进入手动操纵界面。

（2）点击"工具坐标"按钮，进入"工具选择"界面。

（3）点击"新建..."按钮，进入"工具数据新建"界面，如图1-4-1所示。

（4）将新建的工具坐标系命名为"huitubi"，如图1-4-2所示。

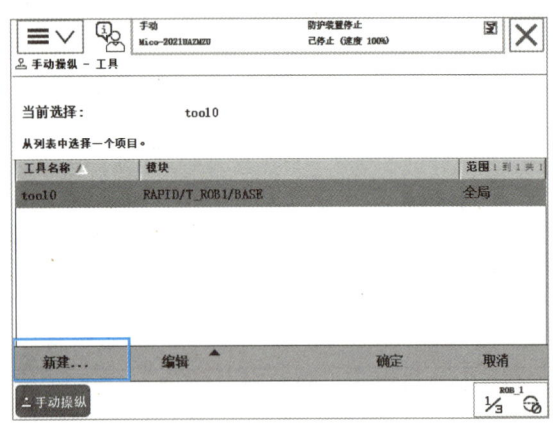

图1-4-1　新建工具坐标系

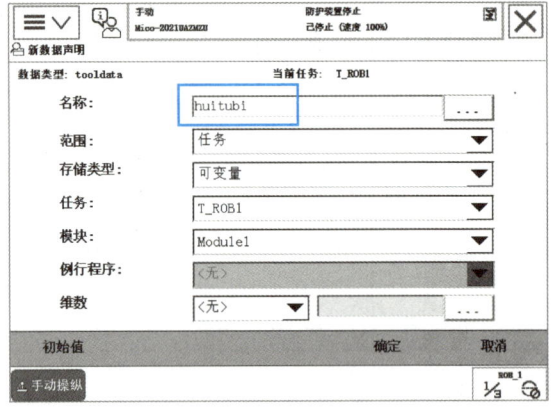

图1-4-2　重新命名工具坐标系

（5）对新建的工具坐标系进行标定，点击"编辑"按钮，再点击"定义..."按钮，如图1-4-3所示。

（6）选择"TCP（默认方向）"，再设置点数为4，如图1-4-4所示。

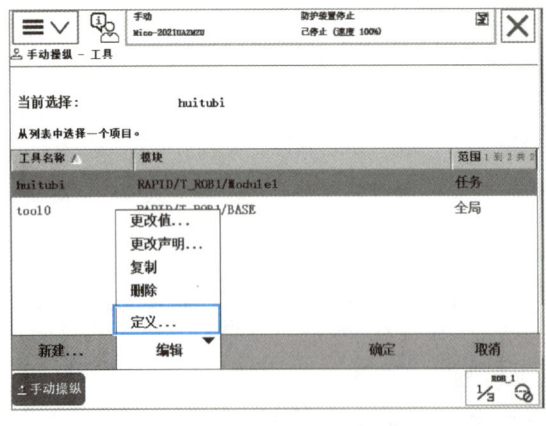

图1-4-3　定义工具坐标

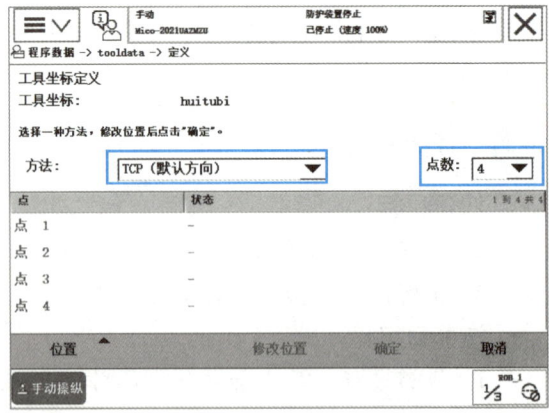

图1-4-4　选择四点法进行定义

（7）操作工业机器人，使工具末端点靠近 TCP 标定辅助工具的尖端，如图 1-4-5 所示。

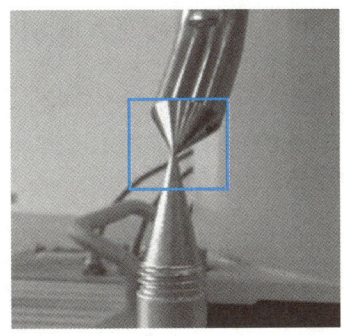

图 1-4-5　工具末端点靠近辅助工具尖端

（8）选中"点 1"，然后点击"修改位置"按钮，确认"点 1"对应的状态栏显示状态为"已修改"，如图 1-4-6 所示。

（9）用同样的操作完成对"点 2"的修改，将机器人手动操纵到如图 1-4-7 所示位置后，选中"点 2"，点击"修改位置"按钮，确认"点 2"对应的状态栏显示状态为"已修改"。

（10）用同样的操作完成对"点 3"的修改，将机器人手动操纵到如图 1-4-8 所示位置后，选中"点 3"，点击"修改位置"按钮，确认"点 3"对应的状态栏显示状态为"已修改"。

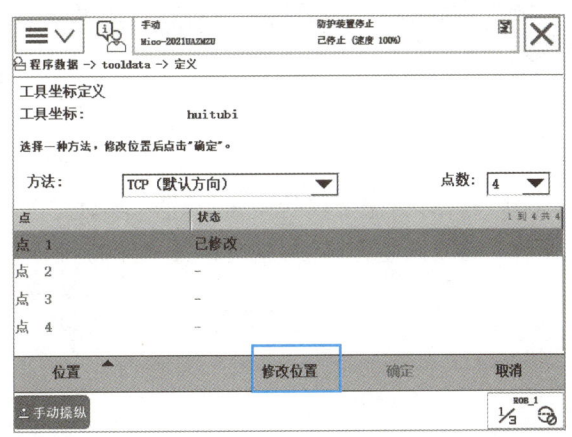

图 1-4-6　保存"点 1"位置

（11）用同样的操作完成对"点 4"的修改，将机器人手动操纵到如图 1-4-9 所示位置后，选中"点 4"，点击"修改位置"按钮，确认"点 4"对应的状态栏显示状态为"已修改"。

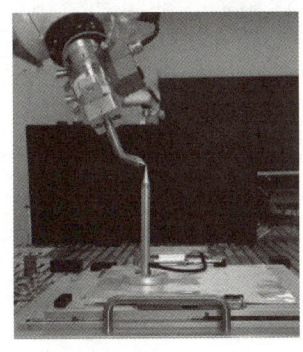
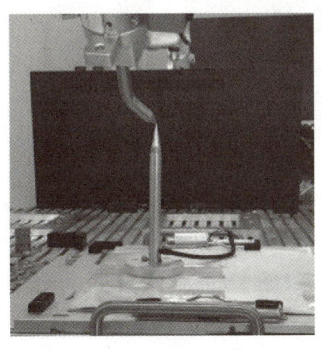
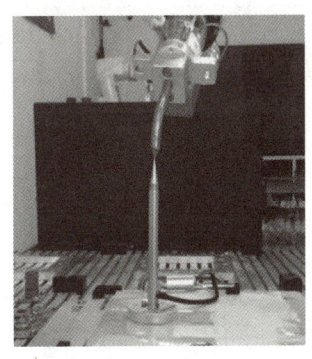

图 1-4-7　"点 2"位置　　　图 1-4-8　"点 3"位置　　　图 1-4-9　"点 4"位置

（12）点 2、3、4 之间的位姿差异要尽可能大。四个点位置示教后，对应状态均显示"已修改"，如图 1-4-10 所示。

（13）修改好位置，点击"确定"按钮。

（14）点击"编辑"按钮，选择"更改值..."，进行工具参数设定，如图 1-4-11 所示。

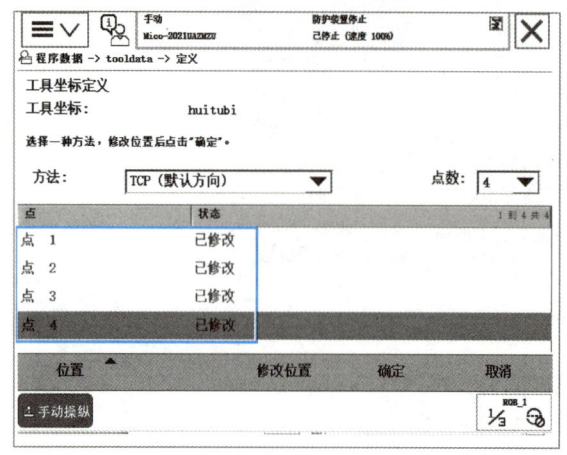

图 1-4-10　修改位置完成　　　　　　　图 1-4-11　工具参数设定

（15）对新建工具的质量、重心、转动惯量等参数进行设定，如图 1-4-12 和图 1-4-13 所示。参数设定完成后，新建的工具坐标即可使用。

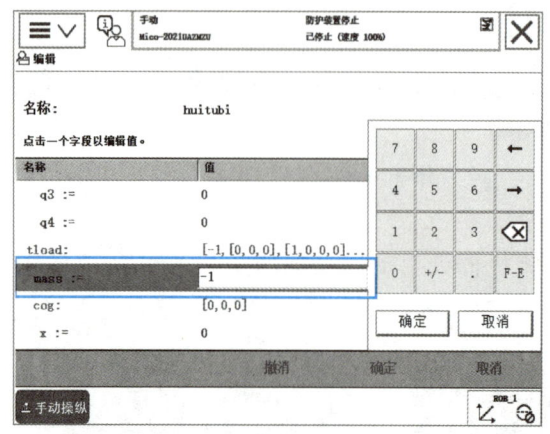 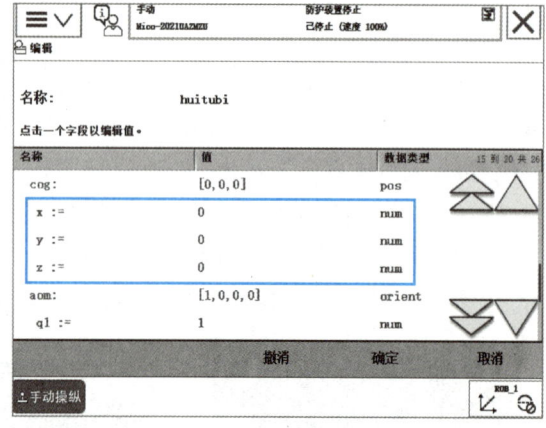

图 1-4-12　质量参数设定　　　　　　　图 1-4-13　重心参数设定

二、验证工具数据

工具数据创建并标定完成后，需要验证工具数据的准确性。具体操作步骤如下。

（1）将工业机器人工具末端与辅助标定工具对准。

（2）打开手动操纵界面，将动作模式设定为"重定位"，工具坐标设定为"huitubi"。

（3）按下伺服开关，操控示教器操作杆绕 X、Y、Z 三个方向运行，工业机器人绘图笔工具末端始终与辅助标定工具对准,说明工具数据正确,如图 1-4-14 所示。

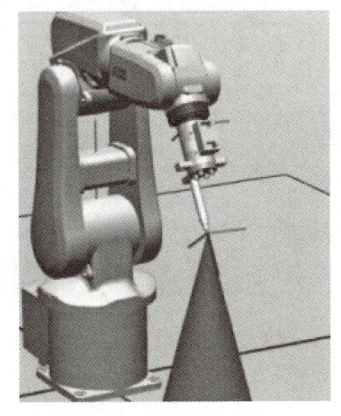
(a) X 方向

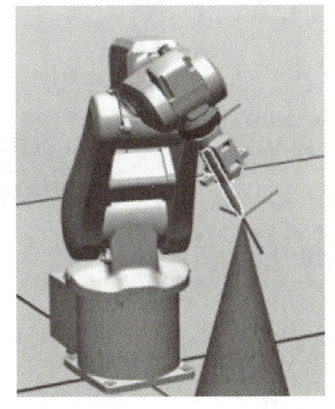
(b) Y 方向

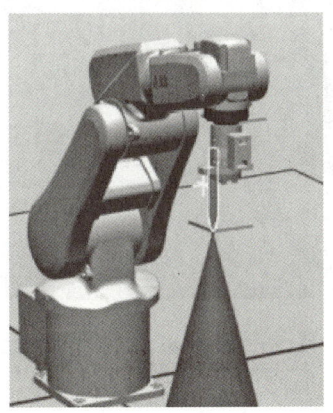
(c) Z 方向

图 1-4-14　三个方向位置姿态

三、绘图笔示教对齐笔筒

(1) 在关节坐标系下,将工业机器人调整到初始位置,轴 1～6 角度分别为 0°、-30°、30°、0°、90° 和 0°。

(2) 在工具坐标系下,使用重定位功能,手动操作工业机器人,将绘图笔近似对齐笔筒开口,如图 1-4-15 所示。

(3) 切换动作模式,由重定位模式改为线性模式。手动操作工业机器人以线性方式移动,使绘图笔以近似对齐笔筒的姿态靠近开口位置,如图 1-4-16 所示。

图 1-4-15　对齐笔筒开口姿态

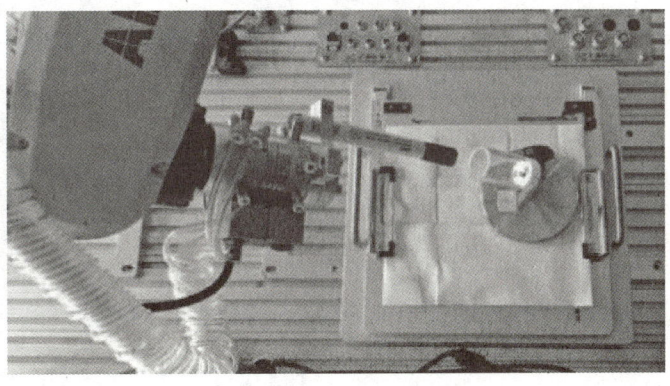
图 1-4-16　线性移动机器人

(4) 切换动作模式,由线性模式改为重定位模式,调整绘图笔工具的姿态,使绘图笔的笔杆方向和笔筒的中心轴线方向保持平行,如图 1-4-17 所示。

(5) 将动作模式再次切换到线性模式,单独使用 Z 轴动作,将绘图笔工具插入笔筒,如图 1-4-18 所示。

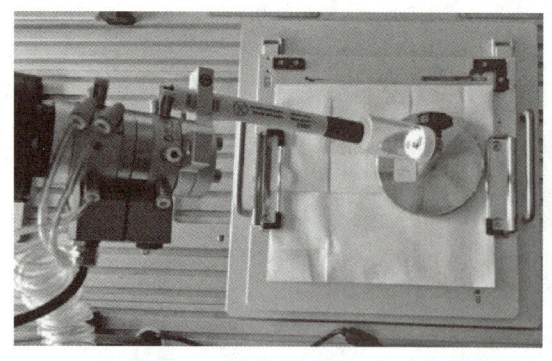
图 1-4-17 调整绘图笔姿态

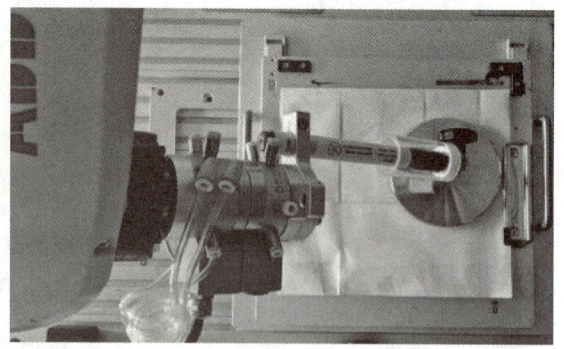
图 1-4-18 插入笔筒时工业机器人姿态

理论基础

一、工具坐标系

工具坐标系用于定义工业机器人末端执行工具的中心点和工具的姿态。工具坐标系在使用时需要提前进行设定,在没有定义时,采用默认的工具坐标系。默认的工具坐标系在工业机器人末端法兰盘中心位置处,如图 1-4-19 所示。可以根据工具的外形、尺寸等建立与工具相对应的工具坐标系。工具坐标系一般设置 8～16 个。

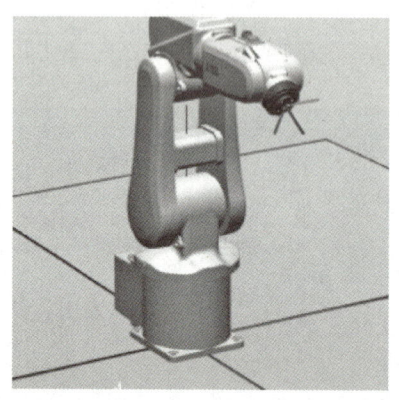
(a) 位置 1

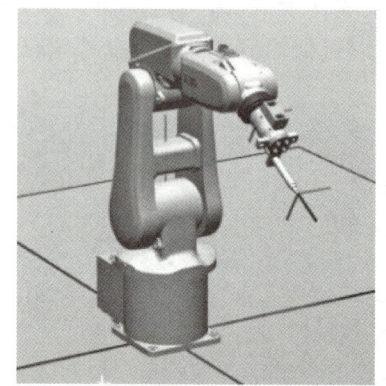
(b) 位置 2

图 1-4-19 工具坐标系的位置

二、工具坐标系的标定

工具坐标系标定的基本步骤如下。
(1) 在工业机器人作业范围内找一个精确的固定点(作为参考点)。
(2) 确定工具坐标系上的参考点。

（3）手动操纵工业机器人，至少用四种不同的工具姿态，使工业机器人工具坐标系上的参考点尽可能与固定点刚好接触上。

（4）通过四个位置点（图1-4-20）的位置数据，工业机器人可以自动计算出TCP的位置，并将TCP的位置数据保存在tooldata程序数据中被程序使用。

 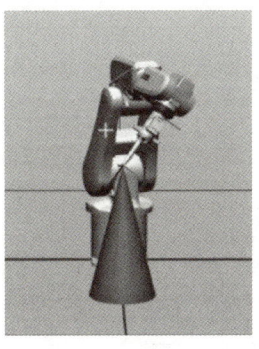 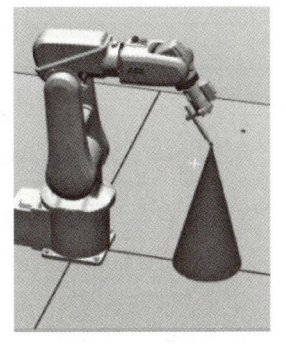 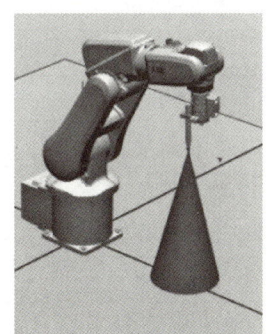

（a）位置点1　　　　（b）位置点2　　　　（c）位置点3　　　　（d）位置点4

图1-4-20　工具坐标系的标定位置

工具坐标系的标定方法有3种，见表1-4-1，可以根据不同的场合选择合适的方法。

表1-4-1　工具坐标系的标定方法

坐标系标定方法	原点	坐标系方向	主要场合
TCP（默认方向）	变化	不变	工具坐标方向与tool0方向一致
TCP和Z	变化	Z轴方向改变	需要工具坐标Z轴方向与tool0的Z轴方向不一致时使用
TCP和Z、X	变化	Z轴和X轴方向改变	工具坐标方向需要改变Z轴和X轴方向时使用

关联图谱

手动工具坐标系相关知识				
工具坐标系		工具坐标系标定		绘图笔示教对齐笔筒
工具坐标系基本概念	能够完成工具坐标系模式切换	工具坐标系标定方法及步骤	工具坐标系标定操作、验证工具数据	手动工具坐标系操作步骤及流程	能够手动操作示教器，在线性和重定位模式下，将绘图笔插入笔筒
理论	实践	理论	实践	理论	实践

任务实施记录单及验收单

任务名称:手动工具坐标系操作		实施日期: 年 月 日	
任务要求	利用示教器完成工具坐标系的标定、验证,并能进行手动工具坐标系操作		
学习重点			
学习难点			
计划用时		实际用时	
组别		组长	
组员姓名			
成员任务分工			
实施场地			
现场 5S 管理			
任务实施步骤与信息记录	(任务实施过程中重要的信息记录,是撰写工程说明书和工程交接手册的主要文档资料,可另附纸张) 1. 工具坐标系的标定方法 2. 工具坐标系的标定步骤 3. 手动工具坐标系操作(绘图笔插入笔筒练习) 		
综合评价	1. 目标完成情况 2. 存在问题 3. 改进方向 		

任务五　手动工件坐标系操作

任务概述

编程时,重新定位工作站的工件,改变工件坐标的位置,使所有的路径都跟随工件坐标系同步更新,以简化编程程序。

任务目标

知识目标:
1. 掌握工业机器人工件坐标系基本概念。
2. 了解工件坐标系的标定方法。

技能目标:
1. 能够进行工件坐标系标定操作。
2. 能够在工件坐标系下,将工业机器人移动到指定位置。

素养目标:
1. 树立良好的安全意识。
2. 培养主动学习意识。

实践训练

一、工件坐标系的标定

(1) 新建工件坐标系。在手动模式下点击主菜单下的"手动操纵"按钮,进入手动操纵界面。
(2) 点击"工件坐标",进入"工件选择"界面。
(3) 点击"新建"按钮,进入"工件坐标数据新建"界面,如图1-5-1所示。
(4) 工件坐标系命名为"huituban",如图1-5-2所示。

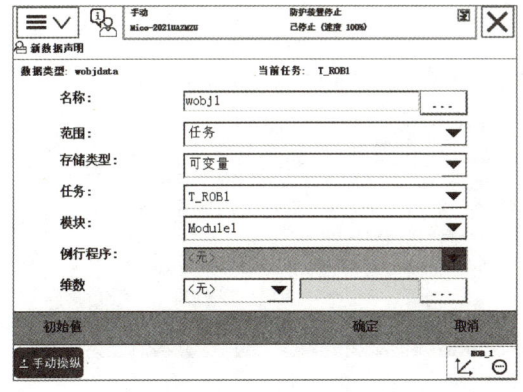   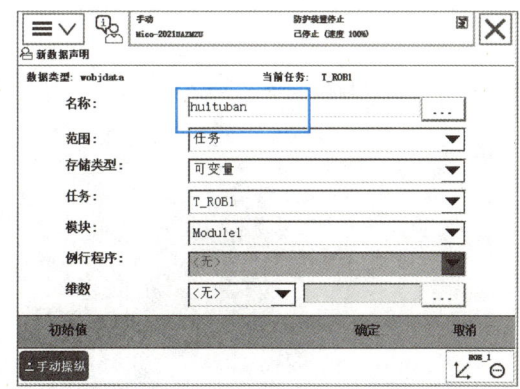

图1-5-1　新建工件坐标系　　　图1-5-2　工件坐标系重命名

(5) 对新建的工件坐标系进行标定,点击"编辑"按钮,再点击"定义..."按钮,如图1-5-3所示。

（6）在"用户方法："部分选择"3 点",活动工具为"huitubi",如图 1-5-4 所示。

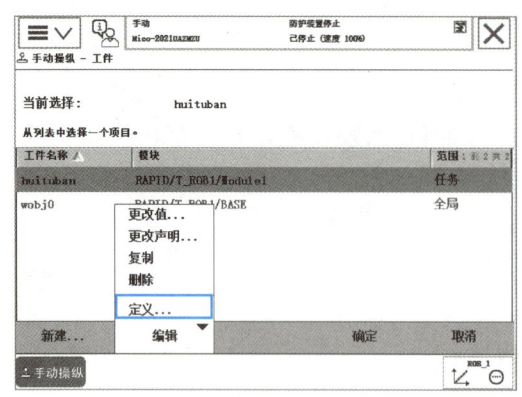
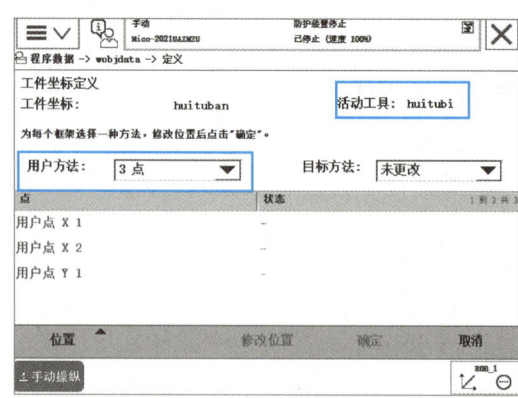

图 1-5-3　定义工件坐标系　　　　　　　图 1-5-4　选择 3 点法

（7）工件坐标系需要标定的三个点为"用户点 X1""用户点 X2""用户点 Y1",分别代表工件坐标系的坐标原点、X 坐标轴上的点及 Y 坐标轴上的点。

① 将工业机器人移动到 X1 位置,并修改对应记录,如图 1-5-5 所示。

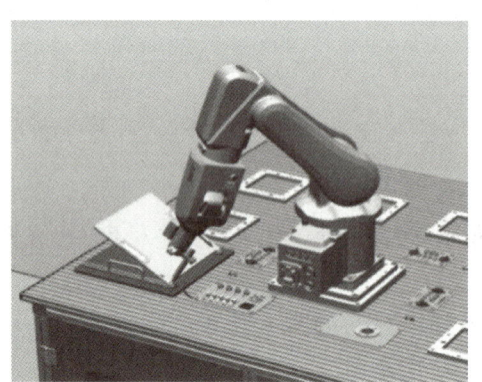
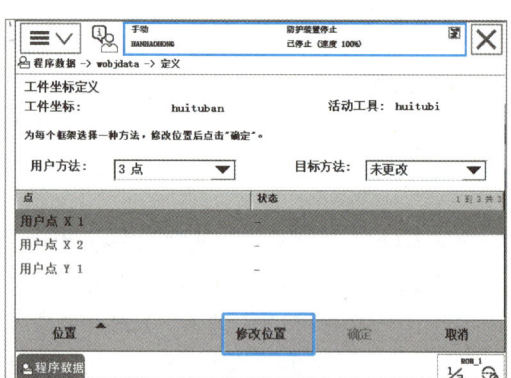

图 1-5-5　"点 1"位置及记录修改

② 将工业机器人移动到 X2 位置,并修改对应记录,如图 1-5-6 所示。

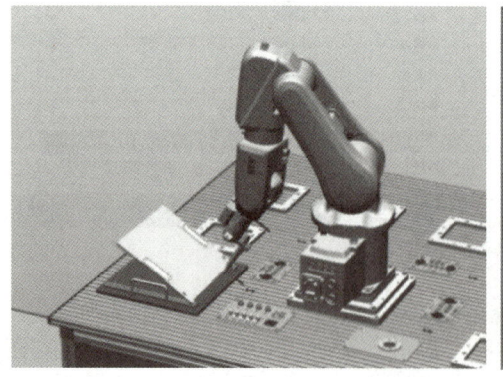
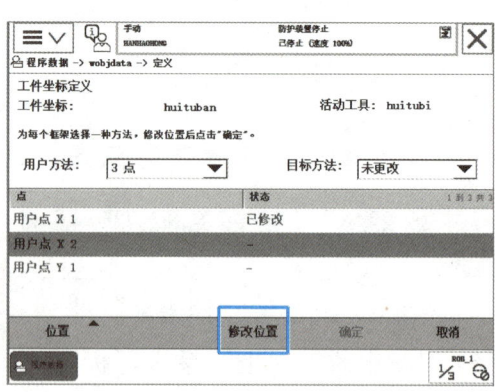

图 1-5-6　"点 2"位置及记录修改

③ 将工业机器人移动到 Y1 位置,并修改对应记录,如图 1-5-7 所示。

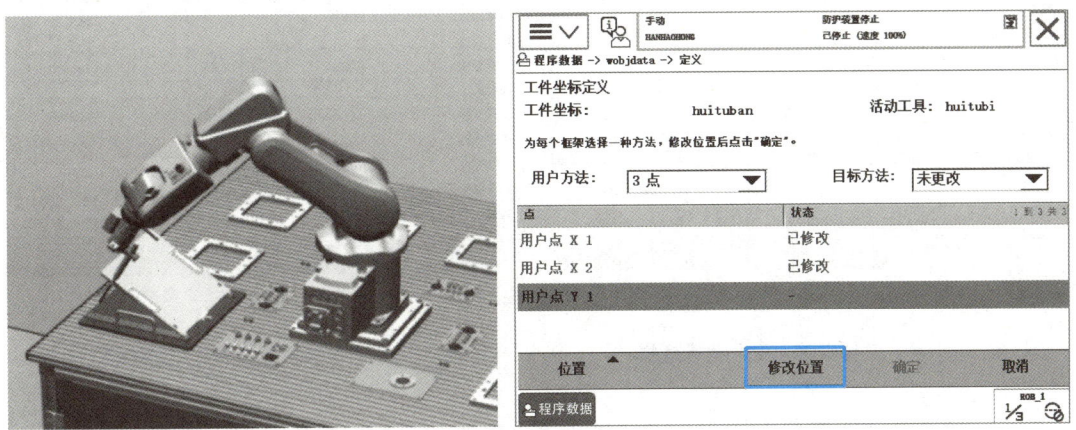

图 1-5-7 "点 3"位置及记录修改

④ 最后结果如图 1-5-8 所示。

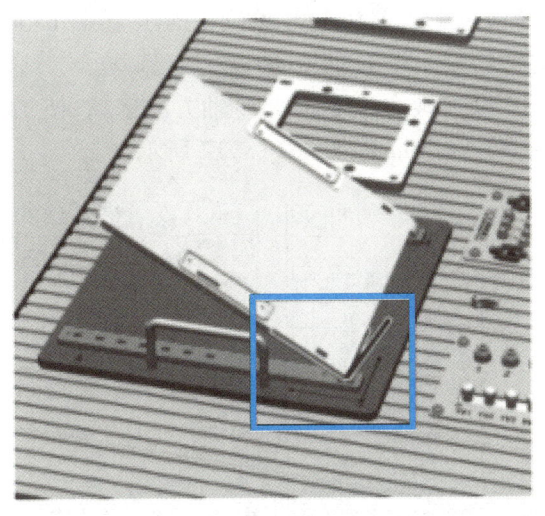

图 1-5-8 新建工件坐标系后的结果

二、手动工件坐标系操作

使用工件坐标系观察工业机器人各姿态数据。

(1) 打开示教器的手动操纵界面,工具坐标选择"huitubi...",工件坐标选择"huituban...",如图 1-5-9 所示。

(2) 点击"动作模式",将动作模式切换为"线性...",坐标系选择"工件坐标",完成后点击"确定"按钮保存退出,如图 1-5-10 所示。

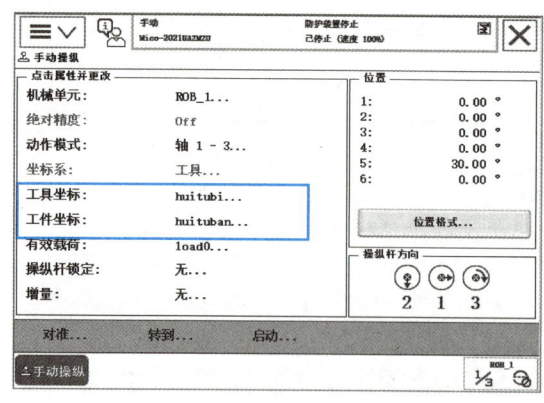

图 1-5-9　工具坐标、工件坐标选择

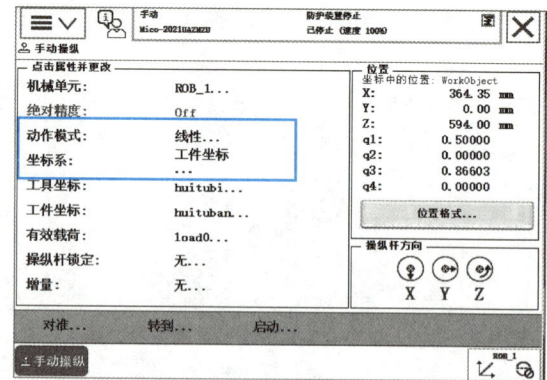

图 1-5-10　动作模式切换

（3）点击示教器屏幕右下角的"快速设置"按钮，在弹出的菜单中点击"速度设置"按钮，并设置速度为 20%。

（4）操作者手持示教器，按住使能按键，直到示教器状态栏显示"电机开启"。

（5）在工件坐标系下，操作者使用操作杆使工业机器人分别沿 X、Y、Z 轴方向移动，使工业机器人当前位置的值接近 255、100、365（单位：mm），如图 1-5-11 所示。

（6）开启增量模式，并将增量设为"小"。

（7）再次给系统上电，操控操作杆沿 X、Y、Z 轴方向运动，使工业机器人当前位置各轴的值精确到 255、100、365（单位：mm），如图 1-5-12 所示。

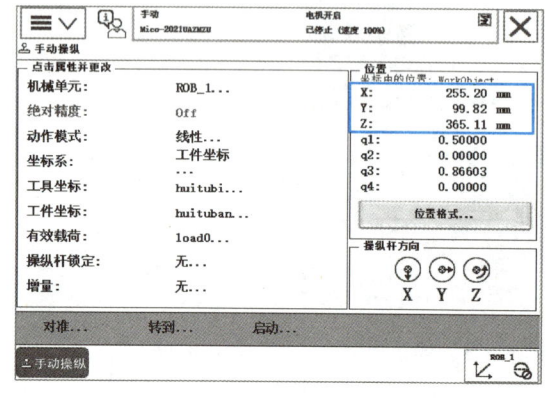

图 1-5-11　工业机器人接近位置

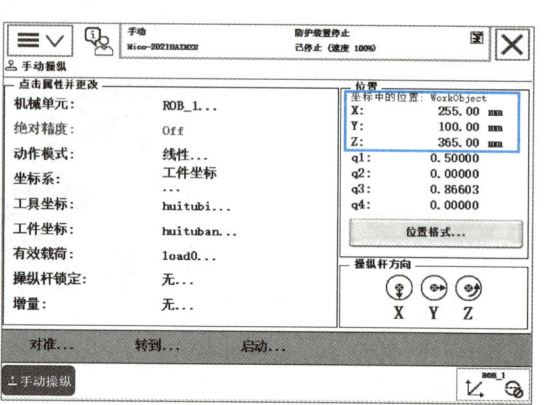

图 1-5-12　工业机器人准确位置

理论基础

一、工件坐标系

工业机器人可以拥有若干工件坐标系，用于表示不同工件，或者表示同一工件在不同位置的若干副本。例如，在对 ABB 机器人编程时，就是在工件坐标系中创建目标点和轨迹路径。这会给操作者带来很多便利，如重新定位工作站中的工件时，只需更改工件坐标系的位置,所有路径将即刻随之更新;允许操作沿外部轴或传送导轨移动的工件,因为整个工件可连同其路径一起移动。

二、工件坐标系的标定

工件坐标系在工业机器人手动运行时也能起到重要作用,尤其是工件的安装方向与工业机器人 TCP 或基坐标系方向不一致时,就可以利用与工件方向标定一致的工件坐标系来手动运行工业机器人,这会为操作者提供很多便利。ABB 机器人的工件坐标系对应于系统中的工件数据,在使用之前需要先对其进行标定。

工件坐标系是相对于特定工具进行标定的,在标定时要选择与其对应的工具。

关联图谱

手动工件坐标系相关知识					
工件坐标系		工件坐标系标定		手动工件坐标系操作	
工件坐标系基本概念	工件坐标系模式切换	工件坐标系标定方法及步骤	工件坐标系标定操作	手动工件坐标系操作步骤	在线性和重定位模式下手动操作,将工业机器人移动到指定位置
理论	实践	理论	实践	理论	实践

任务实施记录单及验收单

任务名称:手动工件坐标系操作				实施日期:	年 月 日	
任务要求	利用示教器完成工件坐标系的标定、验证,并能进行手动工件坐标系操作					
学习重点						
学习难点						
计划用时				实际用时		
组别				组长		
组员姓名						
成员任务分工						
实施场地						
现场 5S 管理						
任务实施步骤与信息记录	(任务实施过程中重要的信息记录,是撰写工程说明书和工程交接手册的主要文档资料,可另附纸张) 1. 工件坐标系的标定方法 _____ _____ _____					

（续表）

手动工件坐标系操作实施步骤与信息记录	2. 工件坐标系的标定步骤 3. 手动工件坐标系操作（绘图板位置变换）
综合评价	1. 目标完成情况 2. 存在问题 3. 改进方向

理论综合测验

一、判断题

（　　）1. 指令"MOVEL P10，v1000，Z50，tool1；"所使用的工件坐标系为wobj0。
（　　）2. 编写程序时一定要创建工件坐标系。
（　　）3. 可以使用3点法进行用户（工件）坐标系标定。
（　　）4. 一般可以根据实际情况，定义一个或者多个工件坐标系。
（　　）5. 不标定工件坐标系时，默认工件坐标系wobj0与工业机器人基坐标重合。

二、单选题

1. 常用的标定工具坐标系的方法不包括以下的（　　）。
A. TCP（默认方向）方法　　　　　　B. TCP 和 Z 方法
C. TCP 和 X 方法　　　　　　　　　D. TCP 和 Z，X 方法

2. 作业路径通常用（　　）坐标系相对于工件坐标系的运动来描述。
A. 手爪　　　　B. 固定　　　　C. 运动　　　　D. 工具

项目二

工业机器人基础编程

项目概述

本项目包含基础编程操作准备、基本运动指令编程、自动拾取工具、转数计数器更新四个任务。本项目旨在培养学生独立进行基础编程与调试的能力、科学思维方法与能力,以及团结协作精神与沟通能力。

任务一　基础编程操作准备

任务概述

实施工业机器人基础编程前,需要进行系统操作的准备工作,并需掌握工具和绘图模块的安装方法。

任务目标

知识目标:
1. 掌握快换工具装置结构。
2. 掌握气动控制板功能。
3. 理解配置可编程按键的基本理论。
4. 掌握绘图模板安装方法。

技能目标:
1. 能够通过气动控制板操作,将工具安装到工业机器人末端主盘。
2. 能够通过通用机械接口,固定绘图模块。

素养目标:
1. 培养学生主动学习、协作学习的学风。
2. 培养学生分析、解决问题的能力。

实践训练

一、工具安装

(1) 长按气动控制板 YV1 位置按钮,如图 2-1-1 所示。

(2) 确认工具锁紧钢珠为回缩状态,如图 2-1-2 所示。

图 2-1-1 气动控制板按钮

图 2-1-2 锁紧钢珠回缩状态

(3) 将平口手爪工具安装到工业机器人末端主盘位置,使机械接口与电气接口对齐,如图 2-1-3 所示。YV1 按钮需保持按下状态。

(4) 保持平口手爪工具的状态,松开 YV1 按钮,按住 YV2 按钮约 1 s,平口手爪工具锁紧后,松开 YV2 按钮。

(5) 保持平口手爪工具的状态,按住 YV3 按钮约 1 s,如图 2-1-4 所示。平口手爪工具打开,如图 2-1-5 所示。

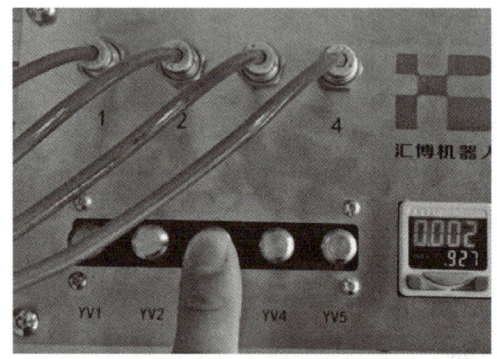

图 2-1-3 机械接口与电气接口对齐状态

图 2-1-4 按住 YV3 按钮

(6) 确认平口手爪工具为打开状态,如图 2-1-6 所示。

(7) 保持平口手爪工具的状态,松开 YV3 按钮,按住 YV4 按钮约 1 s,如图 2-1-7 所示。平口手爪工具夹紧,如图 2-1-8 所示。

(8) 确认平口手爪工具为夹紧状态。

图 2-1-5 平口手爪工具打开

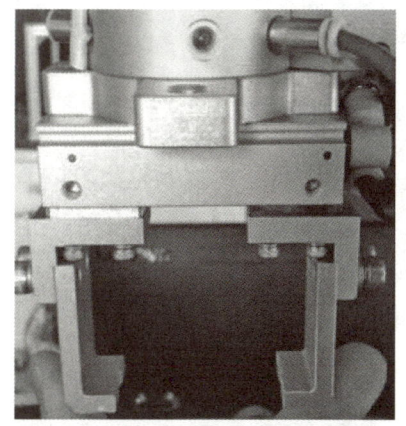
图 2-1-6 确认平口手爪工具打开状态

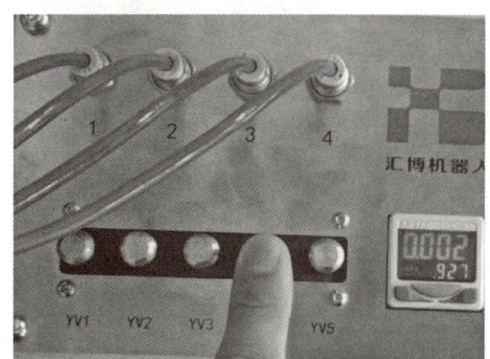
图 2-1-7 按下 YV4 按钮

图 2-1-8 平口手爪工具夹紧

二、绘图模块安装

将绘图模块底部的两个定位销插入定位板的两个定位孔。按照如图 2-1-9 所示位置，将绘图模块安装到平台上机器人正前方的位置。

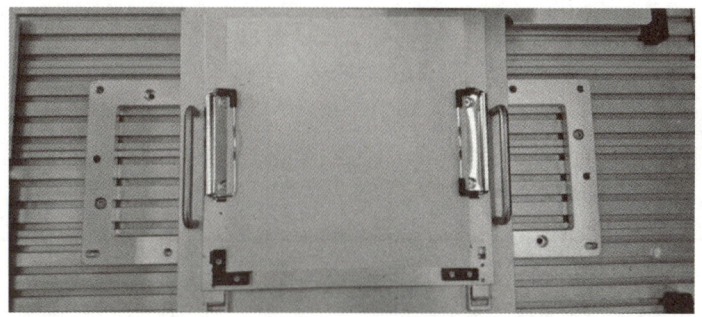
图 2-1-9 绘图模块安装

理论基础

一、快换工具装置

工业机器人快换工具装置也被称为自动转换工具装置、工业机器人工具转换、机器人连接器、机器人连接头等,主要由主侧和工具侧(图2-1-10,图2-1-11)两部分组成,两部分可以自动锁紧连接。大多数的工业机器人快换工具装置使用气动锁紧主侧和工具侧。快换工具装置的主侧安装在一台工业机器人上,工具侧安装工具,例如吸盘、夹爪等。

图 2-1-10　主侧

图 2-1-11　工具侧

二、气动控制板

气动控制板固定于实训平台上,通过按下电磁阀强制按钮,实现对气动工具的强制动作。

按下 YV1～YV5 按钮时对应的强制气动动作,见表2-1-1。本项目主要通过气动控制板,完成手动装卸平口手爪工具,即平口手爪工具的安装和卸载。

表 2-1-1　按下 YV1～YV5 按钮对应的强制气动动作

电磁阀按钮	主盘锁紧	主盘松开	夹爪闭合	夹爪张开	吸盘真空	真空破坏
YV1		✓				
YV2	✓					
YV3				✓		
YV4			✓			✓
YV5					✓	

三、可编程按键

ABB 机器人示教器上有四个可编程按键,分别为按键1、按键2、按键3和按键4,如

图 2-1-12 所示,给可编程按键分配控制的 I/O 信号,将数字信号与系统的控制信号关联起来,便可通过按键进行强制控制操作。由操作者自定义输入输出等功能,可实现对外围的信号输入或者对信号进行强制输出的模拟,从而可以提高工作效率。

可编程按键可以配置成"输入""输出"和"系统",如图 2-1-13 所示。将按键类型配置成"输入",按下按键 1,则与之关联的输入信号置为"1";将按键类型配置成"系统"时,可选择将程序指针重新定位到 Main 函数。

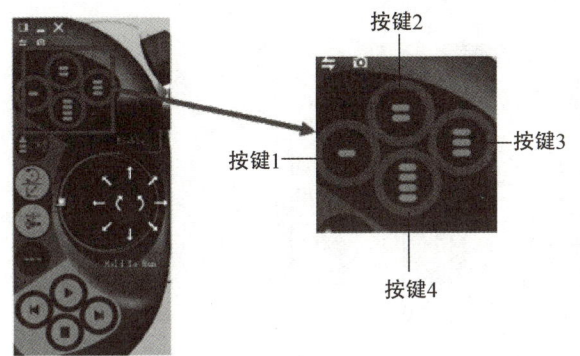 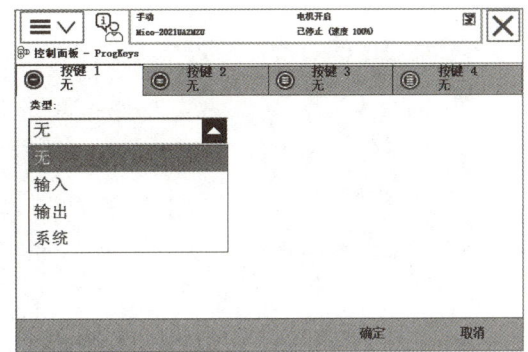

图 2-1-12　可编程按键　　　　　　　图 2-1-13　可编程按键配置界面

将按键类型配置成"输出"时,与数字输出信号关联后,按键 1 有五种动作,分别为"切换""设为 1""设为 0""按下/松开""脉冲",如图 2-1-14 所示。

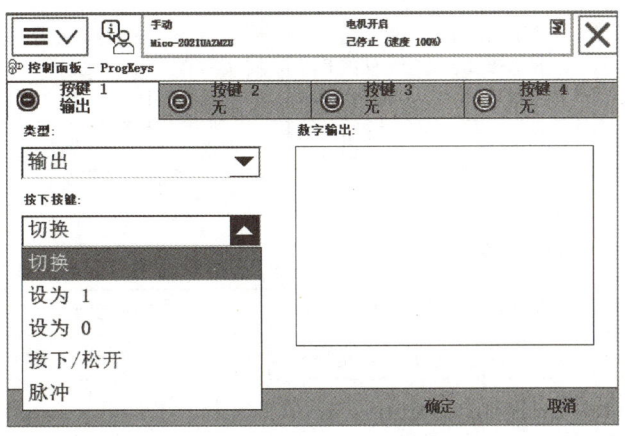

图 2-1-14　可编程按键配置数字输出信号

切换:按下按键后,数字输出信号的值在 0 和 1 之间切换。
设为 1:按下按键后,数字输出信号的值被置为 1,相当于置位。
设为 0:按下按键后,数字输出信号的值被置为 0,相当于复位。
按下/松开:按下按键后,数字输出信号的值被置为 1,松开按键后,值被置为 0。
脉冲:按下按键的上升沿数字输出信号的值被置为 1。

四、通用机械接口

工业机器人应用编程平台设计的通用机械接口可实现不同项目实训模块的安装,在工业机器人四周共有 12 块定位板,分别用于不同模块的定位或实现双桌面的拼接,每块定位板上有两个定位孔和两个辅助定位孔,如图 2-1-15 所示。

每个模块底部都有两个定位销,如本任务使用的是绘图模块,其底部有两个定位销,如图 2-1-16 所示。模块通过底部的定位销与定位板上的定位孔配合实现模块的定位。

 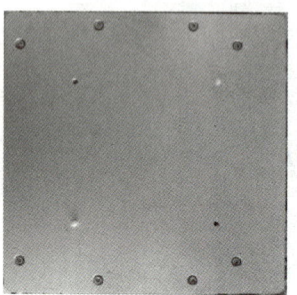

图 2-1-15　定位板及定位孔　　　　　图 2-1-16　模块底部

关联图谱

基础编程操作准备							
快换工具装置		气动控制板		可编程按键		平面绘图模块	
理解快换工具装置的结构	能够操作快换工具装置按钮	掌握气动控制板动作表	能够进行气动控制板操作	理解可编程按键配置原理	能够配置可编程按键	熟悉通用机械接口结构	能够完成平面绘图模块安装
理论	实践	理论	实践	理论	实践	理论	实践

任务实施记录单及验收单

任务名称:基础编程操作准备		实施日期: 　年　月　日	
任务要求	具有安全意识,能够通过气动控制板操作,将工具安装到工业机器人末端主盘		
学习重点			
学习难点			
计划用时		实际用时	
组别		组长	
组员姓名			
成员任务分工			
实施场地			
现场 5S 管理			

（续表）

任务实施步骤与信息记录	（任务实施过程中重要的信息记录，是撰写工程说明书和工程交接手册的主要文档资料，可另附纸张） 1. 工具快换装置组成 2. 气动面板按钮动作功能 3. 安装工具步骤 4. 确认工具打开与夹紧方法 5. 配置可编程按键原理 6. 安装绘图板方法
综合评价	1. 目标完成情况 2. 存在问题 3. 改进方向

任务二　基本运动指令编程

任务概述

认识工业机器人程序编辑器界面,掌握工业机器人运行模式,熟悉程序指令的参数,并能根据任务要求,修改指令的位置参数。学习工业机器人运动指令,新建并命名例行程序、添加运动指令,修改运动指令参数,完成编程并自动运行程序。

任务目标

知识目标:

1. 掌握新建程序模块及例行程序的方法。
2. 掌握程序指针的应用。
3. 理解运行模式。
4. 掌握基本轨迹指令。

技能目标:

1. 能够新建程序模块及例行程序。
2. 能够编制轨迹程序。
3. 能够自动运行程序。

素养目标:

1. 通过小组合作、讨论,培养学生团结协作精神与沟通能力。
2. 培养学生精益求精的工匠精神。

实践训练

一、新建程序模块及例行程序

(1) 进入主菜单,在示教器界面中选择"程序编辑器"选项。

(2) 新建模块。在模块列表界面点击左下角的"文件"按钮("加载模块…"命令可以加载需要使用的模块;"另存模块为…"命令可以保存模块到工业机器人硬盘;"更改声明…"命令可以更改模块的名称和类型;"删除模块…"命令可以将模块从运行内存中删除,但不影响已在硬盘中保存的模块),然后点击"新建模块…"命令。

(3) 在弹出的对话框中点击"是"按钮。

(4) 在创建新模块界面既可以通过点击"ABC…"按钮进行模块名称的设定,也可以通过三角形按钮对类型进行选择。程序模块默认类型是"Program",然后点击"确定"按钮完成新模块的建立。

(5) 在模块列表中,显示出新建的程序模块,选中模块列表中的"Module1",然后点击"显示模块"按钮,如图 2-2-1 所示。

(6)点击"例行程序"按钮进行例行程序的新建。

(7)在显示出例行程序的界面打开"文件"菜单,点击"新建例行程序…",如图2-2-2所示。

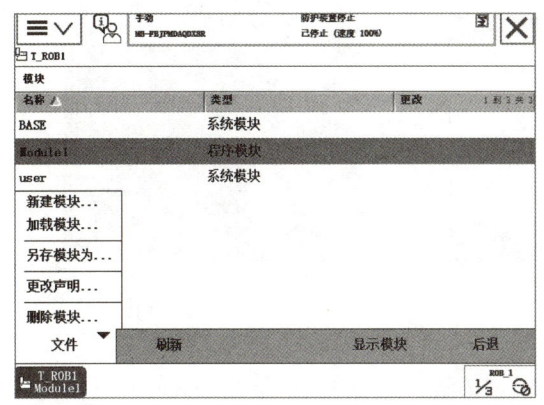

图 2-2-1　模块列表

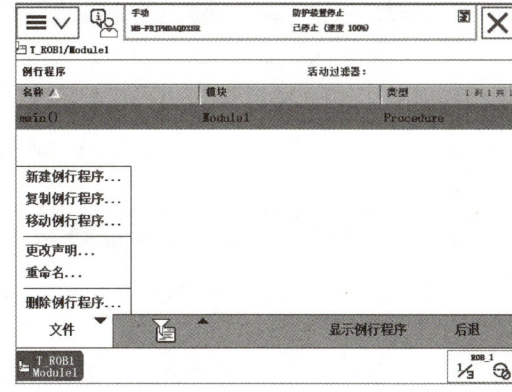

图 2-2-2　新建例行程序列表

(8)创建一个主程序,将其名称设定为"main",然后点击"确定"按钮,如图2-2-3所示。

(9)在新建例行程序时,可以对例行程序的类型进行选择,建立所需类型的程序。程序类型可为"程序""功能"和"中断",如图2-2-4所示。

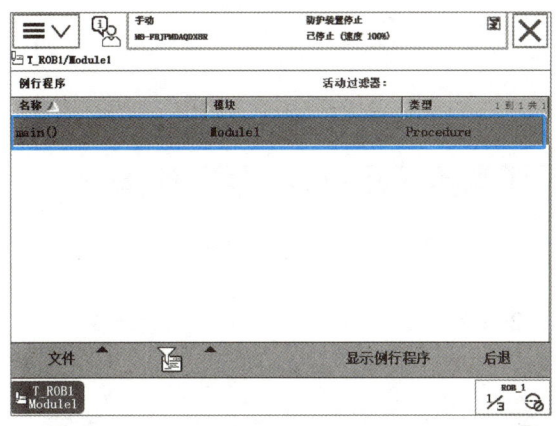

图 2-2-3　创建 main 程序

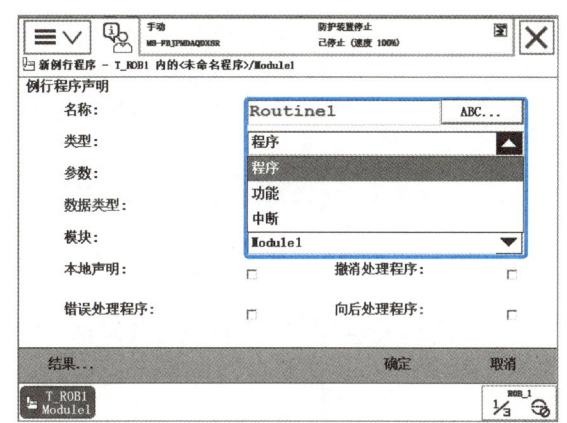

图 2-2-4　例行程序类型选择

(10)可以使用相同的方法,根据需要新建例行程序,方便被main程序调用或用于例行程序间的相互调用。例行程序的名称可以在系统保留字段之外自由定义。

二、编制圆弧与直线轨迹程序

(1)进入程序编辑器,在模块界面,选中"程序模块",单击"显示模块"按钮,如图2-2-5所示。

(2)将工业机器人移动到任务起始点位置,如图2-2-6所示。

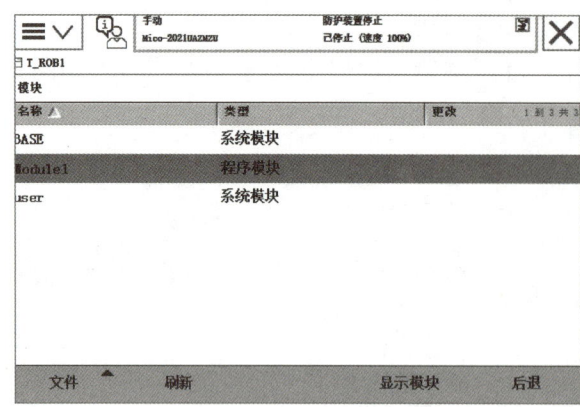
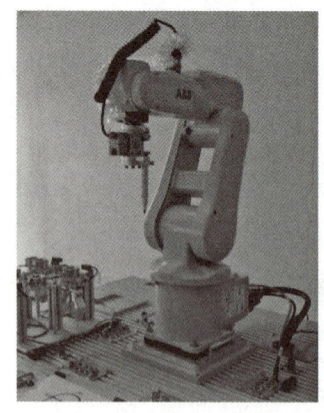

图 2-2-5　显示模块图　　　　　　　图 2-2-6　起始点位置

（3）在程序编辑器中，点击"添加指令"按钮，在右侧指令"Common"栏，选中"MoveAbsJ"指令，如图 2-2-7 所示。

（4）在添加的 MoveAbsJ 指令中，选中"＊"，点击该位置，添加起始点数据，如图 2-2-8 所示。

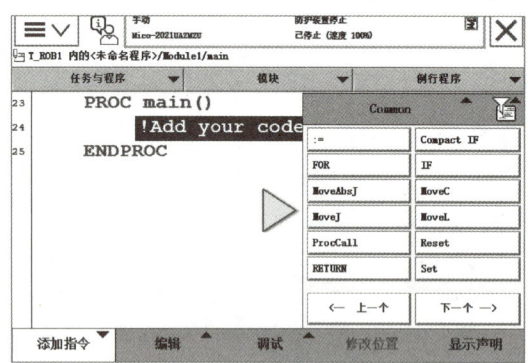
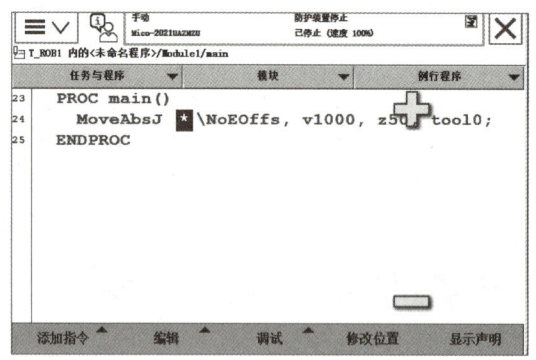

图 2-2-7　添加指令 1　　　　　　　图 2-2-8　添加起始点数据

（5）点击"新建"命令创建位置变量，如图 2-2-9 所示。

（6）修改位置变量名称为"home"，点击"确定"按钮，如图 2-2-10 所示。

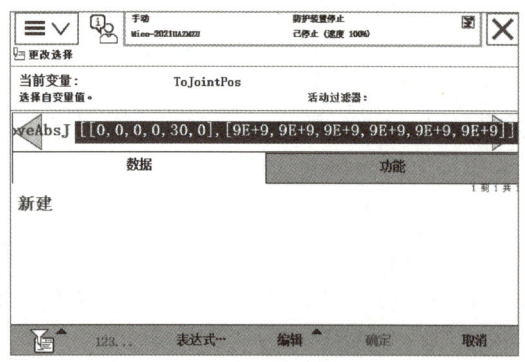
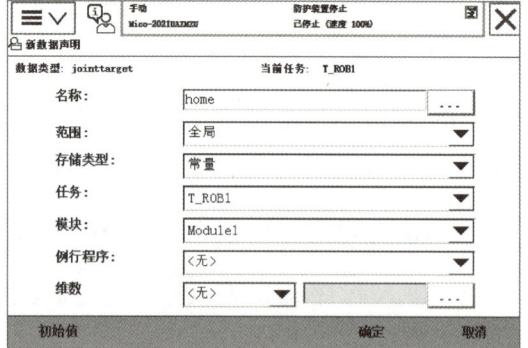

图 2-2-9　创建位置变量 1　　　　　　图 2-2-10　修改变量名称

（7）再次点击"确定"按钮保存，返回程序编辑窗口，如图 2-2-11 所示。

（8）选中"home"，点击"修改位置"按钮，在弹出窗口点击"修改"按钮，确认修改位置，如图 2-2-12 所示。

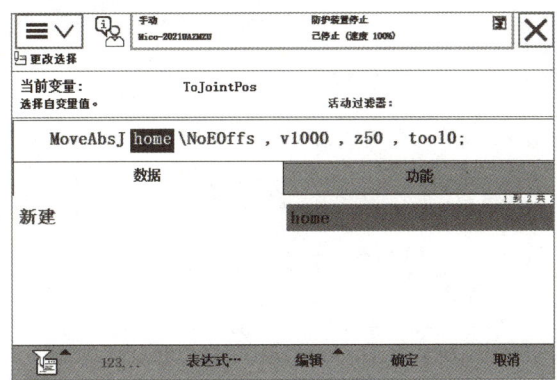

图 2-2-11　保存变量名称

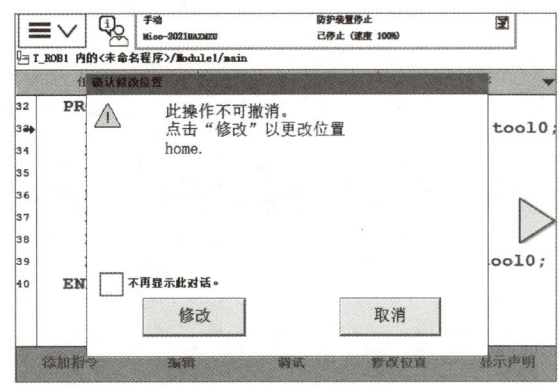

图 2-2-12　确认修改位置

三、使用 MoveJ 指令记录起始点

（1）将工业机器人移动到起始点位置，如图 2-2-13 所示。

（2）添加 MoveJ 指令，在弹出的窗口中，点击"下方"按钮，即在当前指令的下方添加指令，如图 2-2-14 所示。

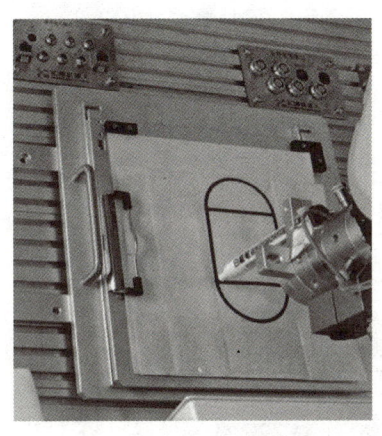

图 2-2-13　起始点位置

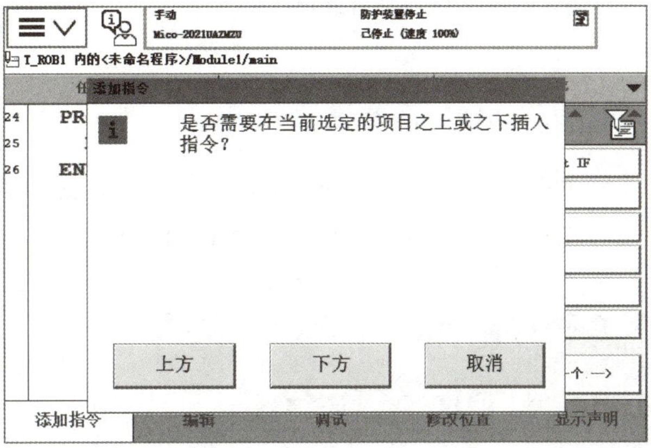

图 2-2-14　添加指令 2

（3）选中"＊"并单击，添加修改位置数据，如图 2-2-15 所示。

（4）单击"新建"创建位置变量，如图 2-2-16 所示。

（5）修改位置变量名称为"p10"，单击"确定"按钮返回程序编辑窗口，如图 2-2-17 所示。

（6）选中"p10"，单击"修改位置"按钮，在弹出的窗口中，单击"修改"，确认修改位置，如图 2-2-18 所示。

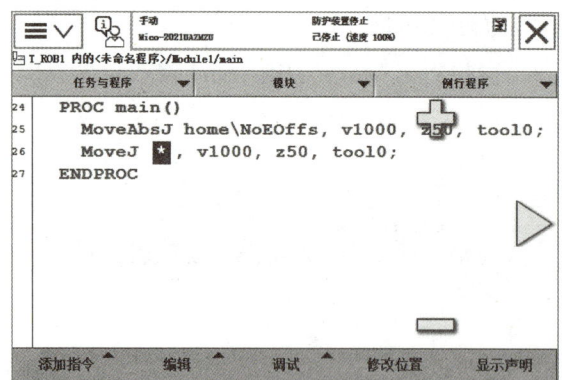

图 2-2-15　添加修改位置数据　　　　　图 2-2-16　创建位置变量 2

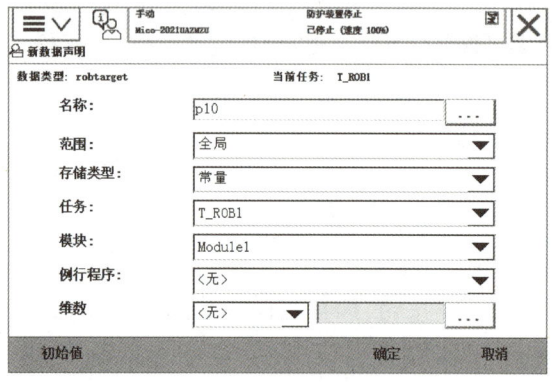 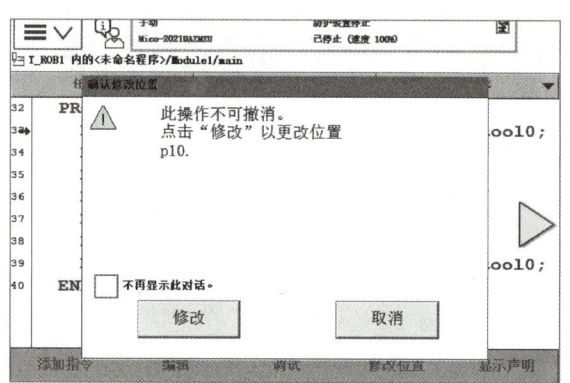

图 2-2-17　修改位置变量名称　　　　　图 2-2-18　确认修改 p10 位置

四、用 MoveL 指令记录直线

（1）将工业机器人移动到第一段直线末端点，如图 2-2-19 所示。

（2）添加 MoveL 指令，自动生成位置变量 p20，如图 2-2-20 所示。

图 2-2-19　第一段直线末端点位置　　　图 2-2-20　添加指令 3

（3）选中"p20"，点击"修改位置"，在弹出的窗口中点击"修改"按钮确认，确认修改位置，如图 2-2-21 所示。

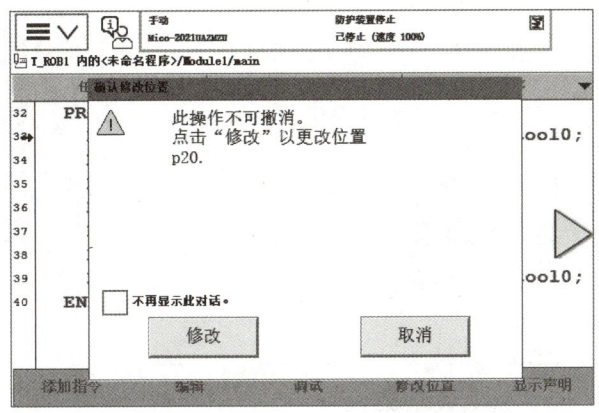

图 2-2-21　确认修改 p20 位置

五、使用 MoveC 指令记录圆弧

（1）将工业机器人移动到第一段圆弧中间点，如图 2-2-22 所示。

（2）添加 MoveC 指令，MoveC 指令中自动生成两个位置变量 p30 和 p40，如图 2-2-23 所示。

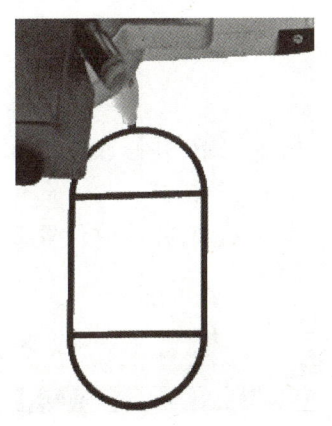

图 2-2-22　第一段圆弧中间点位置

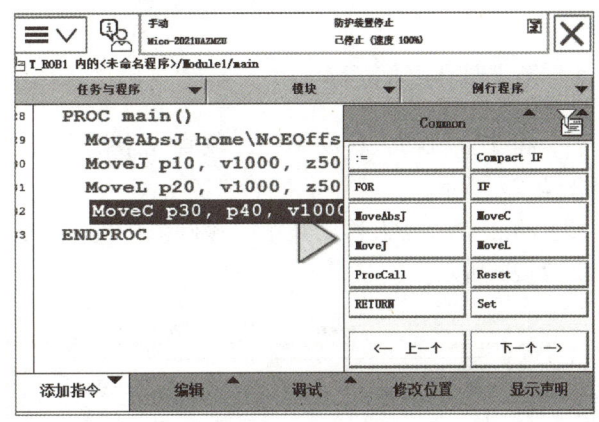

图 2-2-23　添加 MoveC 指令

（3）选中"p30"，点击"修改位置"按钮，在弹出的窗口中点击"修改"按钮确认，如图 2-2-24 所示。

（4）将工业机器人移动到第一段圆弧末端点，如图 2-2-25 所示。

（5）选中"p40"，点击"修改位置"按钮，在弹出的窗口中点击"修改"按钮确认，如图 2-2-26 所示。

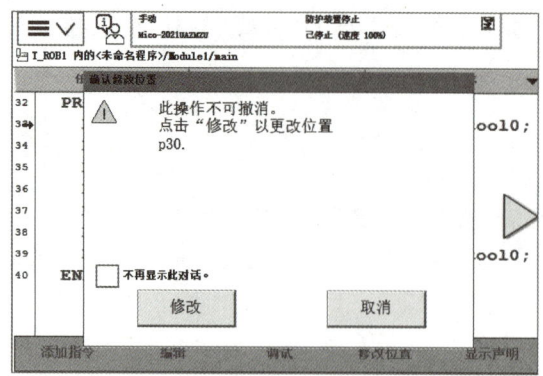

图 2-2-24 修改 p30 位置

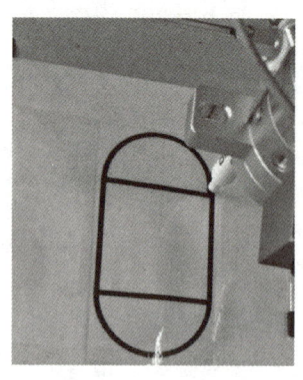

图 2-2-25 第一段圆弧末端点位置

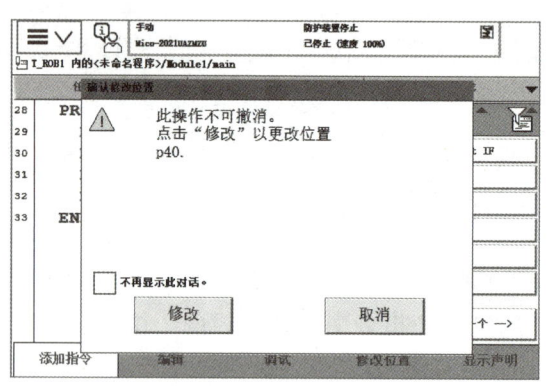

图 2-2-26 修改 p40 位置

六、编制封闭轨迹程序

（1）将工业机器人移动到第二段直线末端点，使用 MoveL 指令记录，并修改位置 p50，如图 2-2-27 所示。

（2）将工业机器人移动到第二段圆弧中间点，使用 MoveC 指令记录，并修改位置 p60，如图 2-2-28 所示。

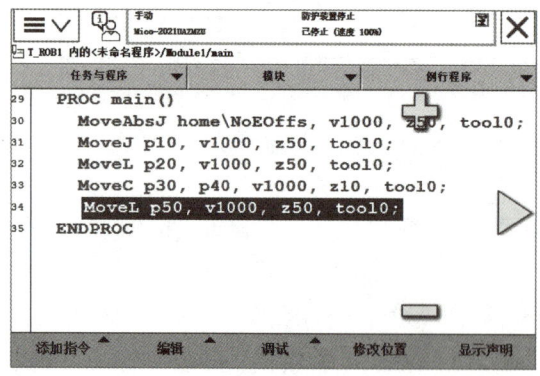

图 2-2-27 第二段直线指令

图 2-2-28 第二段圆弧指令

（3）将末端点自动生成的位置变量 p20 更改为 p10，如图 2-2-29 所示。

（4）添加 MoveAbsJ 指令，将自动生成的位置变量名称"home10"更改为"home"，如图 2-2-30 所示。

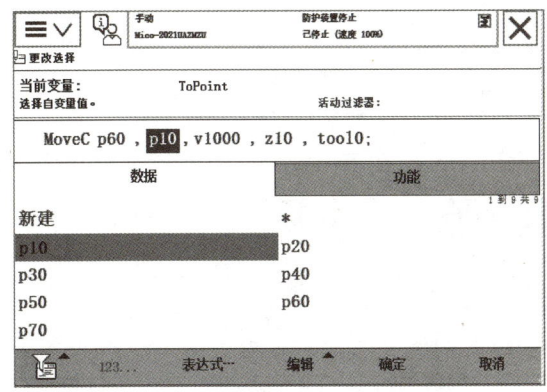

图 2-2-29　修改 p20 位置变量名称为 p10

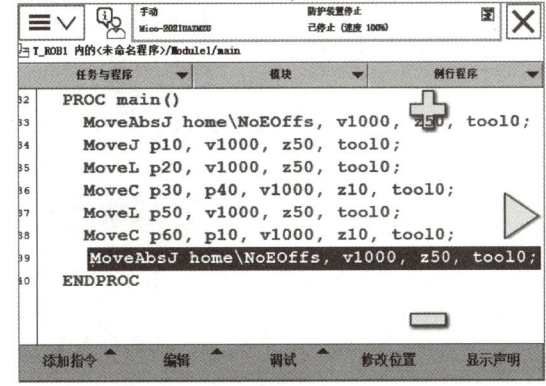

图 2-2-30　添加 MoveAbsJ 指令

七、指令参数修改

（1）选中 MoveAbsJ 指令中的速度参数"v1000"并单击进入更改选择窗口，将其更改为"v200"，如图 2-2-31 所示。

（2）选中"z50"，将其更改为"fine"，完成后点击"确定"按钮返回程序编辑窗口，如图 2-2-32 所示。

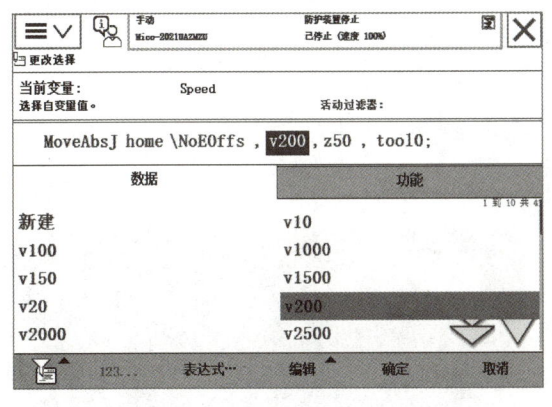

图 2-2-31　修改速度参数　　　　　　　图 2-2-32　修改 z50 值

（3）使用相同方法更改其他指令的对应参数，如图 2-2-33 所示。

上述程序指令及说明见表 2-2-1。

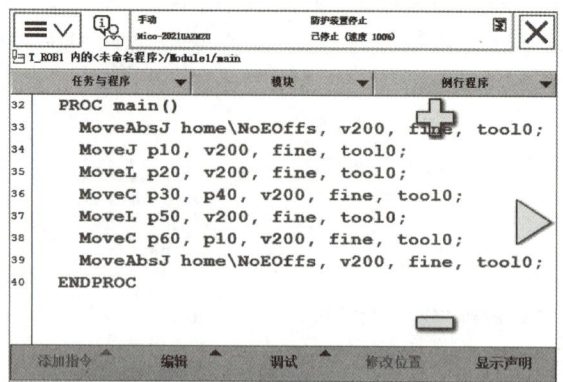

图 2-2-33　修改其他指令参数

表 2-2-1　程序指令及说明

程序指令	说明
MoveAbsJ home\NoEoffs,v200,fine,tool0;	工业机器人返回原点
MoveJ p10,v200,fine,tool0;	关节方式到达 p10 点
MoveL p20,v200,fine,tool0;	直线方式到达 p20 点
MoveC p30,p40,v200,fine,tool0;	圆弧方式到达 p20→p30→p40
MoveL p50,v200,fine,tool0;	直线方式到达 p50 点
MoveC p60,p10,v200,fine,tool0;	圆弧方式到达 p50→p60→p10
MoveAbsJ home\NoEoffs,v200,fine,tool0;	工业机器人返回原点

八、自动运行程序

（1）将运行模式切换到自动状态。

（2）在示教器上点击"确认"按钮，再点击"确定"按钮，如图 2-2-34 所示。

（3）按下电机上电按钮，如图 2-2-35 所示。

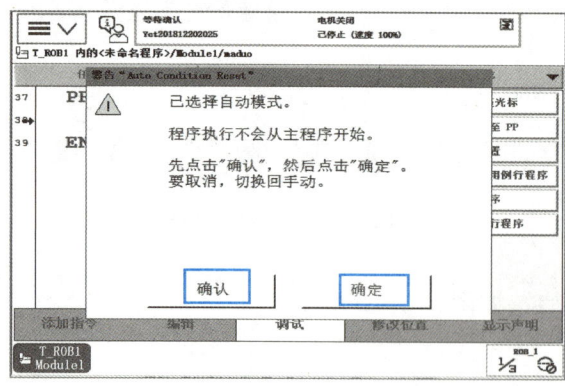

图 2-2-34　自动模式

图 2-2-35　电机上电按钮

(4)按下程序调试连续按钮(图2-2-36),程序将自动连续运行。

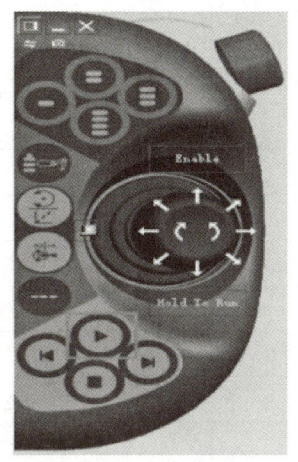

图2-2-36 程序调试连续按钮

 理论基础

一、RAPID 程序的架构

1. RAPID 程序

RAPID 程序由系统模块与程序模块组成,每个模块中可以建立若干程序。工业机器人一般都自带"user"与"BASE"两个系统模块,如图2-2-37所示。建议不要对任何自动生成的系统模块进行修改。

每个 RAPID 程序中只有一个主程序,并且主程序作为整个 RAPID 程序执行的起点,可存在于任意一个程序模块中。每一个程序模块一般包含程序数据、程序、指令和函数四种对象。

2. RAPID 语言

RAPID 语言是一种由机器人厂家针对用户示教编程所开发的机器人编程语言,其结构和风格类似于 C 语言。RAPID 程序就是把一连串的 RAPID 语言人为有序地组织起来,形成应用程序。通过执行 RAPID 程序可以实现对机器人的操作控制。

RAPID 程序数据是在 RAPID 语言编程环境下定义的用于存储不同类型数据信息的数据结构类型。常用 RAPID 程序数据类型见表2-2-2。

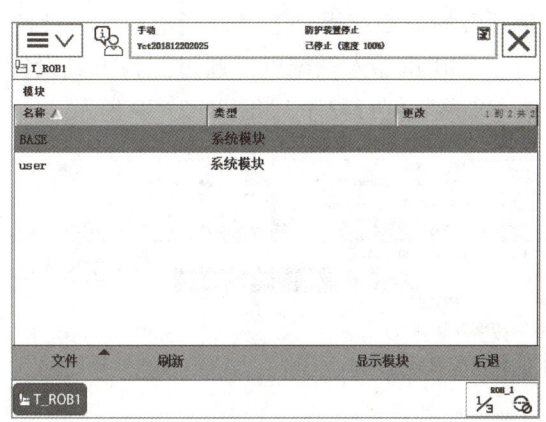

图2-2-37 系统模块

表 2-2-2　常用 RAPID 程序数据类型

程序数据类型	说明
bool	布尔量
byte	整数数据 0~255
clock	计时数据
jointtarget	关节位置数据
loaddata	负载数据
num	数值数据
pos	位置数据（只有 X，Y 和 Z）
robjoint	机器人轴角度数据
speeddata	机器人与外轴的速度数据
string	字符串
tooldata	工具数据
wobjdata	工件数据

二、程序指针

在 ABB 机器人的程序编辑窗口，程序指针（Program Pointer，PP）以箭头形式显示在程序行序号位置。光标在程序编辑窗口中的程序代码处以蓝色突出显示，如图 2-2-38 所示。

无论用哪种方式启动，程序都将从程序指针位置执行。因此，启动程序前，需要将程序指针指向需要启动的程序行。程序启动并非每次都从首行开始，根据实际情况可能从其他位置开始。系统提供了多种指定程序指针位置的方法。

ABB 机器人系统可以通过三种方式设置程序指针，分别是 PP 移至 Main、PP 移至光标和 PP 移至例行程序，如图 2-2-39 所示。

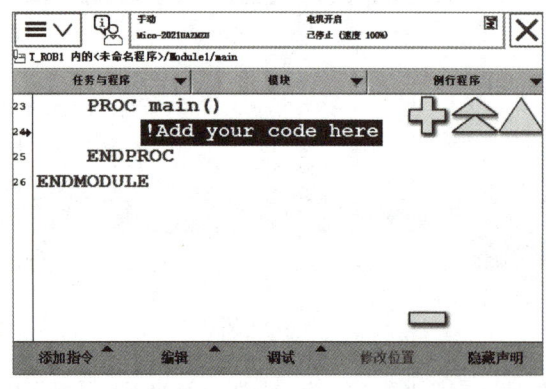

图 2-2-38　程序指针及光标

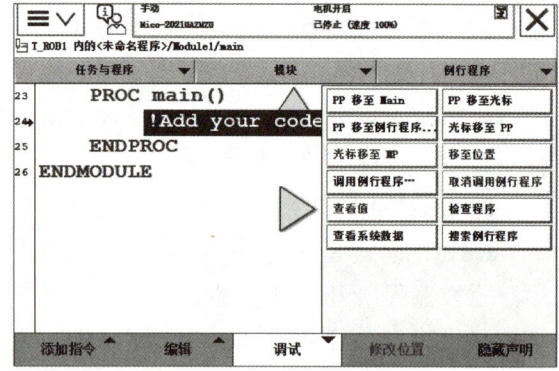

图 2-2-39　调试菜单

1. PP 移至 Main

ABB 机器人程序与计算机程序类似，都有一个程序入口。在系统中，这个程序入口为例行程序 Main 的首行。因此，PP 移至 Main 就相当于将程序指针位置设为首行，只是这里的"首行"是逻辑上的，对应程序行的序号不一定是"1"。

2. PP 移至光标

先选中需要设置程序指针的位置使其高亮显示，然后点击"PP 移至光标"使程序指针移动到光标所在程序行。

3. PP 移至例行程序

如果需要从其他例行程序启动，点击"PP 移至例行程序..."按钮，进入例行程序并选择指定启动的程序，然后再使用"PP 移至光标"功能指定程序指针位置。

三、运行模式

工业机器人的运行模式有手动运行、自动运行、外部自动运行三种，根据需要选择工业机器人的运行模式。

1. 手动运行

若要操作工业机器人到达任务所需要的位置，需使用手动运行模式操作工业机器人。在执行程序自动运行前，也需要使用手动运行模式，进行程序的调试。手动运行主要包括示教（编程）以及在手动运行模式下测试、调试程序。

2. 自动运行和外部自动运行

自动运行必须配备安全、防护装置，而且它们的功能必须正常。所有人员应位于由防护装置隔离的区域之外。程序执行时的速度等于编程设定的速度，并且手动无法运行工业机器人。

四、程序编辑器

程序编辑器是 ABB 机器人编辑程序的主要窗口。点击示教器触屏左上角"ABB 菜单"，然后选中"程序编辑器"进入程序编辑窗口，如图 2-2-40 所示。

程序编辑窗口界面有多个功能子菜单，分别用于程序管理、指令管理、程序编辑调试等功能，如图 2-2-41 所示，其中被选中的是一条机器人运行程序。

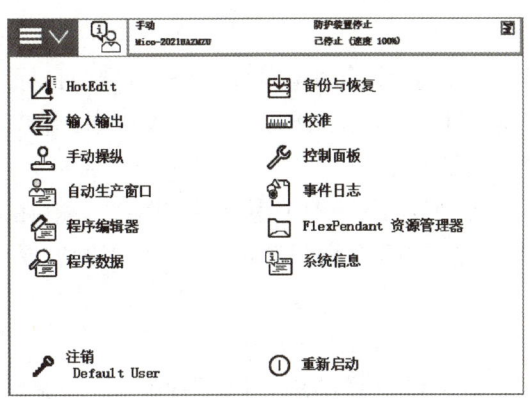

图 2-2-40　进入程序编辑窗口

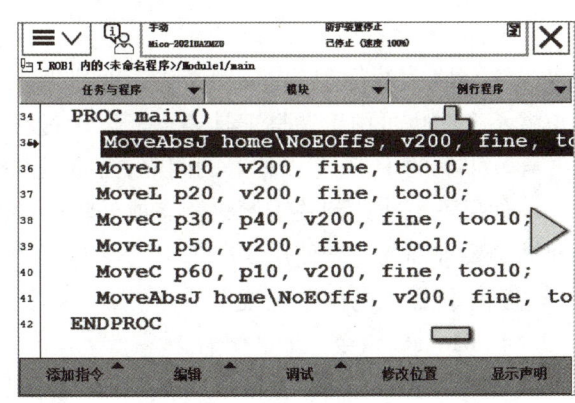

图 2-2-41　程序编辑窗口界面

五、运动指令

1. MoveAbsJ 指令

MoveAbsJ(绝对运动)指令用于将工业机器人各轴移动至指定的绝对位置(角度),其运动模式与 MoveJ 指令类似。但本质上 MoveJ 指令描述的是空间点到空间点的运动,而 MoveAbsJ 指令描述的是各轴角度转变的运动,因此使用 MoveAbsJ 指令时,其位置不随工具和工件坐标系而变化。基于 MoveAbsJ 指令的动作特性,它常用于使工业机器人回到特定(如机械零点)的位置或经过运动学奇异点的位姿。MoveAbsJ 指令格式如图 2-2-42 所示。

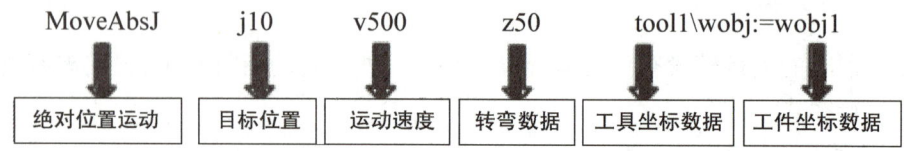

图 2-2-42　MoveAbsJ 指令格式

2. MoveJ 指令

MoveJ(关节运动)指令也可以称为空间点运动指令,该指令表示工业机器人的 TCP 将进行点到点的运动:各轴均以恒定轴速率运动,且所有轴均同时达到目的点。在运动过程中,各轴运动形成的轨迹在绝大多数情况下是非线性的,如图 2-2-43 所示,A 点、B 点之间的运动即为非线性的。MoveJ 指令格式如图 2-2-44 所示。

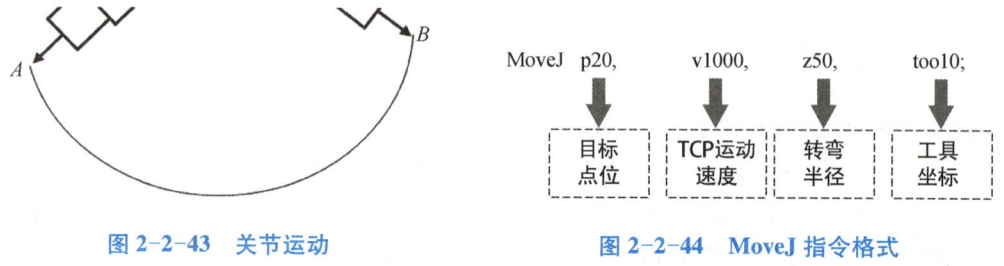

图 2-2-43　关节运动　　　　图 2-2-44　MoveJ 指令格式

3. MoveL 指令

MoveL(直线运动)指令用于将工业机器人末端点沿直线移动至目标位姿,当指令目标位置不变时也可用于调整工具姿态。运动过程中遵循以下规则:①以恒定编程速率,沿直线移动工具的 TCP;②以相等的间隔,沿路径调整工具方位。

如果不可能达到关于调整姿态或外轴的编程速率,则将降低 TCP 移动的速率。一般在对轨迹要求高的场合使用 MoveL 指令。需要注意的是,空间直线距离不宜太远,否则容易到达工业机器人的轴限位或奇异点。

4. MoveC 指令

MoveC(圆弧运动)指令用于将 TCP 沿圆周移动至给定目的地。以下代码通过两个 MoveC 指令,实现了一个完整的周期,TCP 运动轨迹如图 2-2-45 所示。

```
MoveL p10,v500,fine,tool1；
MoveC p20,p30,v500,z20,tool1；
MoveC p40,p10,v500,fine,tool1；
```

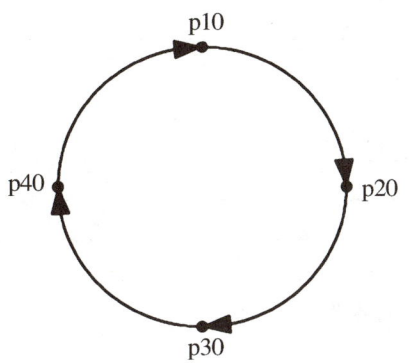

图 2-2-45　示例 MoveC 指令对应运动轨迹

 关联图谱

基本运动指令编程									
新建模块及例行程序		直线与圆弧指令		封闭轨迹程序编程		指令参数		调试程序	
理解RAPID程序的架构	能够新建模块与例行程序	理解MoveL与MoveC指令	能够编写直线与圆弧运动程序	理解MoveJ与MoveAbsJ指令	能够编写封闭轨迹运动程序	了解程序编辑器	能够进行指令参数修改	理解程序指针与运行模式	能够运行程序
理论	实践	理论	实践	理论	实践	理论	实践	理论	实践

  任务实施记录单及验收单

任务名称：基本运动指令编程		实施日期： 　年　月　日	
任务要求	能够通过绘图模块，利用绘图笔工具完成轨迹指令编程与试运行		
学习重点			
学习难点			
计划用时		实际用时	
组别		组长	
组员姓名			
成员任务分工			
实施场地			
现场 5S 管理			

（续表）

任务实施步骤与信息记录	（任务实施过程中重要的信息记录，是撰写工程说明书和工程交接手册的主要文档资料，可另附纸张） 1. 新建模块与试运行程序 ____ ____ ____ 2. 确定关键点位置 ____ ____ ____ 3. 直线与圆弧轨迹编程 ____ ____ ____ 4. 封闭轨迹编程 ____ ____ ____ 5. 试运行程序 ____ ____ ____
综合评价	1. 目标完成情况 ____ ____ 2. 存在问题 ____ ____ 3. 改进方向 ____ ____

任务三　自动拾取工具

任务概述

为了满足不同作业需求，工业机器人在工作过程中需要自动拾取或更换快换工具，以满足当前作业需要。本任务利用 Set、Reset、WaitTime 等工业机器人基本指令,通过编程与示教,实现工业机器人自动拾取工具的动作过程。

任务目标

知识目标:

1. 掌握 Set 指令内容。
2. 掌握 Reset 指令内容。
3. 掌握 WaitTime 指令内容。
4. 掌握拾取工具的路径规划方法及基本轨迹指令。

技能目标:

1. 能够在程序编辑器中熟练添加 Set、Reset、WaitTime 指令。
2. 能够进行轨迹规划。
3. 能够编写拾取工具程序。

素养目标:

1. 培养学生主动学习、协作学习的习惯。
2. 培养学生团结协作精神与沟通能力。
3. 通过任务中的5S管理培育学生职业精神。

自动拾取工具
实操演示

一、自动拾取工具

(1) 规划拾取工具轨迹。工业机器人在自动拾取工具运行时,需要确定几个关键位置点,包括 home 原点位置、p10 过渡点位置、p20 接近点位置和 p30 拾取点位置,其中 home 的位置数据为(0°,-20°,20°,0°,90°,0°),p10、p20、p30 需现场示教。工业机器人完成从原点位置自动拾取工具的轨迹为 home→p10→p20→p30,工业机器人拾取完工具后自动返回 home 原点位置的轨迹为 p30→p20→p10→home。

(2) 强制松开锁紧装置。为防止工业机器人取放工具时发生工具碰撞或掉落,须提前强制松开锁紧机构,手动取下工业机器人末端工具,具体操作步骤如下。

① 点击 ABB 菜单,选择"输入输出",如图 2-3-1 所示。

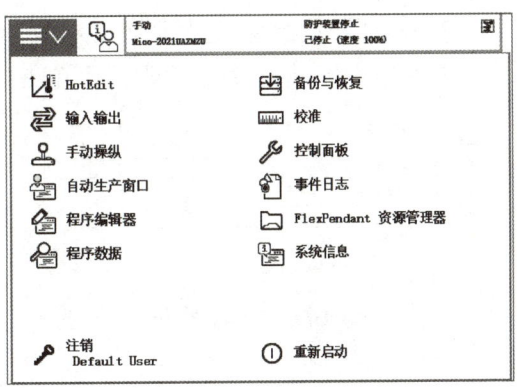

图 2-3-1 ABB 菜单

② 进入"输入输出"界面,如图 2-3-2 所示。点击右下角"视图",在弹出的列表中选中"数字输出",如图 2-3-3 所示。

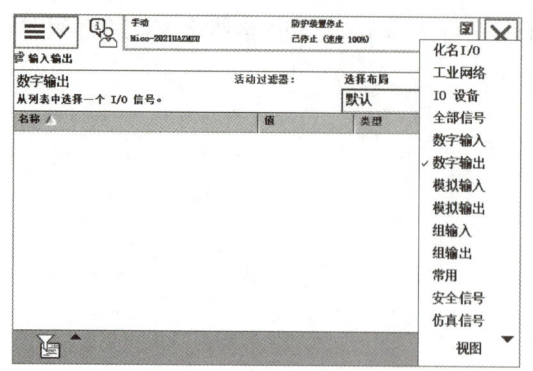

图 2-3-2 "输入输出"界面

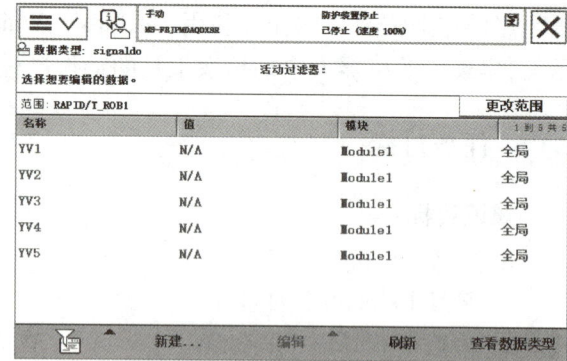

图 2-3-3 "数字输出"界面

③ 选中"YV1",修改 YV1 值为 1,如图 2-3-3 所示,强制输出,松开快换工具主盘锁紧机构。

④ 快换工具主盘钢珠缩回,松开锁紧机构状态,如图 2-3-4 所示。

(3) 输入原点(home)位置数据。home 数据需要用户创建,采用直接输入法,输入数据 (0°,-20°,20°,0°,90°,0°)定义原点位置。具体步骤如下。

① 单击 ABB 菜单,单击"程序数据"按钮,如图 2-3-5 所示。

图 2-3-4 主盘钢珠缩回

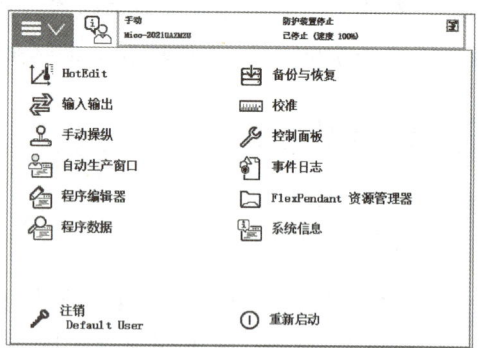

图 2-3-5 ABB 菜单

② 进入"数据类型"选择画面,双击"jointtarget"数据类型,如图 2-3-6 所示。

③ 在"jointtarget"数据类型界面,单击"新建...",如图 2-3-7 所示。

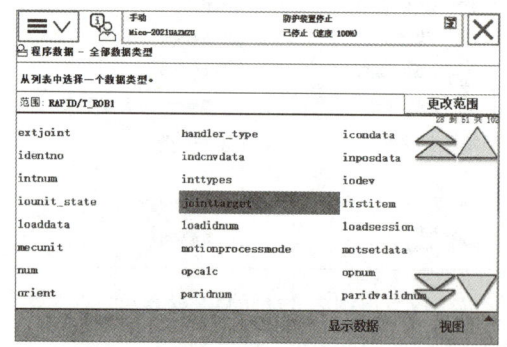

图 2-3-6 "数据类型"选择界面

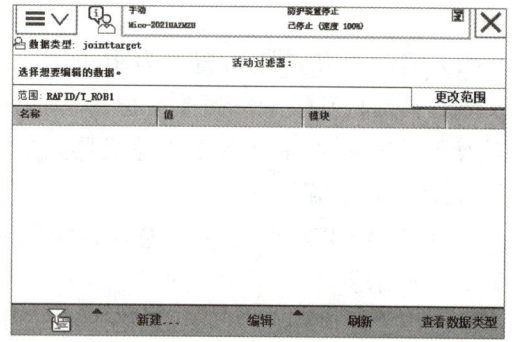

图 2-3-7 "jointtarget"数据类型界面

④ 弹出 home 数据设定窗口,参数不做修改,单击"确定"按钮,如图 2-3-8 所示。

⑤ 编辑、更改 home 数据,如图 2-3-9 所示。修改"rax_2"的值为-20,修改"rax_3"的值为 20,修改"rax_5"的值为 90,单击"确定"按钮,如图 2-3-10 所示。

⑥ home 数据设定完成,如图 2-3-11 所示。

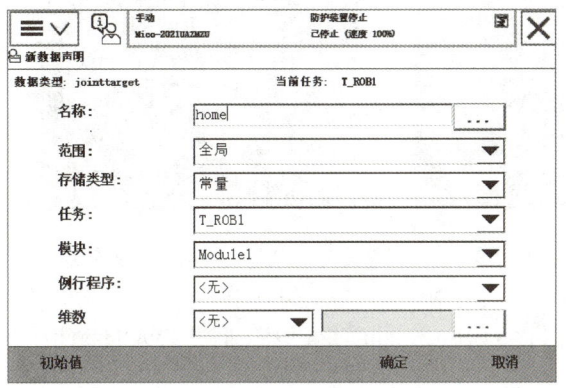

图 2-3-8　home 数据设定窗口　　　　　图 2-3-9　编辑菜单

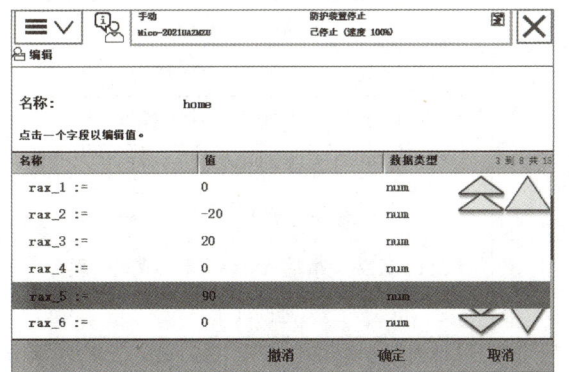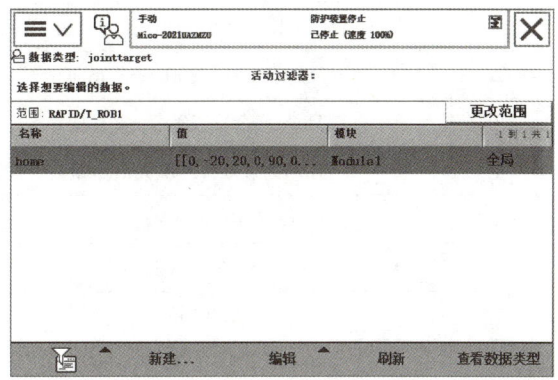

图 2-3-10　更改 home 数据　　　　　图 2-3-11　home 数据设定完成

(4) 记录关键位置数据。在工业机器人拾取工具的任务中,主要记录过渡点 p10、接近点 p20 和拾取点 p30 三个关键位置数据。具体操作步骤如下。

① 大地坐标系下将工业机器人手动移动到过渡点 p10(位置自定义),如图 2-3-12 所示。

② 大地坐标系下,手动移动工业机器人到工具的拾取位置,即 Z 轴正方向 100 mm 位置处,示教并记录工具拾取接近点 p20,如图 2-3-13 所示。

③ 手动移动工业机器人到工具的拾取位置 p30(主盘与副盘对齐保留约 1 mm 缝隙),如图 2-3-14 所示,使用 MoveL 指令记录位置,速度设定为"v200",转弯半径设置为"fine"。

65

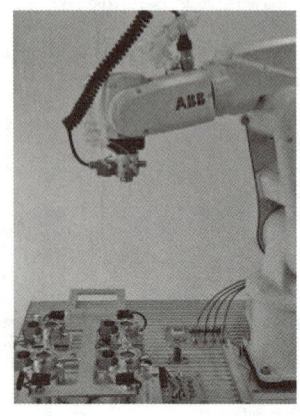 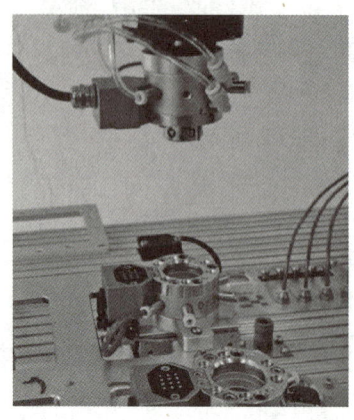 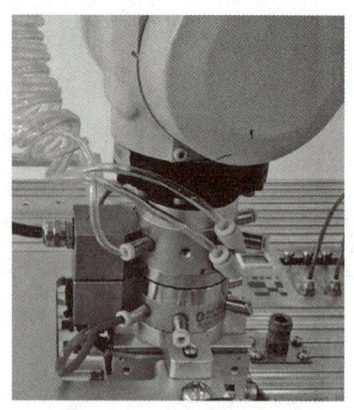

图 2-3-12　p10 位置　　　图 2-3-13　p20 位置　　　图 2-3-14　工具的拾取位置 p30

（5）自动拾取快换工具程序。创建程序保存为"qugongju"，编写工业机器人自动拾取快换工具的程序，见表 2-3-1。

表 2-3-1　自动拾取快换工具程序

行号	程序	程序说明
1	MoveAbsJ home\NoEOffs,v200,fine,tool0;	工业机器人返回原点
2	MoveJ p10,v200,fine,tool0;	以关节方式到达 p10 过渡点
3	MoveJ p20,v200,fine,tool0;	以关节方式到达 p20 接近点
4	MoveL p30,v200,fine,tool0;	以直线方式到达 p30 拾取点
5	Reset YV1;	置位主盘松开信号
6	Set YV2;	复位主盘锁紧信号，YV1 和 YV2 互锁
7	WaitTime 1;	延时 1 s
8	MoveL p20,v200,fine,tool0;	以直线方式到达 p20 接近点
9	MoveJ p10,v200,fine,tool0;	以关节方式到达 p10 过渡点
10	MoveAbsJ home\NoEOffs,v200,fine,tool0;	工业机器人返回原点

（6）手动模式调试拾取工具功能。完成关键位置数据输入和记录后，在示教器上将工业机器人速度设置为 25%，按下伺服开关，单击"程序启动"按钮，工业机器人执行自动拾取快换工具程序，完成自动拾取快换工具并返回 home 原点的任务。

 **理论基础**

I/O 控制指令用于控制 I/O 信号，以实现工业机器人系统与工业机器人周边设备的通信。在工业机器人中，主要是通过对 PLC 的通信设置来实现信号的交互，例如打开相应开关，使 PLC 输出信号，工业机器人系统接收到信号后，做出对应的动作，以完成相应的任务。本任务中学习的 I/O 控制指令有 Set 指令、Reset 指令与 WaitTime 指令。

一、Set 指令

Set 指令用于将数字输出信号的值设置为 1。Set 指令只有一个参数,就是操作的输出信号对象,并且只是信号的名称,具体对应的物理通道在信号配置中。

如果在 Set、Reset 指令前有运动指令 MoveL、MoveJ、MoveC 或 MoveAbsJ 的转弯区数据,则必须使用"fine"才可以精确地输出 I/O 信号状态的变化,否则信号会被提前触发。

二、Reset 指令

Reset 指令用于将数字输出信号的值重置为 0。Reset 指令的功能与 Set 指令相反,二者通常配对使用。与 Set 指令相同,Reset 指令也只有一个参数,是操作的输出信号,并且只是信号的名称,具体对应的物理通道在信号配置中。

用 Set、Reset 指令来控制快换工具主盘钢珠缩回、伸出状态,这里 YV1、YV2 同时控制钢珠状态。程序指针及光标如图 2-3-15 所示。"Set YV1;""Reset YV2;"使钢珠缩回。反之,"Set YV2;""Reset YV1;",使钢珠伸出。

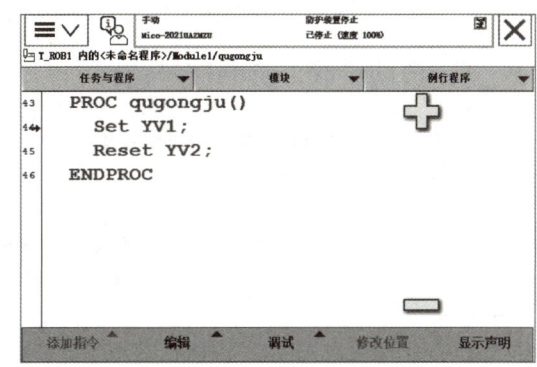

图 2-3-15　程序指针及光标

三、WaitTime 指令

WaitTime 指令是一种时序控制指令类型,其功能是让程序控制各设备之间的配合时间顺序,通常用于需要延长程序运行时间的场合。

例如,从系统控制电磁阀打开气路到气动执行元件完成动作,此过程需要一定的时间,如果不考虑延时,若气动执行元件动作提前运行,则有可能发生撞机的问题。因此,使用延时控制指令对于工业机器人安全运行及按要求完成任务是很有必要的。WaitTime 指令使用举例如图 2-3-16 所示。

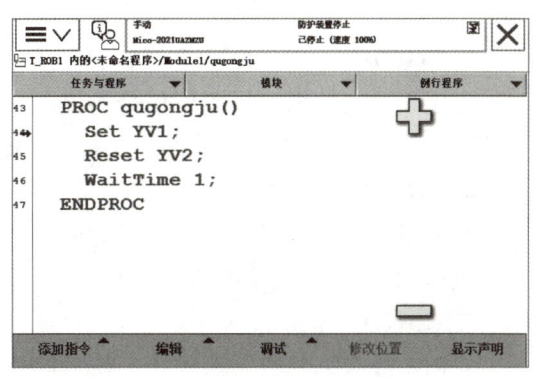

图 2-3-16　WaitTime 指令使用举例

四、程序数据类型

程序数据的存储类型可以分为三大类:变量 VAR,可变量 PERS 和常量 CONTS。

1. 变量 VAR

在程序执行或停止时,会保留当前的值,当程序指针被移到主程序后,数值会丢失。定义变量时可以赋初始值,也可以不赋初始值。

2. 可变量 PRES

不论程序的指针如何,该类数据都会保持最后被赋予的值。定义可变量时,必须赋予其一个相应的初始值。

3. 常量 CONTS

该类数据在定义时就被赋予了特定的数值,且不能在程序中进行改动,只能手动进行修改。定义常量时,必须赋予其一个相应的初始值。

程序数据是根据不同的数据用途进行定义的,常用的程序数据类型有:bool、byte、clock、jointtarget、loaddata、num、pos、robjoint、speeddata、string、tooldata 和 wobjdata。

五、自动拾取工具的任务流程

自动拾取工具的任务流程如图 2-3-17 所示。

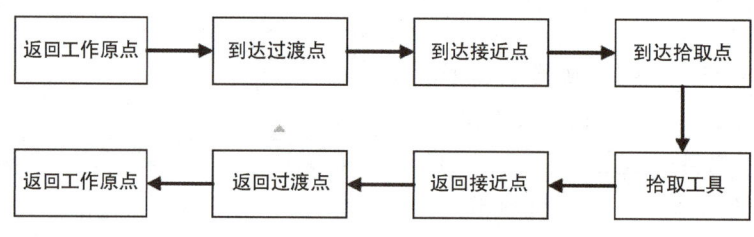

图 2-3-17　自动拾取工具任务流程

六、其他 I/O 控制指令

1. SetAO

它用于改变模拟信号输出信号的值。

例如:SetAO ao2,5.5;//将信号 ao2 设置为5.5。

2. SetDO

它用于改变数字信号输出信号的值。

例如:SetDO do1;//将信号 do1 设置为1。

3. SetGO

它用于改变一组数字信号输出信号的值。

例如:SetGO go1,12;//将信号 go1 设置为12。go1 占用 8 个地址位,即该指令设置 go1 输出信号的地址位 4～7 和 0～1 为 0,地址位 2 和 3 设置为 1,其地址的二进制编码为 00001100。

4. WaitAI（Wait Analog Input）

它用于等待,直至已设置模拟信号输入信号值。

例如:WaitAI ai1,GT,5;//仅在 ai1 模拟信号输入具有大于 5 的值之后,方可继续程序执行。其中"GT"即 Greater Than,"LT"即 Less Than。

5. WaitDI（Wait Digital Input）

它用于等待,直至已设置数字信号输入。

例如：Wait DIdi,1;//仅在已设置 DIdi 输入后,程序继续执行。

6. WaitGI（Wait Groupdigital Input）

它用于等待,直至将一组数字信号输入信号设置为指定值。

例如：WaitGI gi1,5;//仅在 gi1 输入已具有值 5 后,程序继续执行。

关联图谱

自动拾取工具					
逻辑信号指令		数据类型		逻辑编程	
掌握 Set、Reset 指令	能够强制松开及锁紧装置	掌握工业机器人程序中的数据类型	能够输入原点位置数据	掌握 WaitTime 指令	能够使用 WaitTime 指令编写程序
理论	实践	理论	实践	理论	实践

任务实施记录单及验收单

任务名称：自动拾取工具		实施日期： 年 月 日	
任务要求	掌握 Set、Reset、WaitTime 等工业机器人基本指令,通过编程与示教,实现工业机器人自动拾取工具的动作过程		
学习重点			
学习难点			
计划用时		实际用时	
组别		组长	
组员姓名			
成员任务分工			
实施场地			
现场 5S 管理			
任务实施步骤与信息记录	（任务实施过程中重要的信息记录,是撰写工程说明书和工程交接手册的主要文档资料,可另附纸张） 1. 轨迹规划 2. 强制信号 		

（续表）

任务实施步骤与信息记录	3. 输入原点位置数据 4. 编写程序 5. 试运行程序
综合评价	1. 目标完成情况 2. 存在问题 3. 改进方向

任务四　转数计数器的更新

 任务概述

工业机器人的转数计数器没电时，或者在断电情况下机器人手臂位置发生移动时，需要对转数计数器进行更新。更新转数计数器即将工业机器人各个轴停到机械原点，把各轴上的刻度线和对应的槽对齐，然后在示教器进行校准更新。

 任务目标

知识目标：
1. 掌握机械零点的概念。
2. 掌握转数计数器更新的目的。
3. 掌握转数计数器更新的条件。
4. 掌握转数计数器更新的步骤。

技能目标：
1. 能够判断常见的更新情况。
2. 熟练操作 ABB 机器人转数计数器的更新。

素养目标：
1. 培养学生精益求精的工匠精神。
2. 培养学生主动学习、协作学习的习惯。
3. 通过课内的 5S 管理培育学生职业精神。

转数计数器更新
实操演示

实践训练

一、转数计数器的更新

（1）分别通过手动操纵，选择对应的轴动作模式。按顺序依次将机器人的六个轴转到机械原点刻度位置，各关节轴运动的顺序为轴 4→5→6→1→2→3，各轴的机械零点刻度位置，如图 2-4-1 所示。

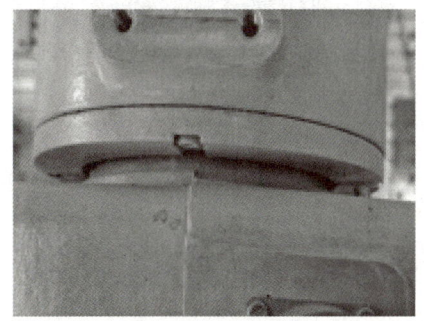

(a) 轴 1　　　　　　　　　(b) 轴 2　　　　　　　　　(c) 轴 3

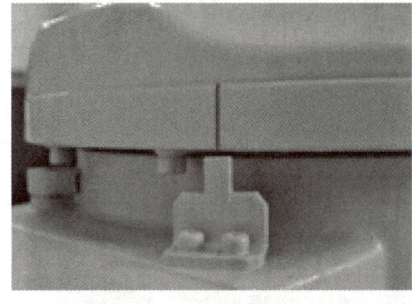

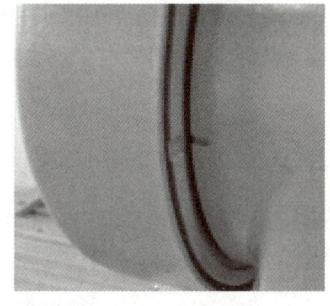

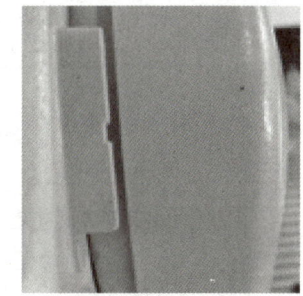

(d) 轴 4　　　　　　　　　(e) 轴 5　　　　　　　　　(f) 轴 6

图 2-4-1　轴 1～6 转到机械零点刻度位置

（2）在 ABB 菜单中点击"校准"按钮，如图 2-4-2 所示。
（3）选择需要校准的机械单元，点击"ROB_1"选项，如图 2-4-3 所示。
（4）选择"校准参数"选项，如图 2-4-4 所示。
（5）选择"编辑电动机校准偏移"选项，如图 2-4-5 所示。

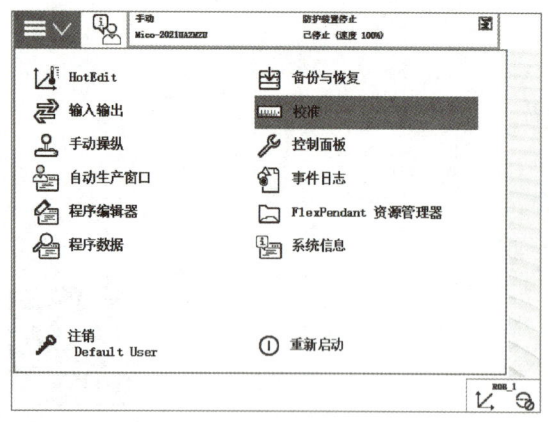

图 2-4-2　ABB 菜单中选择"校准"

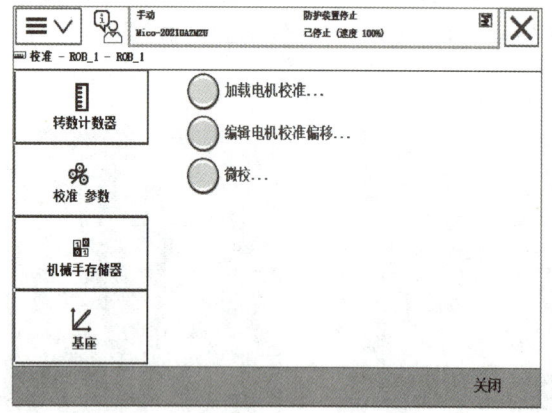

图 2-4-4　选择校准参数

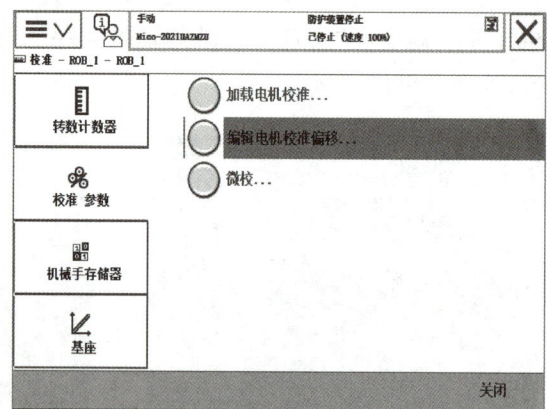

图 2-4-5　编辑电动机校准偏移

（6）在弹出的对话框中点击"是"按钮，继续更新校准参数值，如图 2-4-6 所示。

（7）弹出"编辑电机校准偏移"界面，对六个轴的校准偏移参数进行修改，如图 2-4-7 所示。

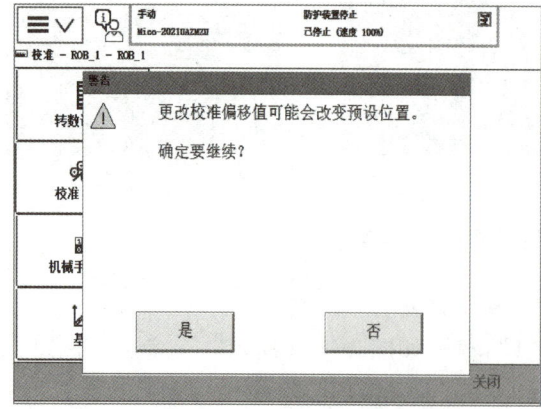

图 2-4-6　更新校准参数值

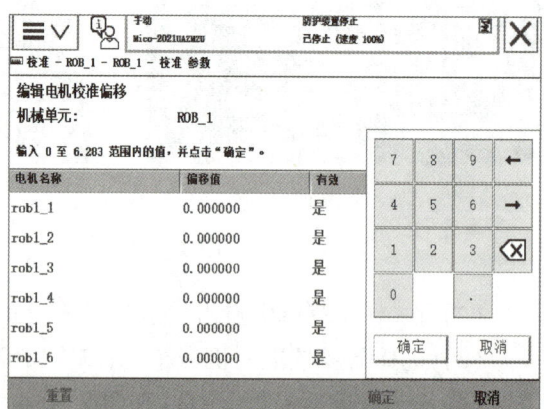

图 2-4-7　修改校准偏移参数

（8）将机器人本体标签上的电动机校准偏移数据记录下来，并参照其对校准偏移数据进行修改，如图 2-4-8 所示。

（9）在"编辑电动机校准偏移"界面中，点击"偏移值"，输入机器人本体标签上的电动机校准偏移数据，然后点击界面键盘下的"确定"按钮，如图 2-4-9 所示。

（10）重新启动示教器。如果示教器中显示的电机校准偏移值与机器人本体标签上的数值一致，则不需要进行修改，直接点击"取消"按钮，跳到步骤（14）。

（11）在弹出的对话框中点击"是"按钮，完成系统重启，如图 2-4-10 所示。

（12）系统重启后，在 ABB 菜单中点击"校准"按钮，如图 2-4-11 所示。

（13）选择"ROB_1"选项，如图 2-4-12 所示。

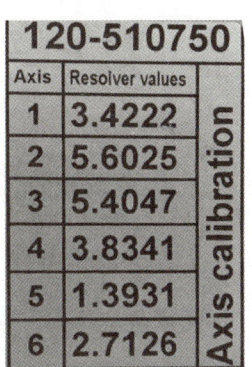

图 2-4-8　本体标签上的电动机校准偏移数据

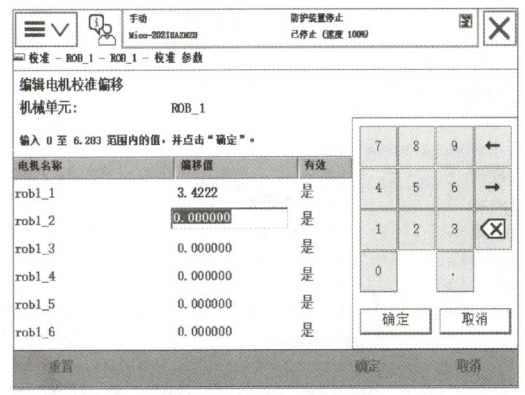

图 2-4-9　输入偏移数据

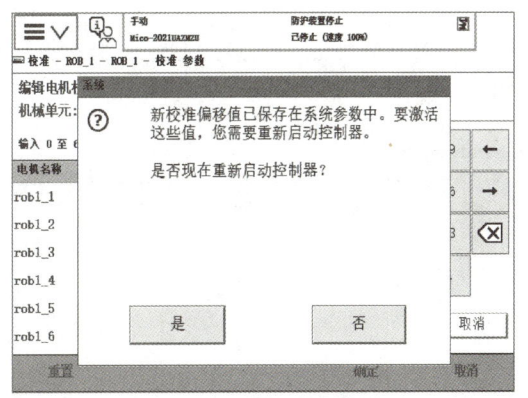

图 2-4-10　系统重启

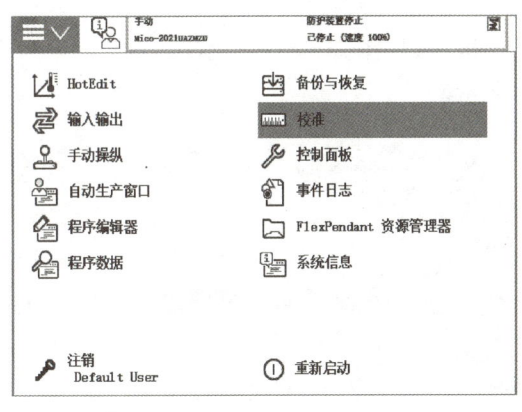

图 2-4-11　重启后校准

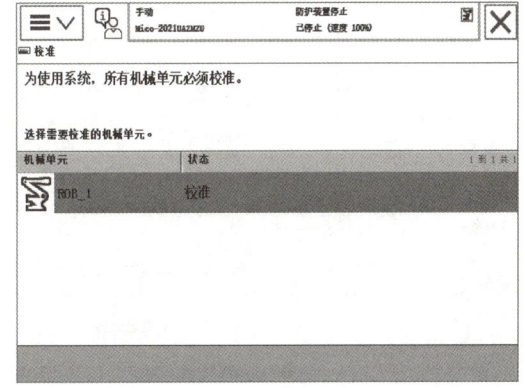

图 2-4-12　选择需校准的机械单元"ROB_1"

（14）选择"转数计数器"选项，再选择"更新转数计数器"选项，如图 2-4-13 所示。

（15）在弹出的对话框中点击"是"按钮，确认更新转数计数器，如图 2-4-14 所示。

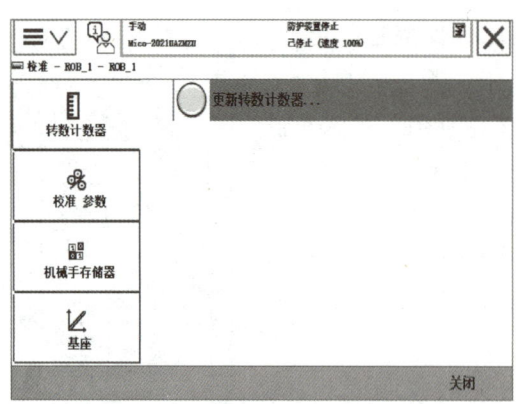

图 2-4-13　选择"更新转数计数器"　　　　图 2-4-14　确认更新转数计数器

（16）校准完成后点击"确定"按钮，完成校准，如图 2-4-15 所示。

（17）弹出选择要更新的轴的界面，点击"全选"按钮，然后点击"更新"按钮，如图 2-4-16 所示。

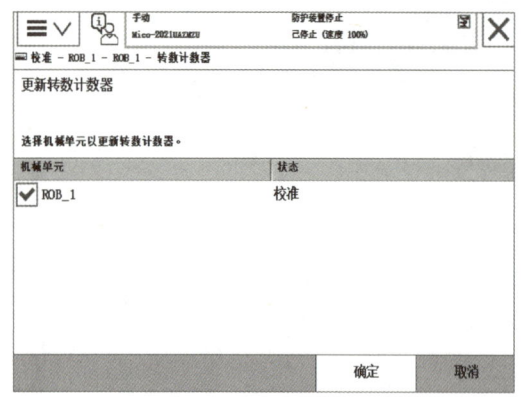

图 2-4-15　完成校准　　　　图 2-4-16　全选六轴转数计数器

（18）在弹出的确定更新对话框中点击"更新"按钮，如图 2-4-17 所示。

（19）等待系统完成更新工作，如图 2-4-18 所示。

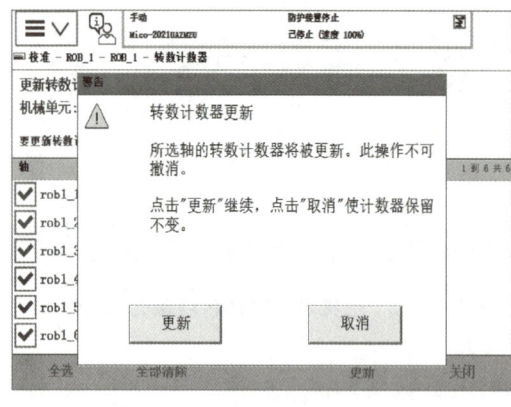 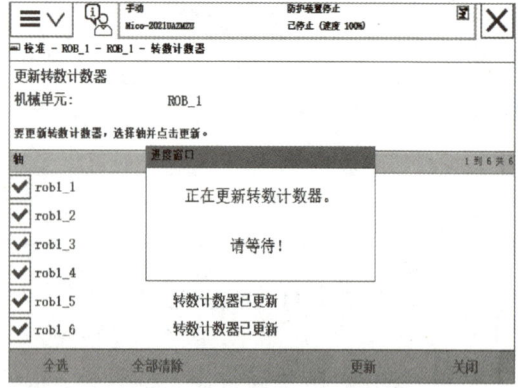

图 2-4-17　确定更新对话框　　　　图 2-4-18　等待系统完成更新

(20)当显示"转数计数器更新已成功完成。"时,点击"确定"按钮,转数计数器更新完毕,如图 2-4-19 所示。

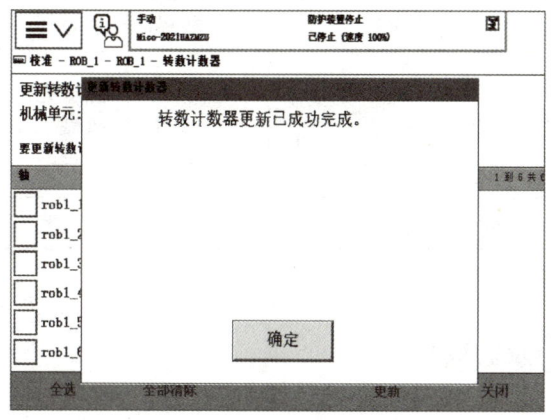

图 2-4-19　更新完成

一、机械零点

工业机器人在出厂时,设定了各关节轴的机械零点,并对应着工业机器人本体六个关节轴同步标记。这些机械零点作为各关节轴运动的基准。工业机器人的零点信息是指,工业机器人各轴处于机械零点时各轴电机编码器对应的读数(包括转数数据和单圈转角数据)。零点信息存储在本体串行测量板上,该数据需供电才能保存,掉电后数据丢失。

二、转数计数器更新

工业机器人出厂时的机械零点与零点信息的对应关系是准确的,但误删零点信息、转数计数器掉电、拆机维修或断电情况下工业机器人关节轴被撞击移位等情况可能会造成零点信息的丢失和错误,进而导致机械零点失效,丢失运动基准。

通常情况下,工业机器人六个轴进行回机械零点操作时,各关节轴的调整顺序依次为 4→5→6→3→2→1。

三、转数计数器更新的条件

ABB 机器人六个关节都有一个机械零点。在以下五种情况下,需要对机械原点的位置进行转数计数器更新操作。

(1)更换伺服电动机转数计数器的电池后。

(2)转数计数器发生故障并修复后。

(3)转数计数器与串行测量板断开之后。

(4)断电情况下,ABB 机器人关节轴发生了移动。

(5)系统报警提示"10036 转数计数器未更新"。

关联图谱

各轴对准零点		修正参数		机械单元校准		转数计数器更新	
理解机械零点原理	能够手动操纵机器人到机械零点位置	理解参数校准的目的	能够完成参数校准	了解机械单元校准的条件	能够完成机械单元校准	掌握转数计数器更新的步骤	完成转速计数器的更新
理论	实践	理论	实践	理论	实践	理论	实践

任务实施记录单及验收单

任务名称：转数计数器的更新		实施日期： 年 月 日	
任务要求	将机器人各个轴停到机械零点,把各轴上的刻度线和对应的槽对齐,然后在示教器进行校准更新		
学习重点			
学习难点			
计划用时		实际用时	
组别		组长	
组员姓名			
成员任务分工			
实施场地			
现场5S管理			
任务实施步骤与信息记录	（任务实施过程中重要的信息记录,是撰写工程说明书和工程交接手册的主要文档资料,可另附纸张） 1. 六个轴转到机械零点刻度位置 2. 编辑电机校准偏移数据 3. 参照参数对校准偏移值进行修改		

（续表）

任务实施步骤与信息记录	4. 重启示教器
	5. 转数计数器的更新
综合评价	1. 目标完成情况
	2. 存在问题
	3. 改进方向

理论综合测验

一、判断题

（　　）1. 更换伺服电机转数计数器电池后，必须进行转数计数器更新操作。

（　　）2. 将 YV1 信号置 1 便可让主盘松开。

（　　）3. 给可编程按键分配控制的 I/O 信号，将数字信号与系统的控制信号关联起来，便可通过按键进行强制控制操作。

（　　）4. 平口手爪工具安装到工业机器人末端主盘位置时，一定要确认快换工具锁紧钢珠为缩回状态。

（　　）5. 工业机器人采用快换工具装置，可加快更换和维护维修工具的时间，减少停工时间。

（　　）6. 运动指令中的位置变量可以进行修改位置的操作。

（　　）7. 使用 MoveC 指令进行圆弧运动时，一条指令运动的弧度不能超过 240°。

（　　）8. Reset 指令可以将 do1 信号置为 1。

(　　)9. WaitTime 指令是一种时序控制指令类型,通常用于需要延长程序运行时间的场合。

二、单选题

1. 配置可编程按键时,应该选择控制面板的(　　)选项。
A. FlexPendant　　　B. I/O　　　　　　C. ProgKeys　　　　D. 配置

2. 在机器人运动指令中,v100 是指(　　)。
A. 运动方式　　　　B. 速度数据　　　　C. 区域数据　　　　D. 工具数据

3. 在机器人运动指令中,tool0 是指(　　)。
A. 运动方式　　　　B. 速度数据　　　　C. 区域数据　　　　D. 工具数据

4. 指令"Set do1"的执行结果为 do1 的置位为(　　)。
A. 0　　　　　　　B. 1　　　　　　　C. 2　　　　　　　D. -1

三、多选题

1. ABB 机器人系统程序指针有(　　)等设置方式。
A. PP 移至 Main　　　　　　　　　　B. PP 移至光标
C. PP 移至例行程序

2. ABB 机器人常用的运动指令有(　　)。
A. MoveJ　　　　　　　　　　　　　B. MoveAbsJ
C. MoveL　　　　　　　　　　　　　D. MoveC

项目三

工业机器人搬运应用

项目概述

搬运机器人已是工业机器人的典型应用之一,是工业机器人第一大应用领域,约占工业机器人整体应用的40%。搬运机器人能够在很多生产环节进行应用,如生产线上下料、搬运货物、冲压自动化等。搬运机器人的应用既可以使搬运效率提高,也会缩减成本。搬运机器人利用安装在工业机器人上的末端执行器完成不同种类工件的搬运。

本项目通过测算工具负载、配置平口手爪工具动作信号、电机部件单工件搬运应用和电机部件搬运应用四个任务的学习,使学生掌握工业机器人搬运的基本知识和操作技能,达到工业机器人应用编程证书所要求的"能够根据工作任务及安全规范要求,编制搬运综合流程的工业机器人应用程序""能够根据工作任务及安全规范要求,编制搬运综合流程的工业机器人应用程序""能够根据工艺流程调整要求及程序运行结果,对搬运工业机器人应用程序进行调整"的水平。

任务一 测算工具负载

任务概述

工业机器人搬运应用项目中所使用的末端执行器装置是平口手爪工具,在执行搬运任务前,需要完成的是工具坐标系的标定和工具负载的测算。在本任务中,在平口手爪工具上安装辅助标定工具,标定平口手爪工具,并测算平口手爪工具的工具负载。

任务目标

知识目标:
1. 掌握辅助标定工具的使用方法。
2. 掌握工业机器人负载测算的方法。

技能目标:
1. 能够完成平口手爪工具的标定。

2. 能够完成平口手爪工具的负载数据测算。

素养目标：

1. 培养学生养成安全生产习惯。
2. 培养学生知识迁移能力与解决问题的能力。

一、标定平口手爪工具

（1）人工手动安装平口手爪工具。点击左上角主菜单，选择打开"输入输出"中的数字输出信号监控界面。此时，手动操作输出 YV1 为 1，快换工具装置主侧松开，如图 3-1-1 所示。打开"输入输出"中的"数字输出"信号监控界面。手动操作输出 YV1 为 0；输出 YV2 为 1，快换工具装置主盘锁紧，如图 3-1-2 所示。

图 3-1-1　快换工具装置主侧松开设置　　图 3-1-2　快换工具装置主侧锁紧设置

（2）设置手动操作输出 YV3 为 1，快换工具装置工具侧气爪张开。手动安装辅助标定工具后，输出 YV3 为 0；输出 YV4 为 1，气爪闭合。如图 3-1-3 所示。

（3）创建新工具坐标系"pingkoutool"。选择"程序数据"中的"tooldata"，创建新工具坐标系并命名为"pingkoutool"，如图 3-1-4 所示。

（4）标定工具坐标系"pingkoutool"。点击"pingkoutool"，点击"编辑"，选择"定义"。采用"TCP（默认方向）"4 点法标定"pingkoutool"坐标系。工业机器人以不同的姿态使针尖对齐，每对准一次就修改一个位置，直到按照标定方法将所有点位修改完成，如图 3-1-5 所示。

图 3-1-3　气爪工具张开后手动安装辅助标定工具

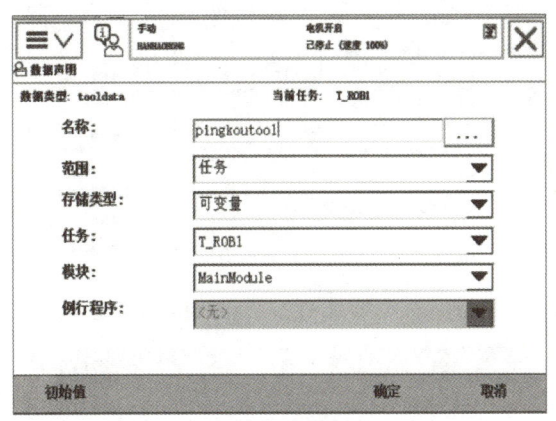

图 3-1-4 创建新工具坐标系"pingkoutool"

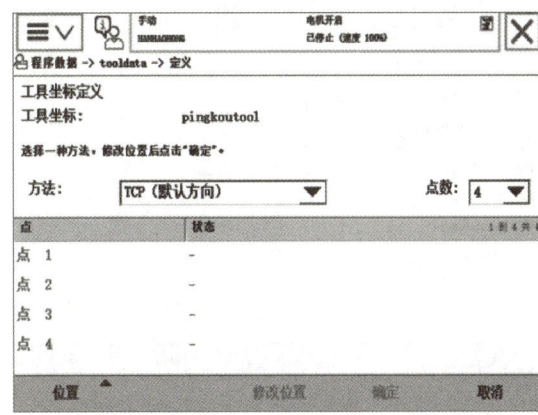

图 3-1-5 标定工具坐标系"pingkoutool"

二、测算平口手爪工具负载数据

（1）工业机器人回到机械零点位置。手动操作工业机器人运动到机械零点位置，如图 3-1-6 所示。

（2）加载已标定的平口手爪工具坐标系（"pingkoutool"）。在"手动操纵"界面加载需要测算的已标定的平口手爪工具坐标系，如图 3-1-7 所示。

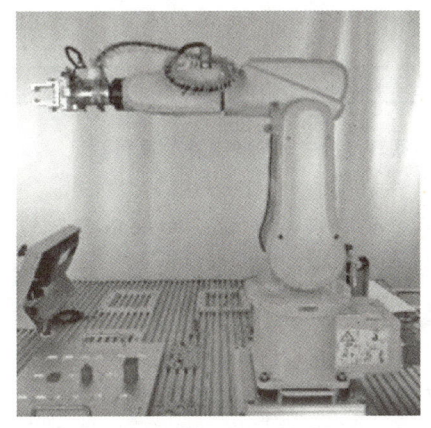

图 3-1-6 工业机器人回到机械零点位置

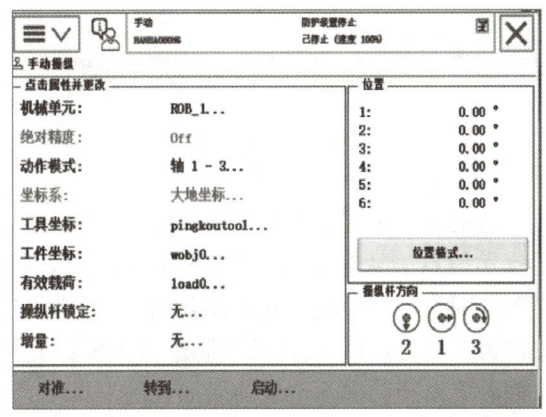

图 3-1-7 加载已标定的"pingkoutool"坐标系

（3）在调试中调用并运行例行程序"LoadIdentify"。在程序编辑器中，点击"Main"程序。点击"调试""调用例行程序…"按钮，在"调用服务例行程序"界面中选择例行程序"LoadIdentify"，如图 3-1-8 所示。长按使能按键，单击软键盘中的调试开始按钮 运行程序，程序手动运行过程中，使能按键不能松开，直到提示转入自动运行过程，如图 3-1-9 所示。

（4）确认运行状态，并选择测算工具负载。程序运行前，在系统提示界面，点击"OK"按钮，进入下一步，如图 3-1-10 所示。在测算类型选择界面，"PayLoad"按钮用于测算机器人的机身负载，"Tool"按钮用于测算工具负载，点击"Tool"按钮，如图 3-1-11 所示。

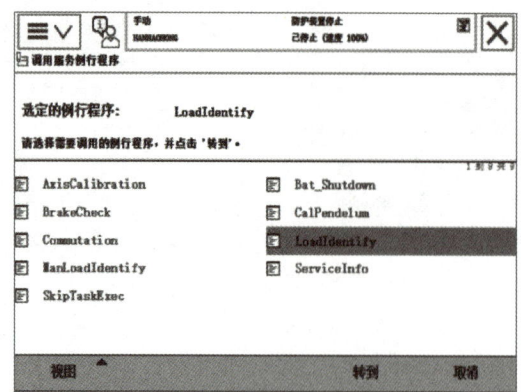

图 3-1-8　选择例行程序"LoadIdentify"

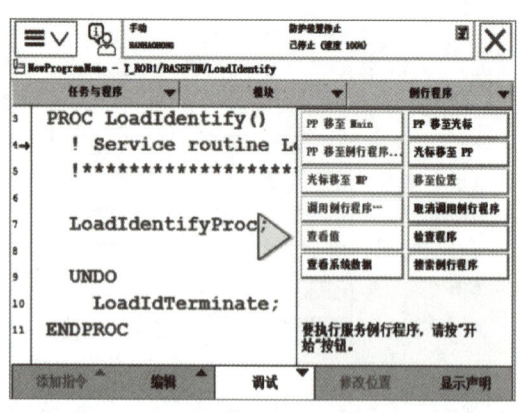

图 3-1-9　自动运行例行程序"LoadIdentify"

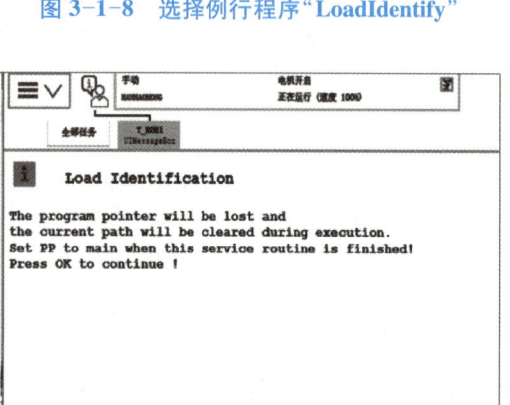

图 3-1-10　确认运行状态

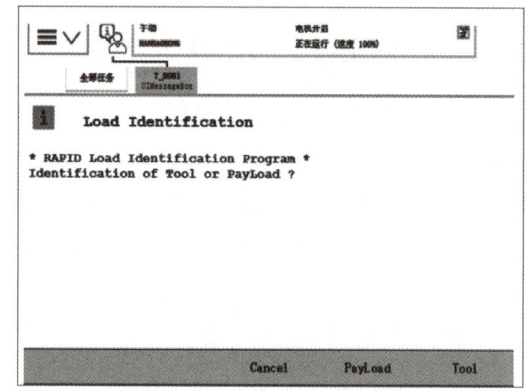

图 3-1-11　选择测算工具负载

（4）确认各事项已设定完毕，确认加载工具是否为需要测算的工具。根据负载测算出现的提示信息确认各事项，如图 3-1-12 所示，确认无误后点击"OK"按钮。界面上所示的三个事项分别表示需要测算的工具必须是已安装在工业机器人上，已定义工具数据，已在手动操纵中加载工具坐标系；已定义工业机器人机身负载；已正确标定轴 1～6 各轴的机械零点。根据负载测算出现的提示信息确认加载的工具是否是需要测算的工具，如图 3-1-12 所示。

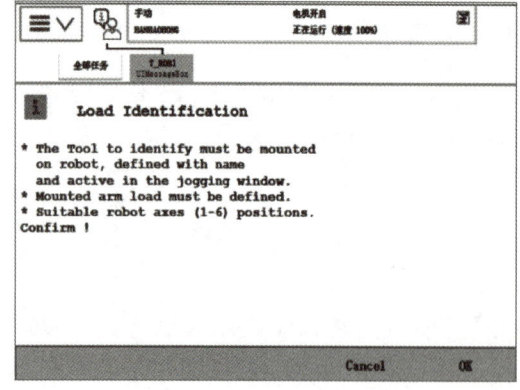

图 3-1-12　确认各事项已设定完毕

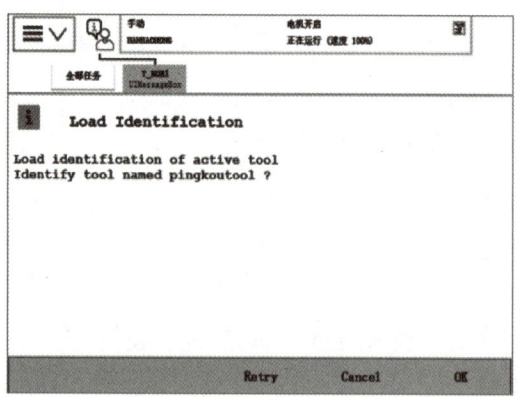

图 3-1-13　确认加载的工具是否为需要测算的工具

（5）选择此工具负载质量是否为已知的条件,选择实际机器人各轴的运动角度。根据负载测算出现的提示信息,在左下方输入栏输入"2"后,点击"确定"按钮,如图 3-1-14 所示,其中"1"代表已知工具质量;"2"代表未知工具质量;"0"代表取消。根据负载测算出现的提示信息确认测算过程中实际需要机器人的各轴的运动角度,点击右下方"+90"按钮,如图 3-1-15 所示。

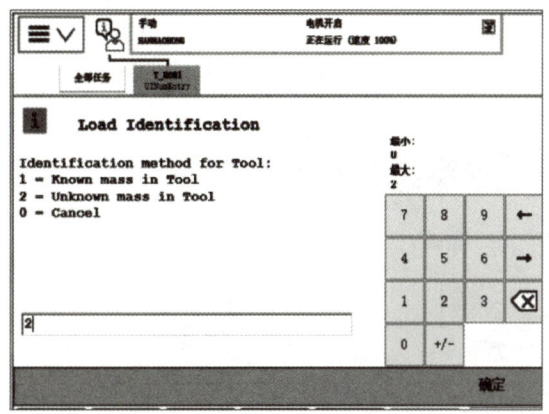

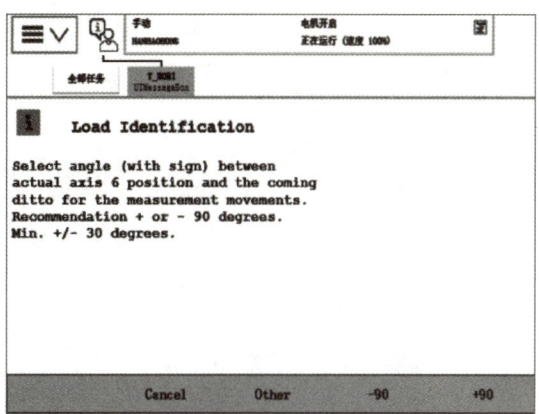

图 3-1-14　选择此工具负载质量是否为已知的条件　　图 3-1-15　选择实际机器人各轴运动角度

（6）选择低速运行,开始测算工具负载。根据提示信息操作,工业机器人开始慢速运动,点击"MOVE"按钮开始测算,如图 3-1-16 所示。根据提示信息确认是否使用低速进行测试,确认无误后单击"YES"按钮,如图 3-1-17 所示。

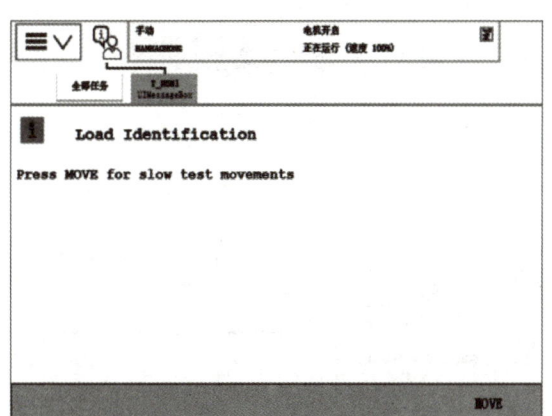

图 3-1-16　开始测算工具负载　　图 3-1-17　选择低速运行进行工具负载测试

（7）更改为自动模式继续执行。提示信息为"Change Operating Mode"（图 3-1-18）后,将控制柜切换至自动运行模式,如图 3-19（a）所示。当示教器弹出如图 3-19（b）所示的对话框时,点击"确定"按钮,机器人继续执行程序。

（8）自动模式下进行测算,如图 3-1-20 所示。等待自动运行程序完成后,根据系统提示信息切换到手动运行模式,点击"OK"按钮开始计算,如图 3-1-21 所示。最终显示出工具负载数据。

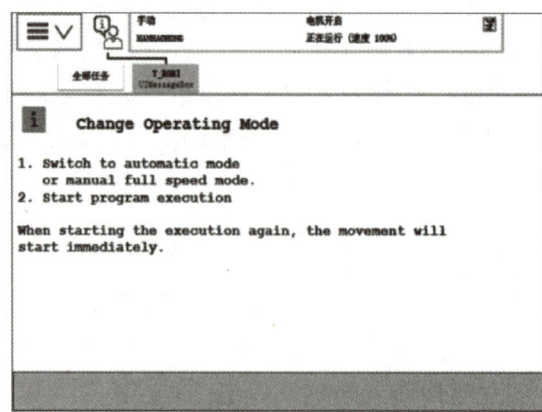

图 3-1-18　更改运行模式

 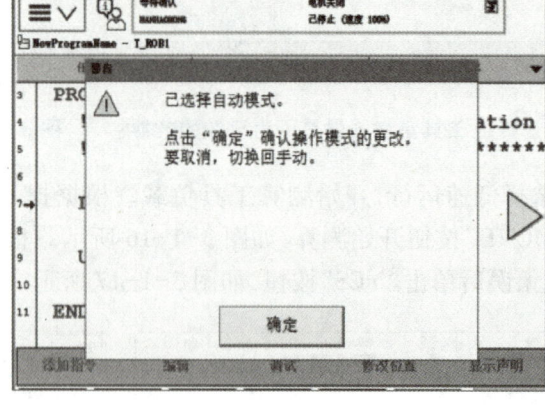

（a）控制柜状态更改　　　　　　　　（b）"已选择自动模式"对话框

图 3-1-19　更改为自动模式

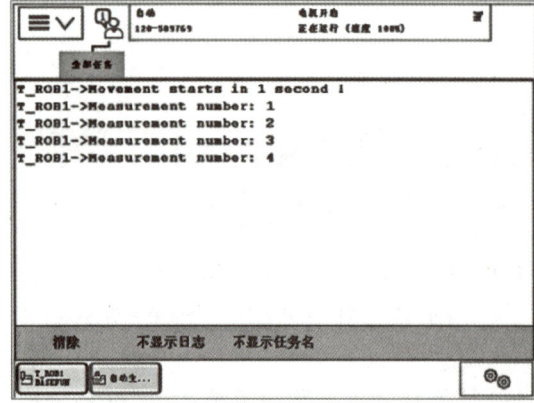 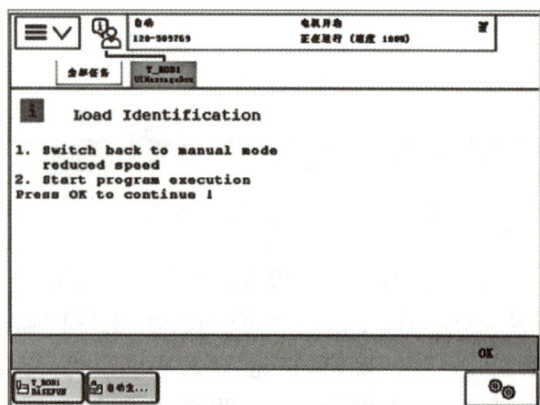

图 3-1-20　自动运行模式下进行测算　　　图 3-1-21　自动运行完成后更改为手动运行模式

理论基础

一、辅助标定工具

工业机器人安装工具后,需要标定新工具坐标系。在实际使用的过程中,一些工具没有相应尖点,如本任务中使用的平口手爪工具[图 3-1-22(a)]。因此,在标定过程中,需要使用辅助标定工具[图 3-1-22(b)]。辅助标定工具的作用是辅助标定平口手爪工具的工具坐标系。

安装辅助标定工具后,需要对工件台上放置的标定针进行多方向、多点数标定。根据实际情况选择合适的标定方法与点数。常使用的标定工具坐标系的方法有"TCP(默认方向)"方法、"TCP和Z"方法和"TCP和Z、X"方法。标定点数为标定工具坐标系所需测定工具末端点示教的不同位姿数量,可在 3～9 范围内选择,一般情况下选择 4 点法。工业机器人以不同的姿态使针尖对齐,每对准一次就修改一个位置,直到按照标定方法将所有点位修改完成。在本任务中,使用"TCP(默认方向)"4 点法完成工具坐标系的标定。

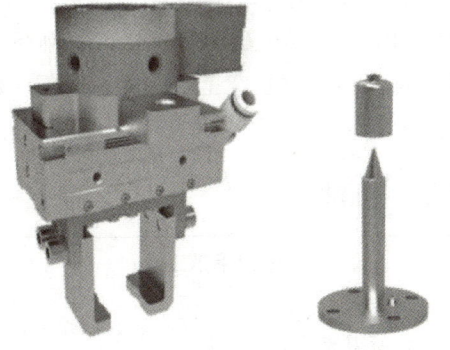

(a)平口手爪工具　　(b)辅助标定工具

图 3-1-22　辅助标定工具

二、工业机器人负载测算

在工业机器人应用中,负载是一个非常重要的参数。负载是指工业机器人在工作时能够承受的最大载重,包括工业机器人机身负载和工具负载。

1. 工业机器人机身负载

工业机器人机身负载是指工业机器人自身所能承受的最大载荷,包括机器人本体、传动机构、电气控制系统等组成部分的重量。机身负载是一个非常重要的参数,决定了工业机器人的起重能力、速度、轨迹规划等重要性能。

2. 工业机器人工具负载

工业机器人工具负载是指法兰上工具的负载,它是装在工业机器人上并随着工业机器人一起移动的质量,也是决定机器人能否完成精确的操作任务的关键因素之一。

3. 工业机器人负载影响及测算

负载过大或过小都会对工业机器人操作产生较大的影响。如果负载过大,工业机器人的轨迹规划、速度控制和动力学分析等都会受到影响,导致工业机器人操作不准确或不能完成任务。如果负载过小,则不能满足工业机器人操作的需要,同样会影响工业机器人的操作效果。如果工业机器人以合适的负载数据执行,便可保证其高精度运行,也可延长其使用寿命。因此,在实际使用工业机器人时,需要考虑负载的大小、机身负载与工具负载的匹配以及负载变化对机器人操作的影响等因素,以保证工业机器人操作的有效性和稳定性。

在工业机器人执行搬运任务时,需要将工具的重量和末端工具的重量都计算在负载内。要确定工具负载,则需要确定工具的质量、重心、转动惯量。

工具的负载数据必须预先输入工业机器人控制系统,并分配给正确的工具。工业机器人系统可以使用专门用于测算负载的程序测算工具的负载数据。

ABB 机器人提供 LoadIdentify 例行程序,用于自动识别安装于其上的工具负载数据。使用此程序可对复杂工具进行自动重量、重心的检测识别,以保证在满负载情况下高速运行的稳定性。

 关联图谱

平口手爪工具		工业机器人负载测算	
掌握平口手爪工具标定所需辅助标定工具的使用方法	能够标定平口手爪工具	了解工业机器人负载测算的目的和内容,了解工业机器人负载的概念	能够完成平口手爪工具的负载数据测算
理论	实践	理论	实践

 任务实施记录单及验收单

任务名称:测算工具负载		实施日期: 年 月 日	
任务要求	具有安全意识,能够对平口手爪工具实现负载测算		
学习重点			
学习难点			
计划用时		实际用时	
组别		组长	
组员姓名			
成员任务分工			
实施场地			
现场5S管理			
任务实施步骤与信息记录	(任务实施过程中重要的信息记录,是撰写工程说明书和工程交接手册的主要文档资料,可另附纸张) 1. 平口手爪工具负载测算所用工具 2. 标定平口手爪工具坐标系,并命名为"pingkoutool" 		

（续表）

任务实施步骤与信息记录	3. 工具负载的测算方法 4. 测算平口手爪工具负载数据并记录
综合评价	1. 目标完成情况 2. 存在问题 3. 改进方向

任务二　配置平口手爪工具动作信号

任务概述

工业机器人搬运应用项目中所使用的末端执行器装置是平口手爪工具,在执行搬运任务前,需要完成对平口手爪工具动作信号的配置。在本任务中,通过配置DSQC652板卡来配置平口手爪工具数字量I/O信号,完成工业机器人平口手爪工具张开和闭合信号配置和监控。

任务目标

知识目标:

1. 熟悉DSQC652标准I/O板卡。
2. 掌握DSQC652板卡数字接口原理。
3. 理解平口手爪工具I/O信号监控原理。

技能目标：

1. 能够完成DSQC652标准I/O板卡配置。
2. 能够完成平口手爪工具I/O信号配置。
3. 能够完成平口手爪工具I/O信号监控。

素养目标：

1. 培养学生知识学习与工作迁移的能力。
2. 培养学生逻辑思维。

一、配置DSQC652板卡

DSQC652板卡需要配置的参数见表3-2-1。

表3-2-1 DSQC652板卡需配置的相关参数

参数名称	设定值	说明
Name	D652_10	设定板卡名字
Network	DeviceNet	设定板卡连接的现场总线
Address	10	设定板卡在总线中的地址

（1）添加配置系统参数。打开ABB菜单，选择"控制面板"选项，选择"配置"选项，如图3-2-1所示。点击"DeviceNet Device"，添加"DeviceNet Device"，如图3-2-2所示。

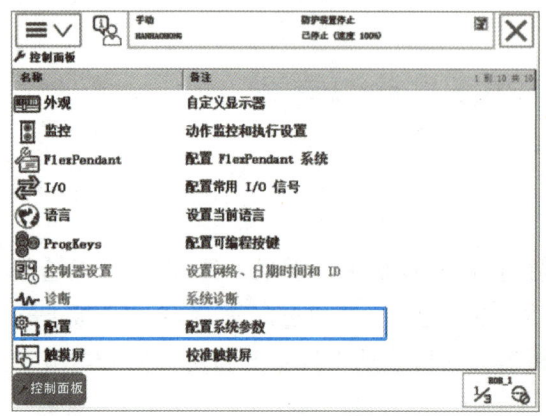

图3-2-1 添加配置系统参数

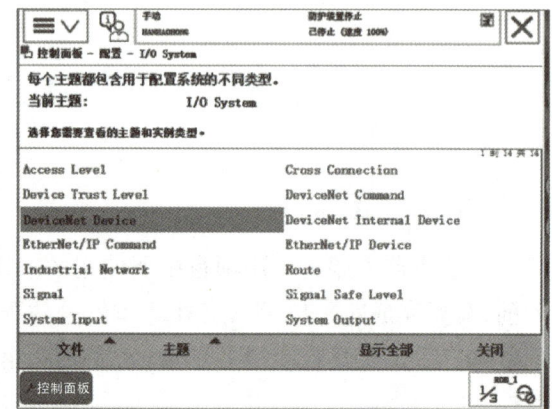

图3-2-2 添加"DeviceNet Device"

（2）添加名称"D652_10"，修改"Address"地址值参数值为10。选择"DSQC 652 24 VDC I/O Device"，双击参数名称"Name"后的值，并将其修改为"D652_10"（默认为temp0），如图3-2-3所示。双击参数名称"Address"后的值，并将其修改为"10"，如图3-2-4所示。点击"确定"按钮，并重新启动。

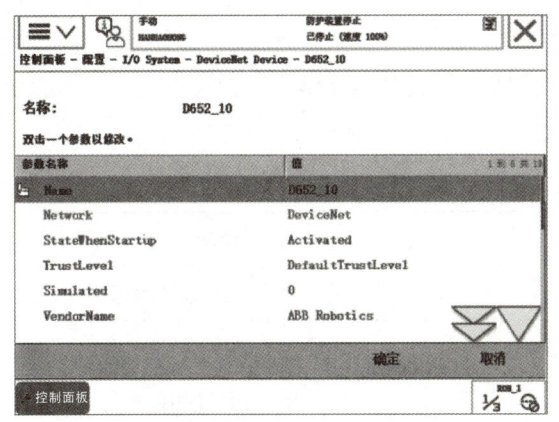

图 3-2-3 添加名称"D652_10"

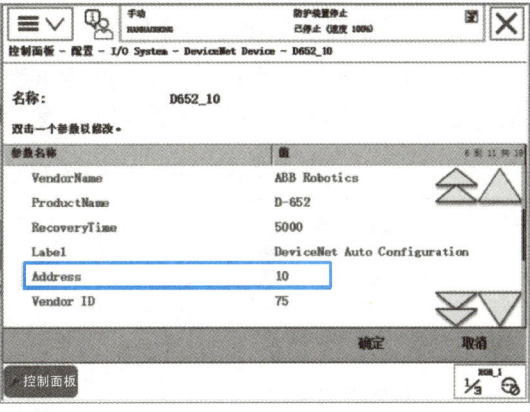

图 3-2-4 修改"Address"值为 10

二、配置平口手爪工具 I/O 信号

1. 配置平口手爪工具张开动作信号

平口手爪工具 I/O 信号能够控制平口手爪工具的张开和闭合。ABB 机器人发送输出信号,并传送给平口手爪工具完成张开动作,此动作信号设定为数字输出信号 YV3,其相关参数说明见表 3-2-2。

表 3-2-2 ABB 机器人平口手爪工具张开动作信号相关参数说明

参数名称	设定值	说明
Name	YV3	设定数字输出信号的名字
Type of Signal	Digital Output	设定为数字信号输出
Assigned to Device	D652_10	设定所配置的板卡
Device Mapping	4	设定此信号所占用的地址

(1) 点击 ABB 菜单,选择"控制面板"选项,选择"配置"选项。双击"Signal"选项,并单击下方"添加"按钮,如图 3-2-5 所示。

(2) 按照表 3-2-2 所提供的信息,将所有必要输入项设定为相应值,如图 3-2-6 所示。修改完毕后重新启动。

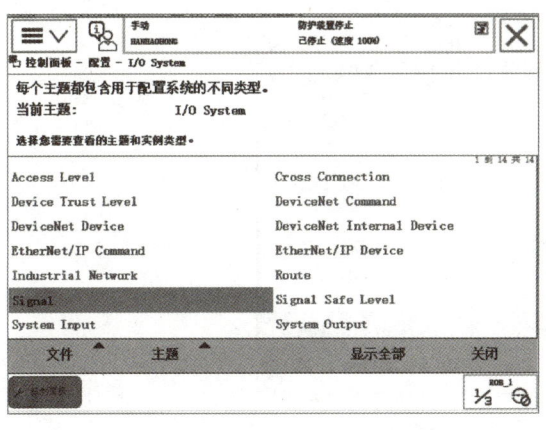

图 3-2-5 双击"Signal"选项

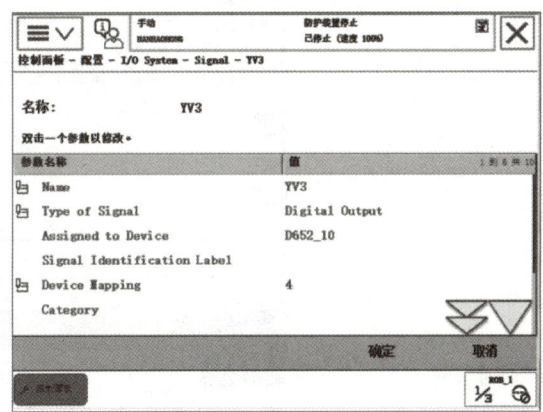

图 3-2-6 配置信号"YV3"各项参数值

2. 配置平口手爪闭合动作信号

ABB 机器人发送输出信号,并传送给平口手爪工具完成闭合动作,此动作信号设定为数字输出信号 YV4,其相关参数说明见表 3-2-3。

表 3-2-3 ABB 机器人平口手爪工具闭合动作信号相关参数说明

参数名称	设定值	说明
Name	YV4	设定数字输出信号的名字
Type of Signal	Digital Output	设定为数字信号输出
Assigned to Device	D652_10	设定所配置的板卡
Device Mapping	5	设定此信号所占用的地址

(1)点击 ABB 菜单,选择"控制面板"选项,选择"配置"选项。双击"Signal"选项,并点击下方"添加"按钮。

(2)按照表 3-2-3 所提供的信息,将所有必要输入项设定为相应值,如图 3-2-7 所示。修改完毕后重新启动。

三、监控平口手爪工具的 I/O 信号

在菜单界面选择"I/O"选项。点击 ABB 菜单,查看视图中的"数字输出"界面。向下翻找,即可找到监控平口手爪工具的 I/O 信号对应的数字输出 YV3 和 YV4 信号,即平口手爪工具张开和闭合动作信号,如图 3-2-8 所示。

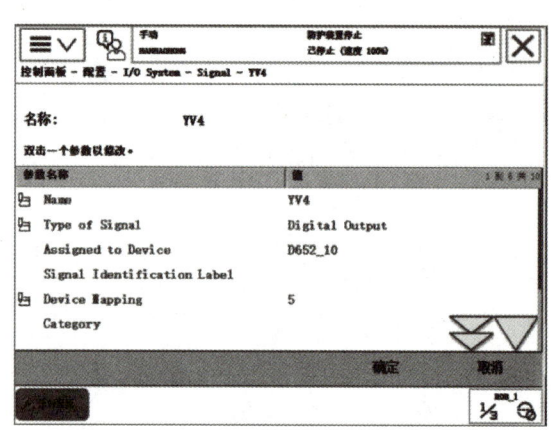

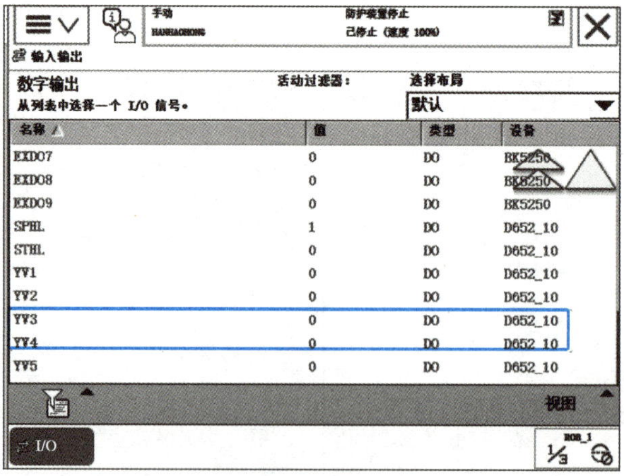

图 3-2-7 配置信号"YV4"各项参数值

图 3-2-8 YV3、YV4 数字输出信号

理论基础

一、DSQC652 板卡

ABB 机器人拥有丰富的 I/O 通信接口,通过这些接口实现与周围设备的通信。ABB 机器人 I/O 标准板卡有 DSQC651、DSQC652、DSQC653、DSQC377A 等,其配置方法基本相同。DSQC651、DSQC652、DSQC653 板卡均为分布式 I/O 模块,DSQC651 板卡主要提供 8 个数字输入信号、8 个数字输出信号、2 个 AO 信号,是 DEVICENET 总线模块;DSQC652 板卡(图 3-2-9)主要提供 16 个数字输入信号和 16 个数字输出信号;DSQC653 板卡主要提供 8 个数字输入信号和 8 个数字输出信号(带继电器)。本任务主要介绍常用的 DSQC652 板卡。

DSQC652 板卡信息见表 3-2-4。

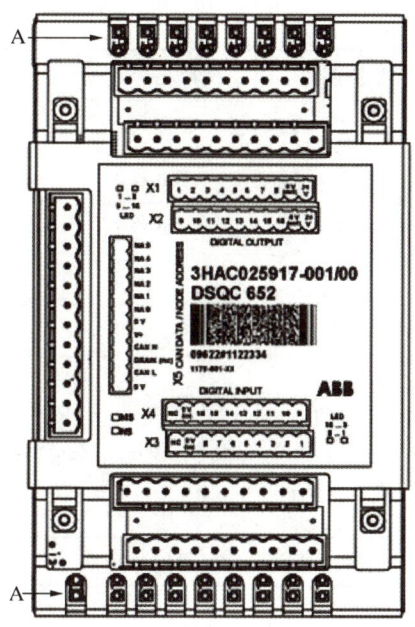

图 3-2-9　DSQC652 板卡

表 3-2-4　DSQC652 板卡信息

信息	描述
A	LED 状态
X1	数字量输出接口
X2	数字量输出接口
X3	数字量输入接口
X4	数字量输入接口
X5	DeviceNet 现场总线接口

二、DSQC652 板卡数字接口原理

ABB 机器人标准 I/O 板卡是下挂在 DeviceNet 现场总线下的设备,通过 X5 端口与 DeviceNet 现场总线进行通信。DSQC652 板卡本质上是通常安装在 ABB 机器人控制器内部的电路板。作为选件,它也可以安装在外部 I/O 模块中。它处理 ABB 机器人系统和任何外部系统之间的数字输入和输出信号。DSQC652 板卡主要包含 X1 和 X2 端子(数字量输出接口)、X3 和 X4 端子(数字量输入接口)、X5 端子(DeviceNet 现场总线接口)和数字输入/输出信号指示灯。其中,X1 端子包含 8 个数字输出;X2 端子包含 8 个数字输出;X3 端子包含 8 个数字输入;X4 端子包含 8 个数字输入;X5 端子与 DeviceNet 现场总线进行通信。

1. X1 端子的连接地址

X1 端子的连接地址见表 3-2-5。

表 3-2-5　X1 端子的连接地址

引脚编号	使用信号定义	地址分配	引脚编号	使用信号定义	地址分配
1	Out ch1	0	6	Out ch6	5
2	Out ch2	1	7	Out ch7	6
3	Out ch3	2	8	Out ch8	7
4	Out ch4	3	9	0V for outputs	
5	Out ch5	4	10	24V for outputs	

2. X2 端子的连接地址

X2 端子的连接地址见表 3-2-6。

表 3-2-6　X2 端子的连接地址

引脚编号	使用信号定义	地址分配	引脚编号	使用信号定义	地址分配
1	Out ch9	8	6	Out ch14	13
2	Out ch10	9	7	Out ch15	14
3	Out ch11	10	8	Out ch16	15
4	Out ch12	11	9	0V for outputs	
5	Out ch13	12	10	24V for outputs	

3. X3 端子的连接地址

X3 端子的连接地址见表 3-2-7。

表 3-2-7　X3 端子的连接地址

引脚编号	使用信号定义	地址分配	引脚编号	使用信号定义	地址分配
1	In ch1	0	6	In ch6	5
2	In ch2	1	7	In ch7	6
3	In ch3	2	8	In ch8	7
4	In ch4	3	9	0V for inputs	
5	In ch5	4	10	Not used	

4. X4 端子的连接地址

X4 端子的连接地址见表 3-2-8。

表 3-2-8　X4 端子的连接地址

引脚编号	使用信号定义	地址分配	引脚编号	使用信号定义	地址分配
1	In ch9	8	6	In ch14	13
2	In ch10	9	7	In ch15	14

(续表)

引脚编号	使用信号定义	地址分配	引脚编号	使用信号定义	地址分配
3	In ch11	10	8	In ch16	15
4	In ch12	11	9	0V for inputs	
5	In ch13	12	10	Not used	

5. X5 端子的连接地址

X5 端子的连接地址见表 3-2-9。

表 3-2-9 X5 端子的连接地址

引脚编号	使用信号定义	引脚编号	使用信号定义
1	电源电压接地	7	ID 模块 bit0
2	CAN 总线 low	8	ID 模块 bit1
3	屏蔽线	9	ID 模块 bit2
4	CAN 总线 high	10	ID 模块 bit3
5	24V 电源电压	11	ID 模块 bit4
6	GND 公共端	12	ID 模块 bit5

X5 端子是 DeviceNet 现场总线连接的通信端子，其地址由总线上的地址引脚编码组成，如图 3-2-10 所示的引脚图中，剪断了 8 号和 10 号引脚，其对应的现场总线地址为 2+8＝10。

三、平口手爪工具 I/O 信号监控原理

ABB 机器人在数字输入/输出时采用 24 V 直流电源，此 I/O 信号有两种状态，分别为接通（置位为 1，high）和断开（复位为 0，low）。

在调试或检修工业机器人时，执行 Set 数字信号置位指令、Reset 数字信号复位指令、SetDO 数字量输出信号等过程中都应有相应的 I/O 信号动作。在相应的 I/O 信号动作没有发生或需要监控平口手爪工具动作执行时，需要实时监控平口手爪工具 I/O 信号的置位或复位情况。

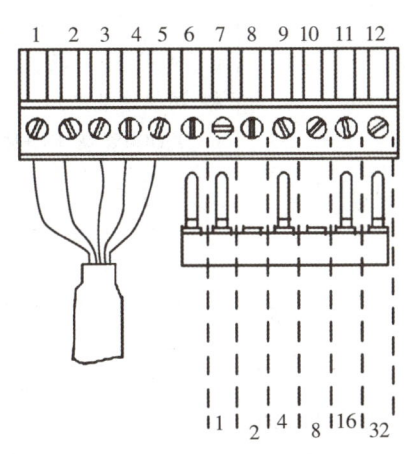

图 3-2-10 X5 端子引脚

工业机器人执行搬运工作时，在接近作业点前需要完成张开平口手爪工具的动作，对应的输出信号 YV3 需要执行置位动作，同时输出信号 YV4 需要执行复位动作；在作业点处需要完成闭合平口手爪工具的动作，对应的输出信号 YV4 需要执行置位动作，同时输出信号 YV3 需要执行复位动作。

关联图谱

DSQC652 标准 I/O 板卡		平口手爪工具 I/O 信号	
掌握 DSQC652 标准 I/O 板卡及数字量接口	能够配置 DSQC652 标准 I/O 板卡	理解平口手爪工具 I/O 信号监控原理	能够完成平口手爪工具 I/O 信号配置及监控
理论	实践	理论	实践

任务实施记录单及验收单

任务名称:	配置平口手爪工具动作信号		实施日期:	年 月 日
任务要求	具有知识学习与工作迁移的能力,能够配置平口手爪工具动作信号;完成平口手爪工具张开、闭合动作的 I/O 信号配置与监控,在探索信号配置的同时探索 DSQC652 板卡的设计原理			
学习重点					
学习难点					
计划用时		实际用时		
组别		组长		
组员姓名					
成员任务分工					
实施场地					
现场 5S 管理					
任务实施步骤与信息记录	(任务实施过程中重要的信息记录,是撰写工程说明书和工程交接手册的主要文档资料,可另附纸张) 1. DSQC652 板卡概述 2. 配置 DSQC652 板卡 3. 配置平口手爪工具 I/O 信号 4. 监控平口手爪工具 I/O 信号 			

（续表）

综合评价	1. 目标完成情况 2. 存在问题 3. 改进方向

任务三　电机部件单工件搬运应用

任务概述

工业机器人搬运应用项目中所使用的末端执行器装置是平口手爪工具。在执行搬运任务时，将电机转子手动摆放至相应位置，利用平口手爪工具，建立和调用例行程序，完成以电机转子为例的电机部件单工件的搬运应用任务。

任务目标

知识目标：
1. 了解电机部件的组成。
2. 掌握关键点规划原理。
3. 理解以电机转子为例的电机部件单工件搬运任务路径规划。

技能目标：
1. 能够建立和调用例行程序。
2. 能够编写拾取、搬运、放置电机转子的例行程序。

素养目标：
1. 培养学生科学的思维方法。
2. 培养学生独立解决问题的能力。

实践训练

电机部件单工件
搬运应用实操演示

一、建立和调用例行程序

（1）新建例行程序"zhuanzi"。点击 ABB 菜单，选择"程序编辑器"选项，点击右上角"例行程序"按钮。点击左下角"文件"按钮，选择"新建例行程序..."选项，如图 3-3-1 所示。将例行程序的名称改为"zhuanzi"，如图 3-3-2 所示，点击右下角"确定"按钮。

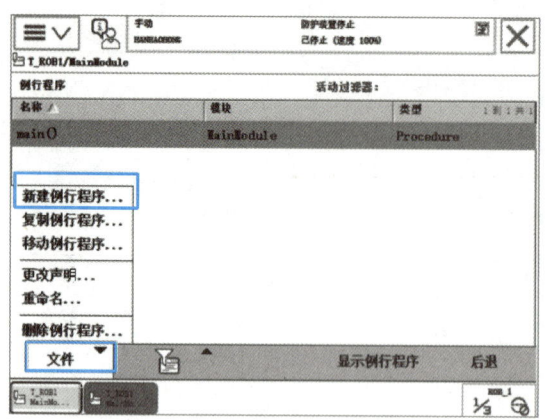
图 3-3-1 新建"例行程序"

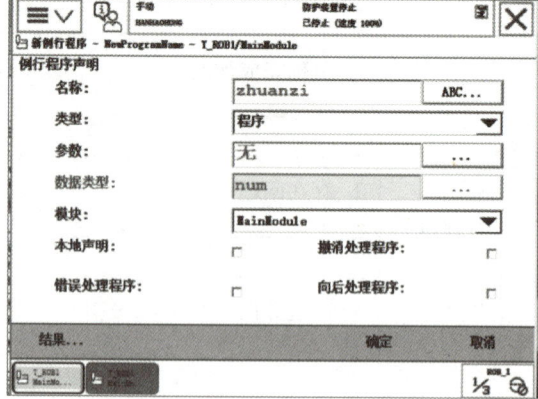
图 3-3-2 名称改为"zhuanzi"

（2）调用例行程序"zhuanzi"。在主程序中调用例行程序"zhuanzi"，添加"ProcCall"指令，如图 3-3-3 所示。选择想要调用的例行程序"zhuanzi"后，点击"确定"按钮，如图 3-3-4 所示。

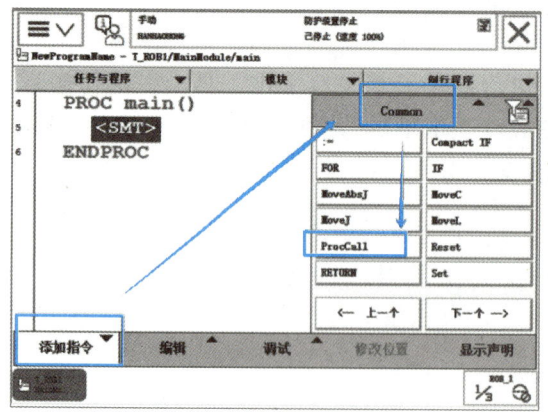
图 3-3-3 打开主程序

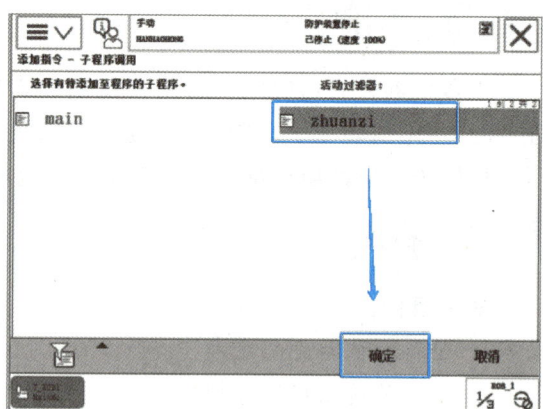
图 3-3-4 添加"ProcCall"指令

（3）使用 ProcCall 指令完成例行程序调用，效果如图 3-3-5 所示。

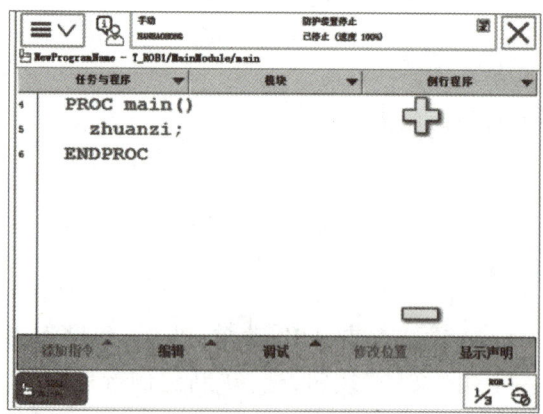
图 3-3-5 调用例行程序"zhuanzi"

需要注意的是,在调用例行程序"zhuanzi"的实例中,在程序界面只显示调用的例行程序名称,而不会显示 ProcCall 指令。

二、工业机器人工具信号初始化程序编写

按照上述步骤,完成工业机器人轨迹例行程序编写。在例行程序"zhuanzi"中添加例行程序和相关信号。

(1)在例行程序中建立"init"例行程序,如图 3-3-6 所示。添加 MoveAbsJ 指令,并将其名称修改为"Home",将 Home 点关节坐标系设为(0°,-20°,20°,0°,90°,0°)。并将速度改为"v200",转弯数据改为"fine",工具坐标系改为已经标定的"pingkoutool",如图 3-3-7 所示。

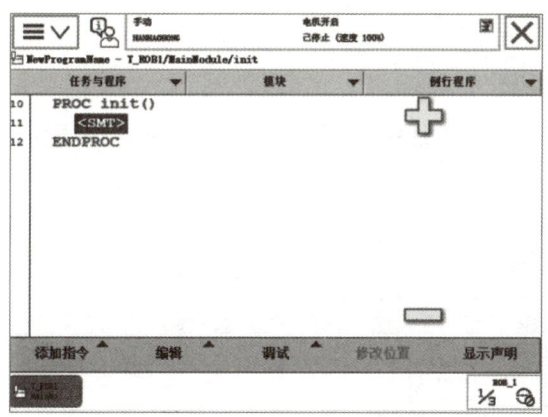

图 3-3-6 建立"init"例行程序

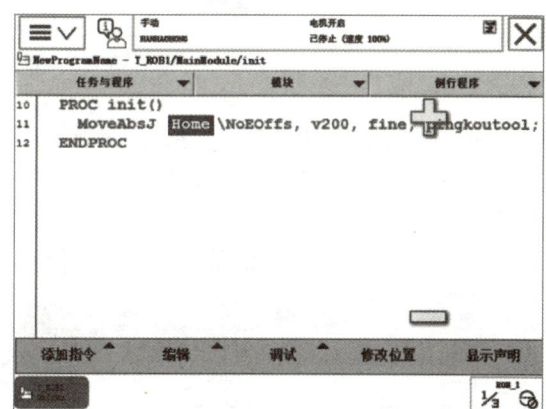

图 3-3-7 添加 Home 点

(2)添加 YV3 信号。点击"添加指令",在"Common"中选择"Reset"指令,如图 3-3-8 所示。选择"YV3"并配置,点击"确定"按钮,如图 3-3-9 所示。

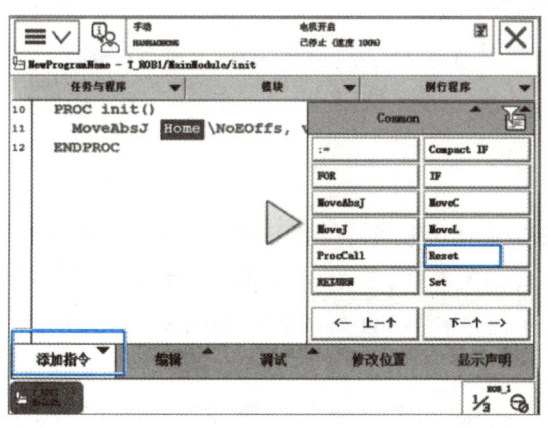

图 3-3-8 添加"Reset"指令

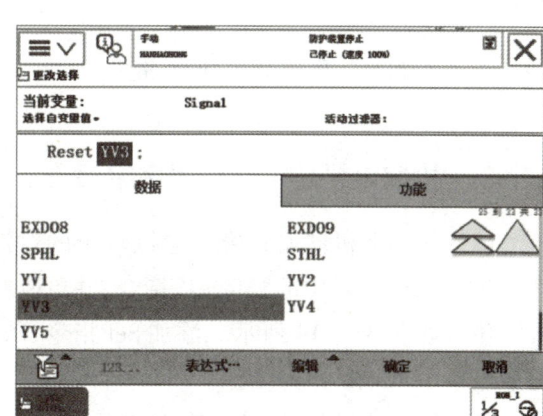

图 3-3-9 添加"YV3"信号

（3）依次复位 YV3 和 YV4 信号后，界面如图 3-3-10 所示。

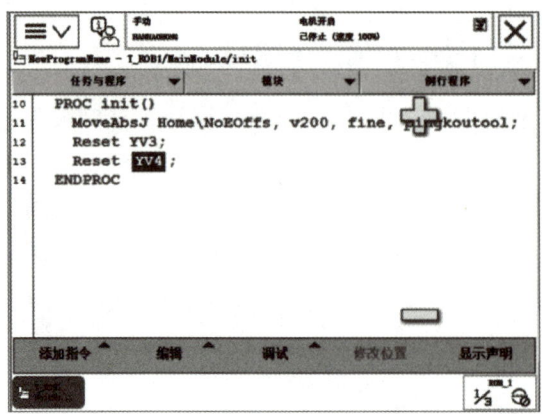

图 3-3-10　复位 YV3、YV4 信号

（4）添加等待时间指令，等待电磁阀动作。点击"添加指令"按钮，在"Common"中添加"WaitTime"指令，如图 3-3-11 所示。设定等待时间为 2 s，编程后界面如图 3-3-12 所示。

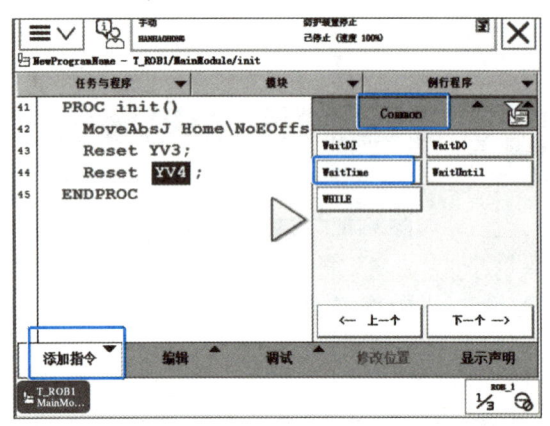

图 3-3-11　添加"WaitTime"指令　　　　图 3-3-12　添加"WaitTime"指令后界面

三、拾取电机转子例行程序编写

（1）使工业机器人到拾取电机转子的过渡点 p10。在例行程序中建立"shiqu"例行程序，添加"Common"中的"MoveJ"指令，并更改其余相关参数，如图 3-3-13 所示，过渡点 p10 实际位置如图 3-3-14 所示。添加 Set 指令、Reset 指令和 WaitTime 指令，如图 3-3-15 所示，完成平口手爪工具张开动作。

（2）使工业机器人到达拾取电机转子的作业点（pickzhaunzi）。添加"Common"中的"MoveL"指令，更改其余相关参数，如图 3-3-16 所示，拾取转子的作业点的实际位置如图 3-3-17 所示。添加 Set 指令、Reset 指令和 WaitTime 指令，如图 3-3-18 所示。

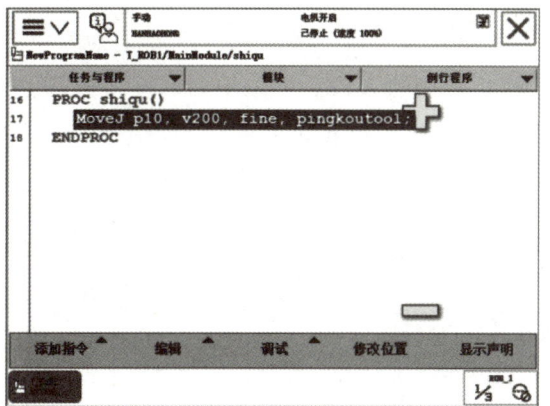
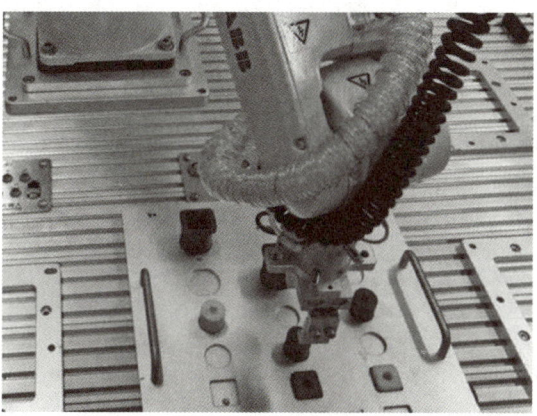

图 3-3-13　添加"MoveJ"指令　　　　　　图 3-3-14　过渡点 p10 实际位置

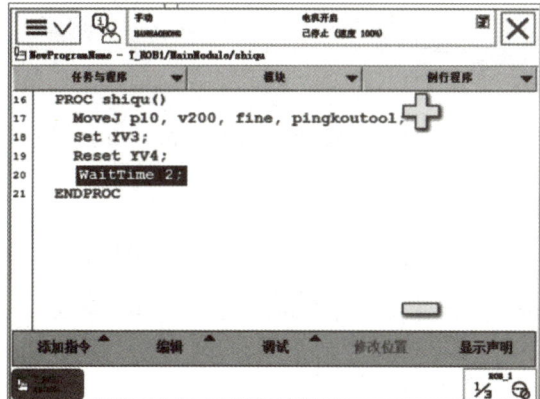
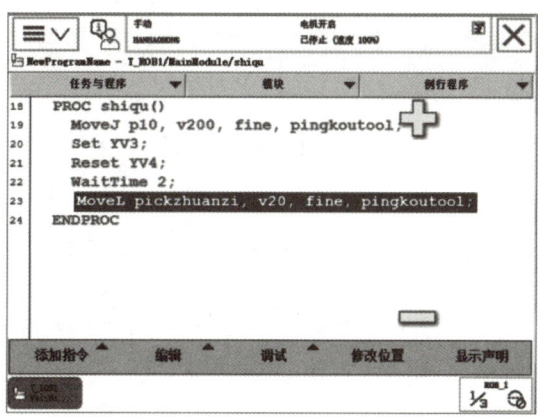

图 3-3-15　平口手爪张开指令　　　　　　图 3-3-16　添加"MoveL"指令

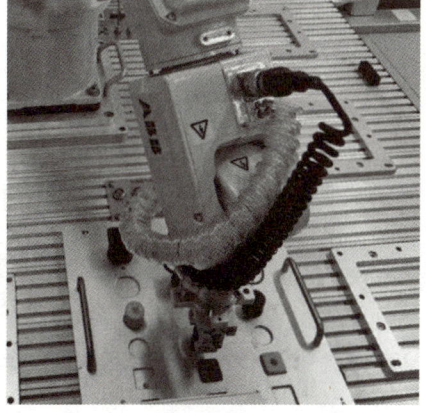
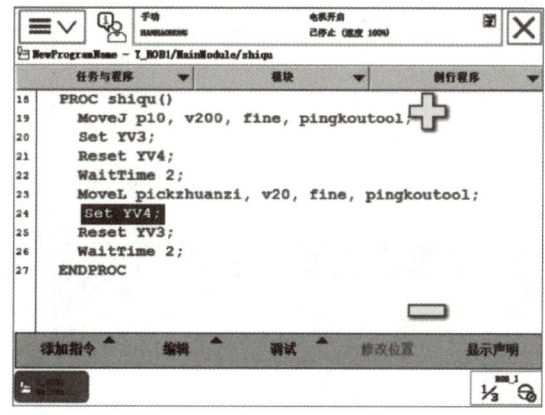

图 3-3-17　拾取转子作业点实际位置　　　图 3-3-18　工业机器人拾取转子作业相关指令

四、搬运电机转子例行程序编写

新建"banyun"例行程序。添加 MoveL 指令,使工业机器人回到拾取电机转子的过渡点 p10,如图 3-3-19 所示;使工业机器人到放置电机转子的过渡点 p20,点击"添加指令"按钮,添加 Common 中的"MoveL"指令,更改其余相关参数,如图 3-3-20 所示。

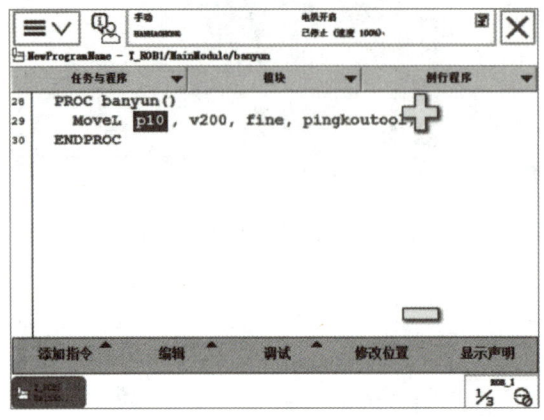
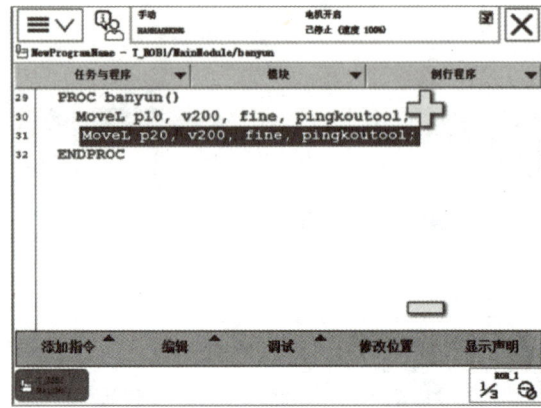

图 3-3-19　新建"banyun"例行程序　　　　图 3-3-20　修改后的搬运程序 MoveL 指令

五、放置电机转子例行程序编写

(1)新建"fangzhi"例行程序,添加放置电机转子的作业位置点"putzhuanzi",如图 3-3-21 所示。添加 Set 指令、Reset 指令和 WaitTime 指令,实现平口手爪工具张开,如图 3-3-22 所示。

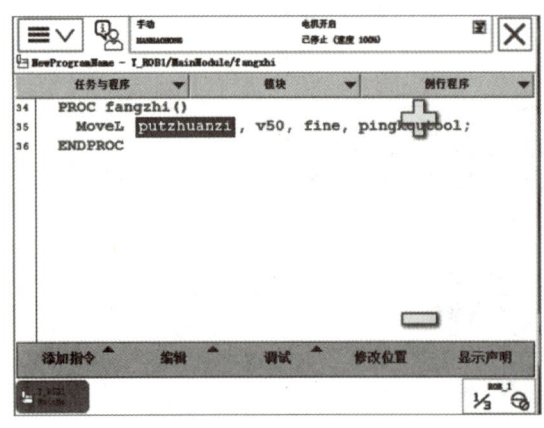
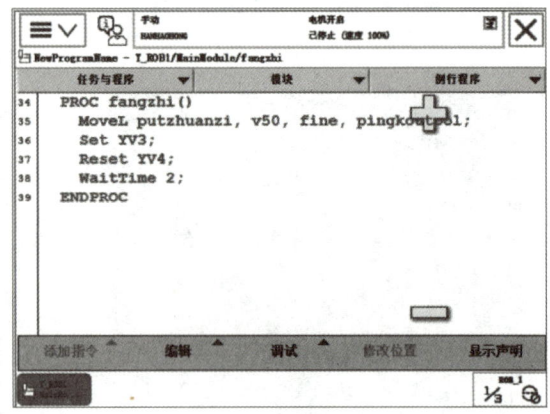

图 3-3-21　新建"fangzhi"例行程序　　　　图 3-3-22　工业机器人平口手爪工具张开指令

(2)工业机器人到放置电机转子的过渡点 p20。添加 Common 中的"MoveL"指令,更改其余相关参数,如图 3-3-23 所示。

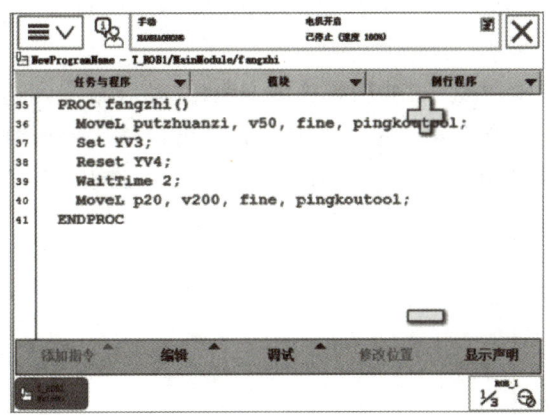

图 3-3-23　修改后的放置程序 MoveL 指令

六、电机转子搬运例行程序编写

（1）在例行程序"zhuanzi"中依次调用"init""shiqu""banyun""fangzhi""init"例行程序，如图 3-3-24 所示。

（2）在主程序中调用例行程序"zhuanzi"。点击"添加指令"按钮，选择"Common"中的"ProcCall"指令，选择"zhaunzi"，点击"确定"按钮后界面如图 3-3-25 所示。

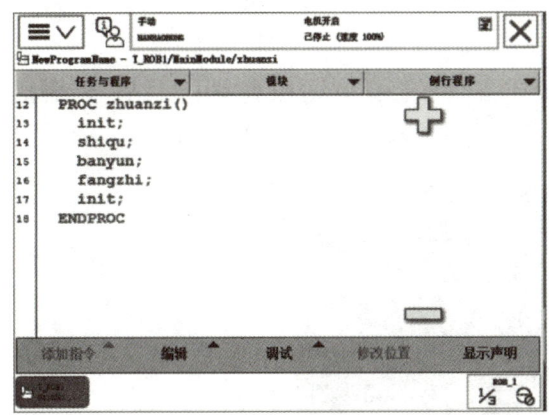

图 3-3-24　调用例行程序

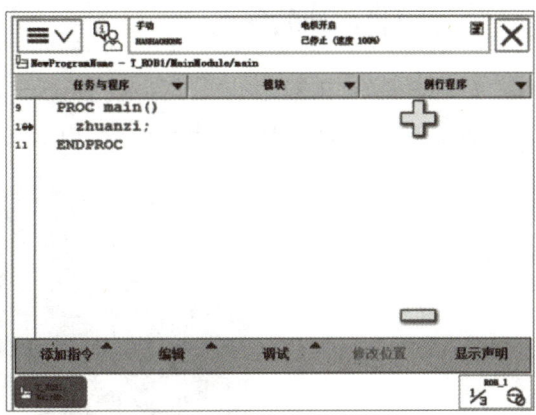

图 3-3-25　在主程序中调用"zhuanzi"程序

理论基础

一、关键示教点规划原理

采用在线示教的方式编写单个工件搬运的作业程序，提炼相关关键示教点。在设计程序关键示教点前，需要确定初始位置点、过渡点、工作起始位置点、工作结束位置点。设计关键示教点的流程如图 3-3-26 所示。

通常在对工业机器人进行在线示教编程时,要求初始位置点与结束位置点的示教点位相同,以提高工作效率。

过渡点至少为一个示教点,工业机器人从初始位置点出发到达工作起始位置点,以及从工作结束位置点返回初始位置点的轨迹中可能会出现障碍物或其他情况,因此需要确定过渡点,以保证工业机器人能够正常执行作业,如图 3-3-27 所示。

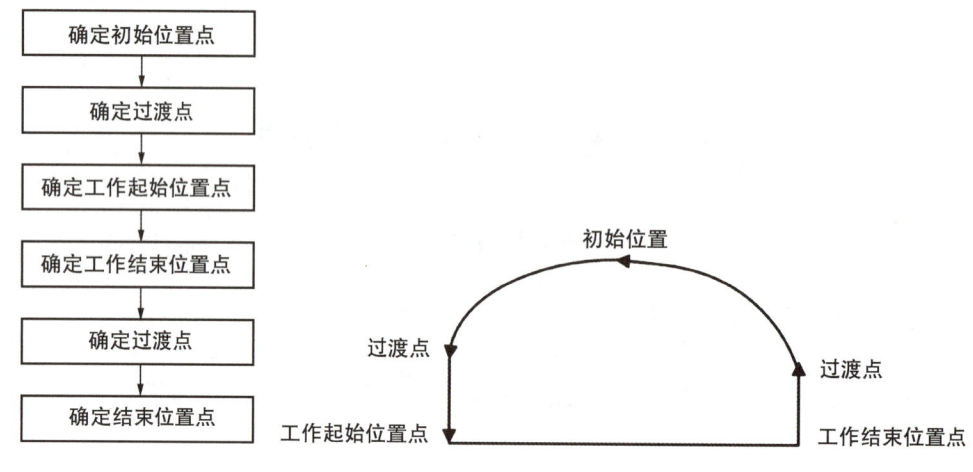

图 3-3-26　设计关键示教点流程　　　　图 3-3-27　机器人作业路径示例

二、电机部件的组成

工业机器人在搬运电机部件时,首先要完成单工件的搬运。仿照真实电机结构所制成的 3 个简化电机部件样件(电机外壳、电机转子、电机端盖),如图 3-3-28 所示。

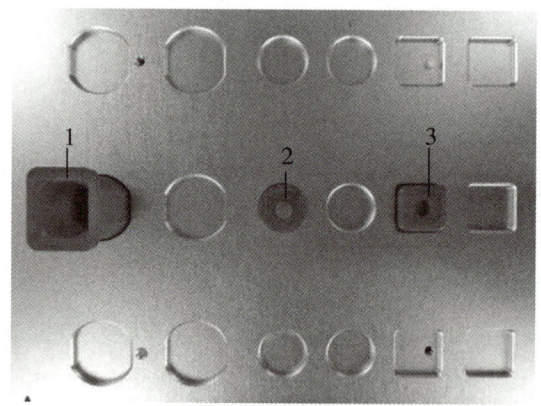

1. 电机外壳;2. 电机转子;3. 电机端盖

图 3-3-28　简化电机部件

三、电机转子搬运流程设计

在工业机器人执行电机转子搬运任务前,需要设计电机转子搬运流程,如图 3-3-29 所示。首先,需要手动安装平口手爪工具,完成工业机器人工具信号初始化。然后,执行电机转子工件拾取、搬运、放置的操作。接着,调用工业机器人工具信号初始化的程序。最后,手动卸载平口手爪工具,完成此任务。

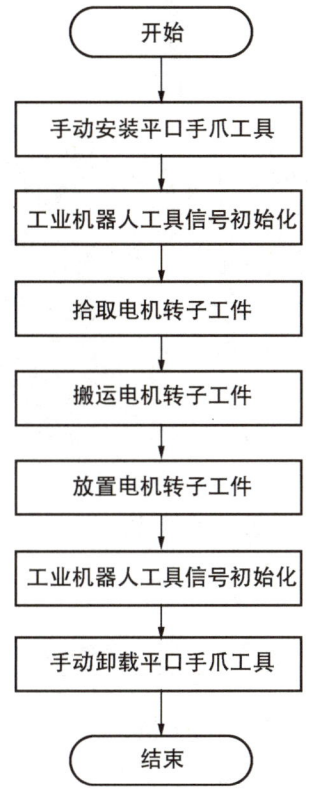

图 3-3-29　电机转子搬运流程

四、电机转子搬运路径及关键示教点规划

1. 电机转子搬运路径中的关键示教点规划

采用在线示教的方式完成电机转子单工件搬运任务,将电机转子由 A 位置搬运至 B 位置,电子转子搬运路径中的关键示教点见表 3-3-1。

表 3-3-1　电机转子搬运路径中的关键示教点

位置编号	关键示教点命名	关键示教点解释
①	Home	工作原点
②	p10	拾取电机转子的过渡点
③	pickzhuanzi	拾取电机转子的作业点
④	p20	放置电机转子的过渡点
⑤	putzhuanzi	放置电机转子的作业点

2. 电机转子搬运路径规划

图 3-3-30 为电机转子搬运的运动路径示意。图 3-3-31 为电机转子搬运路径规划,具体包括以下五步。

（1）工业机器人工具信号初始化。工业机器人先从初始位置点①(Home)开始,使用 Reset 或 ResetDO 指令复位信号。

（2）拾取电机转子。到达拾取电机转子的过渡点②(p10),此过程一般采用 MoveJ 指令,实际作业若对运动路径有严苛的要求,也可采用 MoveL 指令。使用 Set/Reset 或 SetDO/ResetDO 指令,实现平口手爪工具的张开动作,然后由过渡点直线运动到拾取电机转子的作业点③(pickzhuanzi 点),此过程一般采用 MoveL 指令。精准到达作业点位置后,使用 Set/Reset 或 SetDO/ResetDO 指令,实现平口手爪工具的闭合动作。

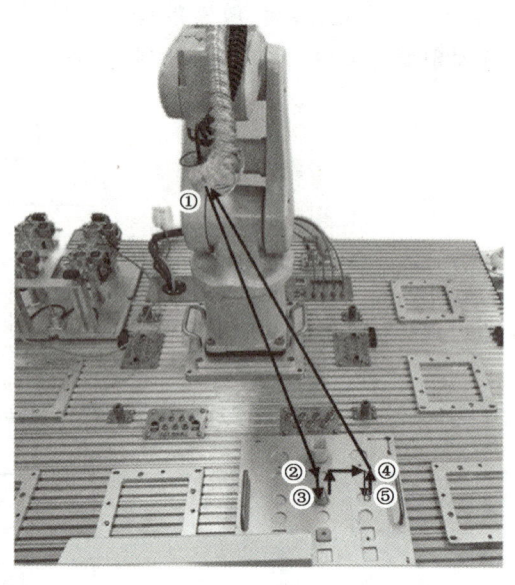

图 3-3-30　电机转子搬运的路径示意

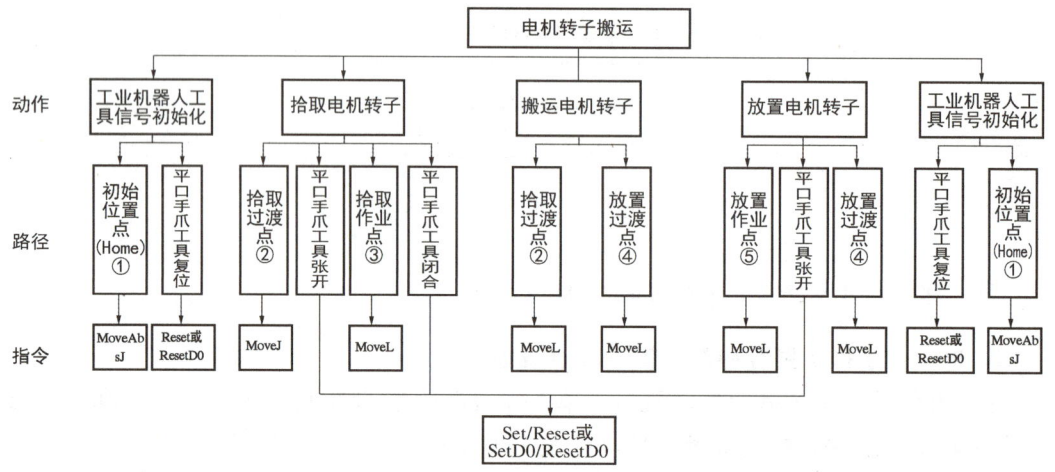

图 3-3-31　电机转子搬运路径规划

（3）搬运电机转子。工业机器人从拾取电机转子作业点③(pickzhuanzi)直线运动到拾取电机转子的过渡点②(p10),此过程一般采用 MoveL 指令。然后,直线到达放置电机转子的过渡点④(p20),此过程一般采用 MoveL 指令。

（4）放置电机转子。工业机器人从放置电机转子过渡点④(p20)直线到达放置电机转子的作业点⑤(putzhuanzi),此过程一般采用 MoveL 指令。精准到达放置电机转子位置后,使用 Set/Reset 或 SetDO/ResetDO 指令,实现平口手爪工具的张开动作。工业机器人直线运动回到放置电机转子的过渡点④(p20)。

（5）工业机器人工具信号初始化。使用 Reset 或 ResetDO 指令将平口手爪工具输出信号复位。最后，工业机器人回到初始位置点①（Home）。

五、例行程序调用原理

ABB 机器人程序结构分为 3 个层级，分别为程序、模块和例行程序。在创建程序时，RAPID 程序自动生成了系统模块和程序模块，分别为系统模块 BASE、Communicate、user 和程序模块 MainModule，如图 3-3-32 所示。除了自动生成的程序模块 MainModule 外，用户还可根据需求自行创建其他程序模块，以便归类和管理不同用途的例行程序和数据。

RAPID 程序由系统模块和程序模块组成，每个模块可以建立多个程序。通常情况下系统模块用于系统方向的控制，一般自带 user 模块和 BASE 模块，建议不要对任何自带的系统模块进行修改。

图 3-3-32　系统模块和程序模块

程序模块中，系统自动生成了 main 程序，并作为整个 RAPID 程序的起始执行处，存在于任意一个程序模块中。需要特别注意的是，main 程序作为主程序，在 RAPID 程序有且仅有一个，能够包含多个例行程序。通过设置不同模块间的例行程序定义范围，可实现例行程序在不同模块间的相互调用。

关联图谱

例行程序		电机转子搬运程序	
了解例行程序调用原理	能够完成例行程序的建立和调用	掌握电机转子搬运流程图的设计和路径规划的方法	能够完成电机转子拾取、搬运和放置程序的编写
理论	实践	理论	实践

任务实施记录单及验收单

任务名称：电机部件单工件搬运应用		实施日期： 年 月 日	
任务要求	掌握电机部件的组成和工业机器人基础操作后,规划电机转子搬运路径,通过建立及调用例行程序,完成电机转子搬运程序的编写		
学习重点			
学习难点			
计划用时		实际用时	
组别		组长	
组员姓名			
成员任务分工			
实施场地			
现场 5S 管理			
任务实施步骤与信息记录	（任务实施过程中重要的信息记录,是撰写工程说明书和工程交接手册的主要文档资料,可另附纸张） 1. 关键示教点的规划 2. 电机部件的组成 3. 电机转子搬运的路径规划 4. 建立及调用例行程序 5. 电机转子搬运的程序编写		
综合评价	1. 目标完成情况		

综合评价	2. 存在问题 3. 改进方向

任务四　电机部件搬运应用

任务概述

工业机器人搬运应用项目中所使用的末端执行器装置是平口手爪工具。在执行搬运应用任务时，先将电机端盖、电机转子、电机外壳手动摆放至搬运模块相应位置，再利用平口手爪工具，通过例行程序的建立和调用，完成搬运电机转子、电机端盖至电机外壳的任务。

任务目标

知识目标：
1. 掌握 Offs 函数原理。
2. 理解电机部件搬运路径与关键示教点规划方法。

技能目标：
1. 能够使用 Offs 函数优化程序。
2. 能够建立电机部件搬运例行程序。
3. 能够编写电机部件搬运例行程序。

素养目标：
培养学生创新意识。

实践训练

电机部件搬运
应用实操演示

一、使用 Offs 函数优化程序

使用 Offs 函数使工业机器人绘制长方形的轨迹，设定的工件坐标系如图 3-4-1 所示。本任务只示教 a1 一个关键示教点，其他的关键示教点（长方形顶点）使用 Offs 函数计算偏移。这样编写出的程序相较示教长方形四个顶点而言，减少了关键示教点，提升了编程效率。

使用 Offs 函数完成如图 3-4-1 所示长方形的绘制。在绘制长方形轨迹的过程中,首先从 Home 点开始,示教 a1 点;使用 Offs 函数参考 a1 点向 X 轴正方向偏移 80 mm 到达长方形右上顶点;使用 Offs 函数参考 a1 点向 X 轴正方向偏移 80 mm,Y 轴正方向偏移 −40 mm(负方向偏移 40 mm)到达长方形右下顶点;使用 Offs 函数参考 a1 点向 Y 轴正方向偏移 −40 mm(负方向偏移 40 mm)到达长方形左下顶点;回到 a1 点;最后,工业机器人回到 Home 点。

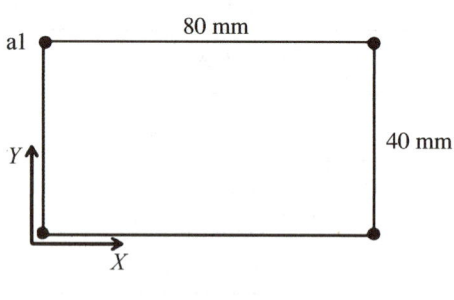

图 3-4-1　长方形绘制

使用 Offs 函数优化程序的具体步骤如下。

(1) 建立 Home 点,如图 3-4-2 所示。新建"a1",点击"修改位置"按钮,如图 3-4-3 所示。

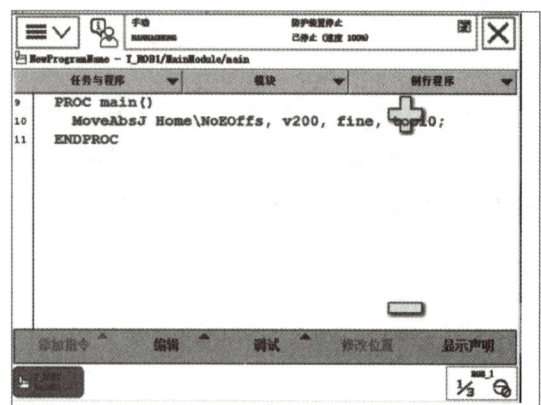

图 3-4-2　打开主程序,建立 Home 点　　　图 3-4-3　新建"a1"并修改位置

(2) 建立 Offs 函数。点击"添加指令"按钮,选择"Common"中的"MoveL"指令,更改相关参数。双击已有示教点,选择"a1",如图 3-4-4 所示。点击"功能"按钮,选择"Offs"选项。在 Offs 函数第 1 个空中,选择 a1 作为参考点,如图 3-4-5 所示。

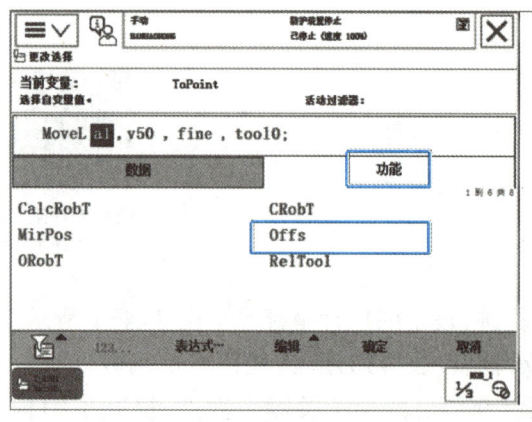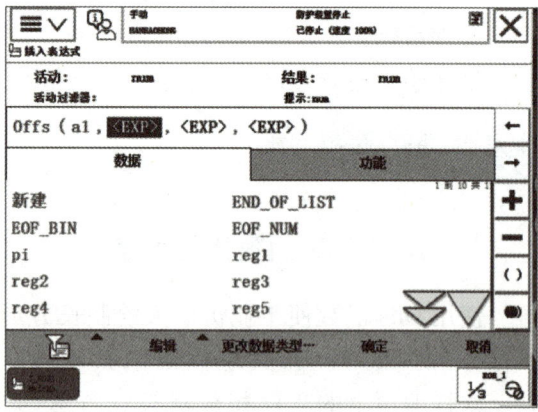

图 3-4-4　选择 Offs 函数　　　图 3-4-5　选择 a1 为参考点

（3）选中 Offs 函数第 2 个空,点击"编辑"按钮,选择"仅限选定内容",输入数字"80";在第 3 个空中输入"0",第 4 个空中输入"0",点击"确定"按钮。完成参考点 a1 向 X 轴正方向偏移 80 mm 到达长方形右上顶点的对应程序,如图 3-4-6 所示。

（4）按上述方法依次完成长方形其余顶点绘制的程序,然后返回 Home 点结束,如图 3-4-7 所示。

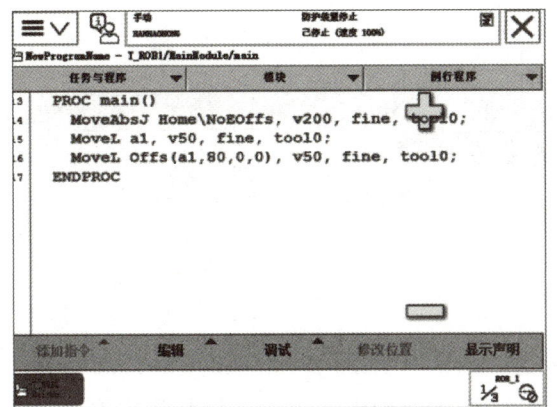

图 3-4-6　长方形右上顶点绘制程序

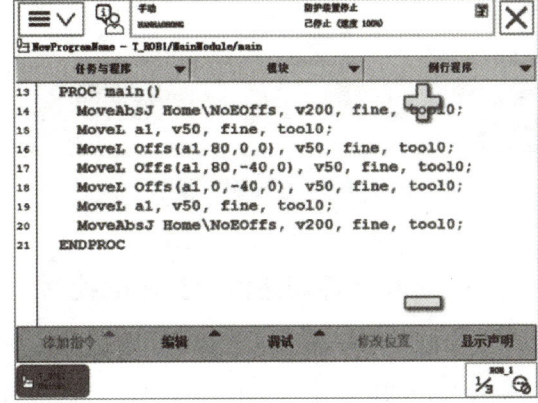

图 3-4-7　长方形绘制程序

二、电机部件搬运例行程序的建立

（1）例行程序的建立及调用。设计 8 个例行程序,其说明见表 3-4-1。其中,包含 4 个运动过程程序和 4 个数字信号程序。

表 3-4-1　例行程序说明

例行程序名称	说明
pickt	将平口手爪工具从快换支架中取出
zhuanzi2	拾取电机转子并放入电机外壳
duangai	拾取电机端盖并放在电机外壳
pick	将钢珠伸出,使工具与工业机器人连接
put	将钢珠缩回,使工具与工业机器人分开
ct	闭合平口手爪工具
ot	张开平口手爪工具
putt	将平口手爪工具放回快换支架

（2）在"renwu34"中调用各例行程序。在程序模块(此处为 Main Modulel 程序模块)中,创建表 3-4-1 中的 8 个例行程序,如图 3-4-8 所示,并调用例行程序"pickt""zhuanzi2""duangai""putt",如图 3-4-9 所示。

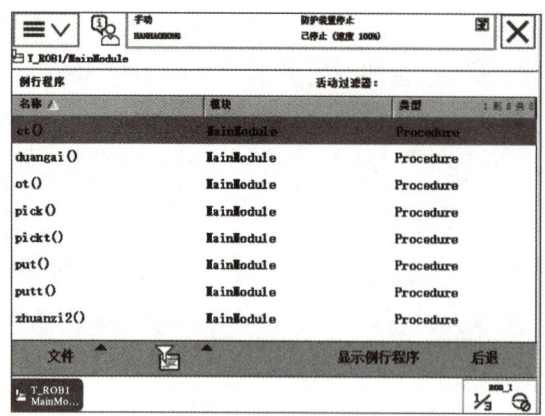

图 3-4-8　创建例行程序

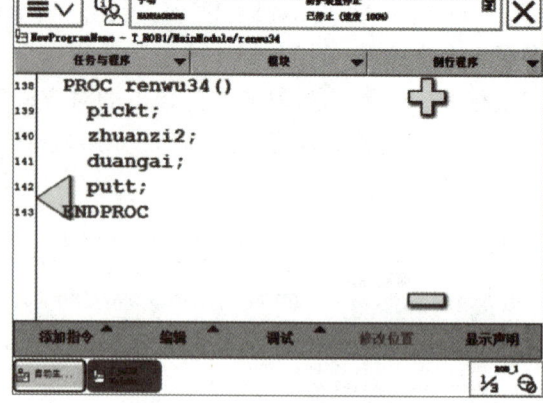

图 3-4-9　调用例行程序

三、电机部件搬运例行程序的编写

（1）编写例行程序"pick""put"。在例行程序"pick"中添加 Set、Reset、WaitTime 指令，将钢珠伸出、使平口手爪工具与工业机器人连接，如图 3-4-10 所示。在例行程序"put"中添加 Set、Reset、WaitTime 指令，实现将钢珠缩回、使平口手爪工具与工业机器人分开，如图 3-4-11 所示。

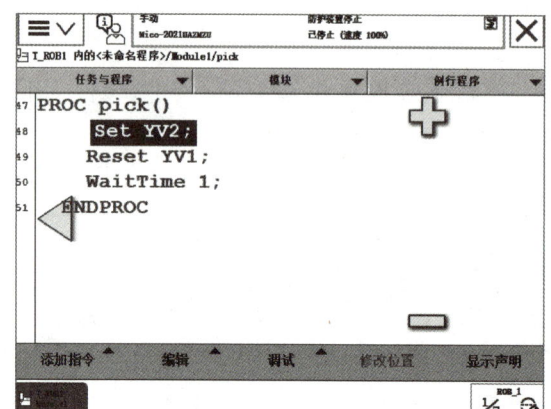

图 3-4-10　例行程序"pick"编写

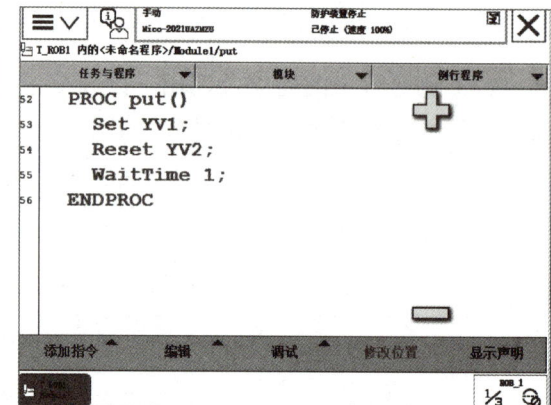

图 3-4-11　例行程序"put"编写

（2）在例行程序"ct"中添加 Set、Reset、WaitTime 指令，使平口手爪工具闭合，如图 3-4-12 所示。编写例行程序"ot"，添加 Set、Reset、WaitTime 指令，使平口手爪工具张开，如图 3-4-13 所示。

（3）编写取工具例行程序"pickt"，如图 3-4-14 所示。工业机器人到达取工具位置点，如图 3-4-15 所示。

① 添加工业机器人拾取工具过渡点。在程序"MoveL gongju, v50, fine, tool0;"上方添加过渡点。选择"MoveJ p100, v200, z20, tool0;"整条指令，并在其下方添加 Offs 函数，如图 3-4-16 所示。

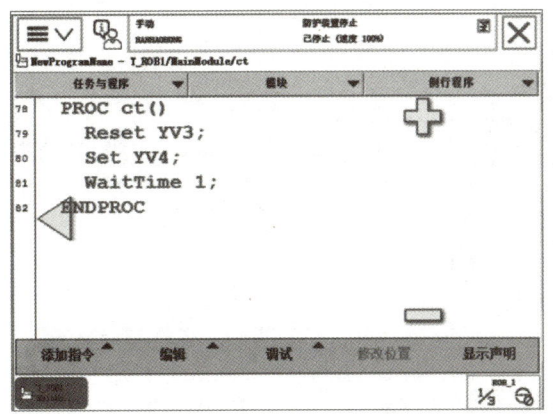

图 3-4-12 例行程序"ct"

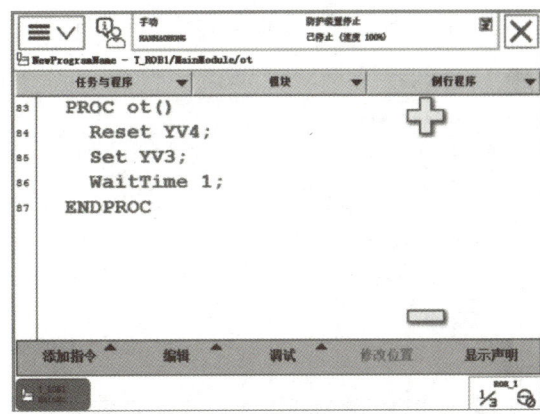

图 3-4-13 例行程序"ot"

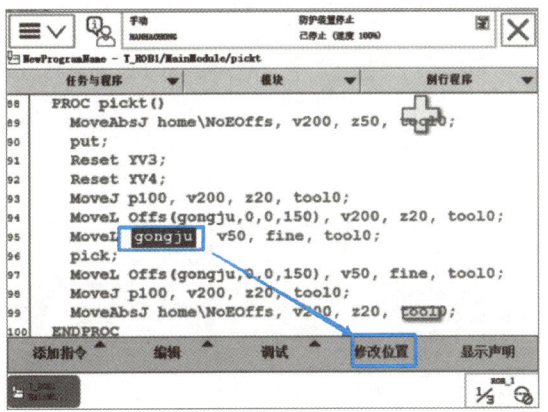

图 3-4-14 例行程序"pickt"和修改 gongju 点位置

图 3-4-15 工业机器人到达取工具位置点

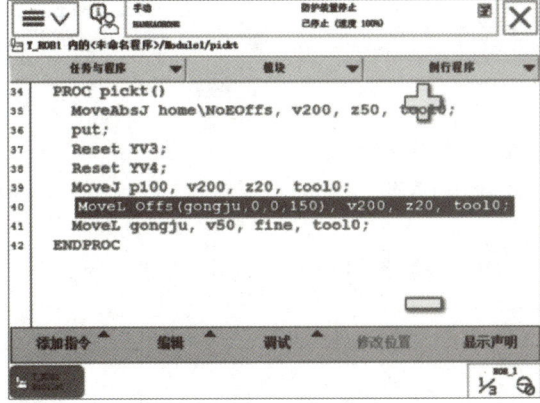

图 3-4-16 添加拾取工具过渡点程序

② 将钢珠伸出，使工具与工业机器人连接。点击"添加指令"按钮，选择"ProcCall"选项，调用例行程序"pick"实现此功能，如图 3-4-17 所示。然后，利用 Offs 函数使工业机器人

回到拾取工具过渡点,如图 3-4-18 所示。

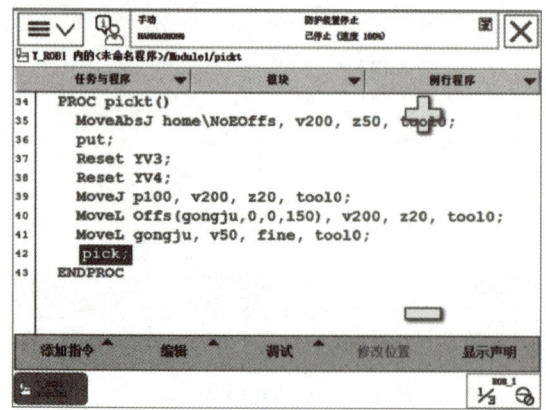 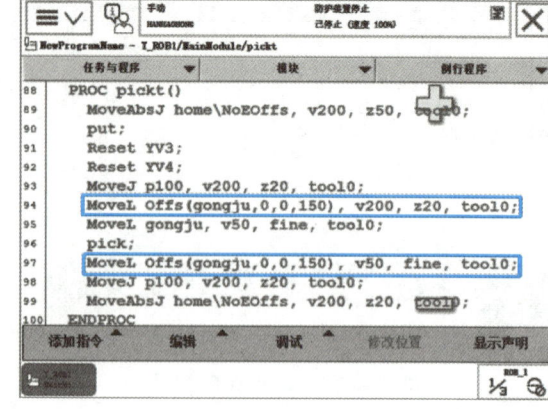

图 3-4-17　调用例行程序"pick"　　　图 3-4-18　使工业机器人回到拾取工具过渡点程序

③ 工业机器人回到拾取工具过渡点"p100"。添加程序"MoveJ p100,v200,z20,tool0;",如图 3-4-19 所示。然后,使用 MoveAbsJ 指令使工业机器人回至 home 点,如图 3-4-20 所示。

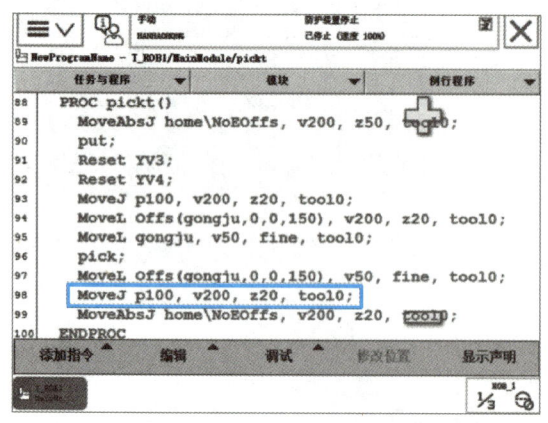

图 3-4-19　添加使工业机器人回到拾取　　　图 3-4-20　添加使工业机器人回到
工具过渡点 p100 的程序　　　　　　　　　home 点的程序

(4) 编写例行程序"putt"(图 3-4-21),其中,程序"put;"的功能为调用例行程序"put"。

(5) 编写例行程序"zhuanzi2"(图 3-4-22),其中,p30 为拾取电机转子过渡点。pickzhuanzi1 为精准拾取电机转子的位置,如图 3-4-23 所示。putzhuanzi1 为精准放置电机转子的位置,如图 3-4-24 所示。

(6) 编写例行程序"duangai",如图 3-4-25 所示。其中,p50 和 p60 分别为拾取、放置电机端盖过渡点;"ot""ct"为调用的例行程序。pickduangai 为精准拾取电机端盖的位置,如图 3-4-26 所示。putduangai 为精准放置电机转子的位置,如图 3-4-27 所示。

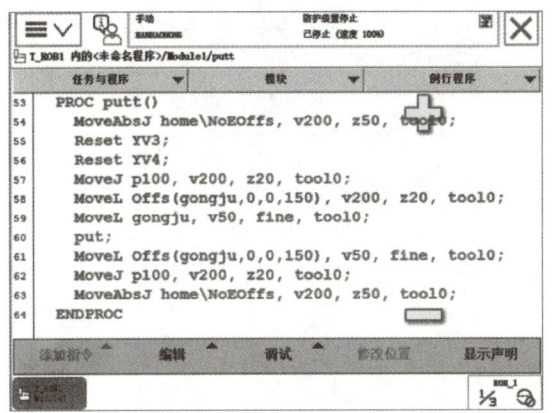

图 3-4-21　例行程序"putt"

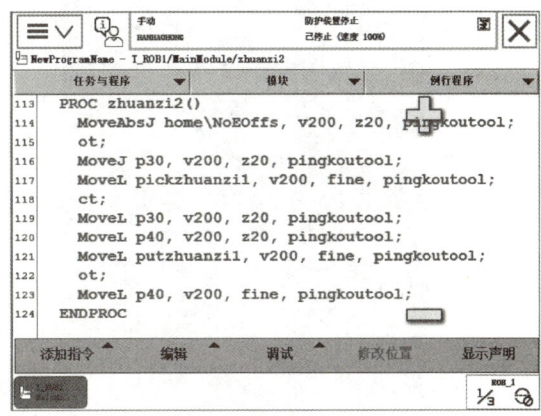

图 3-4-22　例行程序"zhuanzi2"

图 3-4-23　pickzhuanzi1 位置

图 3-4-24　putzhuanzi1 位置

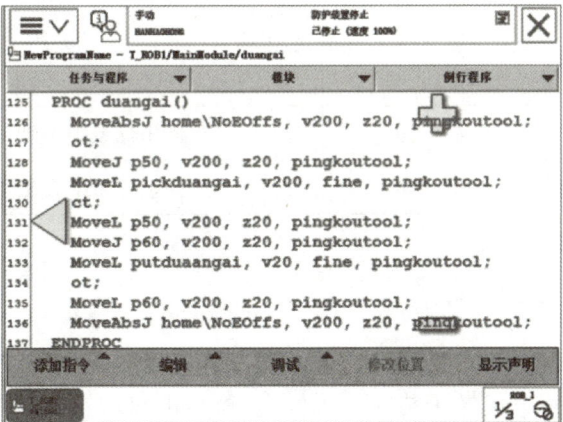

图 3-4-25　例行程序"duangai"

 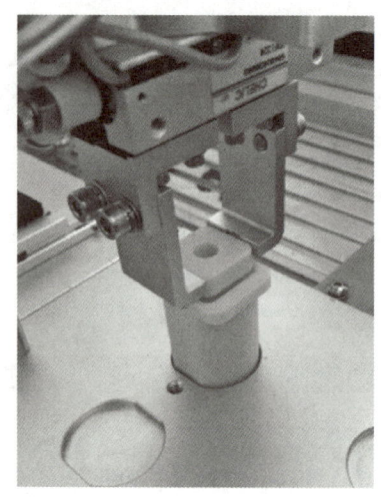

图 3-4-26　pickduangai 位置　　　　　图 3-4-27　putduangai 位置

理论基础

一、Offs 函数原理

在工业机器人搬运、码垛、焊接等应用中,经常涉及位置的偏移。在编程时,使用 Offs 函数,就能够实现以作业目标点作为参考点,向其他方向偏移的运算。Offs 函数相较于过渡点而言,能够减少关键示教点的形成,提升工业机器人编程效率。

Offs 函数控制的是工业机器人在工件坐标下的平移,其格式为 Offs("point","X-offset","Y-offset","Z-offset"),Offs 函数的形式参数说明见表 3-4-2。

表 3-4-2　Offs 函数的形式参数说明

形式参数	数据类型	参数含义
point	robtarget	偏移参考点
X-offset	num	工件坐标系中 X 轴正方向的偏移值
Y-offset	num	工件坐标系中 Y 轴正方向的偏移值
Z-offset	num	工件坐标系中 Z 轴正方向的偏移值

二、电机部件搬运路径流程

在执行电机搬运任务前,需要设计任务流程。首先需要工业机器人自动拾取平口手爪工具,然后工业机器人将电机转子装入电机外壳,再将电机端盖装入电机外壳,最后工业机器人将平口手爪工具放回,完成电机部件搬运任务,如图 3-4-28 所示。

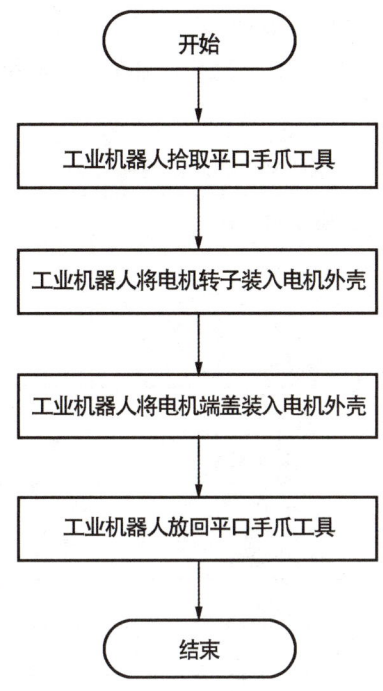

图 3-4-28 电机部件搬运流程

三、电机部件搬运路径及关键示教点规划

1. 电机部件搬运路径规划

电机部件搬运路径规划,如图 3-4-29 所示,工业机器人搬运电机部件的路径为①→②→③→②→④→⑤→④→⑥→⑦→⑥→⑧→⑨→⑧→①。工业机器人自动安装平口手爪工具,将平口手爪工具从快换支架中取出,拾取电机转子并放入电机外壳,然后拾取电机端盖并放在电机外壳,最后将平口手爪工具放回快换支架。

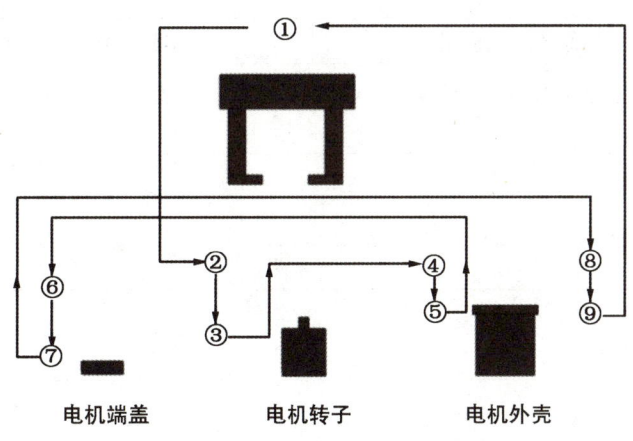

图 3-4-29 电机部件搬运路径规划

2. 电机部件搬运路径关键示教点规划

采用在线示教的方式实现电机部件搬运的作业程序,电机部件搬运路径中关键示教点说明见表 3-4-3。

表 3-4-3 电机部件搬运路径中关键示教点说明

位置编号	关键示教点命名	关键示教点解释
①	home	工作原点
②	p30	拾取电机转子过渡点
③	pickzhuanzi1	精准拾取电机转子作业点
④	p40	放置电机转子点过渡点
⑤	putzhuanzi1	精准放置电机转子作业点
⑥	p50	拾取电机端盖过渡点
⑦	pickduangai	精准拾取电机端盖作业点
⑧	p60	放置电机端盖过渡点
⑨	putduangai	精准放置电机端盖作业点

关联图谱

Offs 函数		电子部件搬运	
掌握 Offs 函数原理	能够用 Offs 函数优化程序,实现长方形轨迹绘制	理解电机部件搬运路径与关键示教点规划方法	能够完成电机部件搬运例行程序的编写与调试
理论	实践	理论	实践

任务实施记录单及验收单

任务名称:电机部件搬运应用		实施日期: 年 月 日	
任务要求	根据电机部件搬运程序编写及调试的工作需求,优化程序,减少编程时间,优化轨迹路径		
学习重点			
学习难点			
计划用时		实际用时	
组别		组长	
组员姓名			
成员任务分工			
实施场地			
现场 5S 管理			

（续表）

任务实施步骤与信息记录	（任务实施过程中重要的信息记录，是撰写工程说明书和工程交接手册的主要文档资料，可另附纸张） 1. Offs 函数概述 2. 使用 Offs 函数优化程序 3. 电机部件搬运路径与关键示教点规划 4. 电机部件搬运编程
综合评价	1. 目标完成情况 2. 存在问题 3. 改进方向

理论综合测验

一、判断题

（　　）1. 在调用工具负载测算程序前，需要先将工具负载的质量参数 mass 设置为大于 0 的数值，一般设为 1 即可。

（　　）2. 工业机器人可以做搬运、焊接、打磨等项目。

（　　）3. 关于搬运工业机器人的 TCP，夹钳类通常设置在法兰中心线与平口手爪工具前端面的交点处。

二、单选题

1. Offs 函数参考的坐标系是(　　)。
   A. 大地坐标系　　　　　　　　B. 当前使用的工具坐标系
   C. 当前使用的工件坐标系　　　D. 基坐标系

2. (　　)适用于自动化生产线搬运、装配及码垛。
   A. 工业机器人　　　　　　　　B. 军用机器人
   C. 社会发展与科学研究机器人　D. 服务机器人

3. 六自由度关节式工业机器人因其高速、高重复定位精度等特点,在焊接、搬运、码垛等领域实现了广泛的应用。在设计工业机器人上下料工作站时,除负载、臂展等指标外,应着重关注的指标是(　　)。
   A. 重复定位精度　　　　　　　B. 绝对定位精度
   C. 轨迹精度和重复性　　　　　D. 关节最大速度

项目四

工业机器人码垛应用

> **项目概述**
>
> 随着科技的进步以及现代化进程的加快,机器人技术在医药和消费品领域的应用范围也正逐渐扩大,尤其是在这些领域的包装码垛环节中,机器人已经成为有力工具,它可以代替人在危险、有毒、低温、高热等恶劣环境中工作,完成繁重、单调、重复的劳动,提高劳动生产率,同时还能保证工作质量。
>
> 本项目主要介绍工业机器人在重叠式码垛、纵横交错式码垛和旋转交错式码垛过程中的应用,旨在使学生掌握工业机器人码垛的基本知识和操作技能,达到工业机器人应用编程证书所要求的"根据工作任务要求,编制码垛机器人程序;根据工艺流程调整要求及程序运行结果,对码垛工业机器人应用程序进行调整"水平。

任务一 重叠式码垛应用

任务概述

现有 8 个长方体工件,每个工件长为 30 mm,宽为 30 mm,高为 12 mm。本任务要求利用工业机器人将 2 行 4 列整齐摆放的工件[图 4-1-1(a)],重叠码垛成 2 行 2 列 2 层的结构[图 4-1-1(b)]。

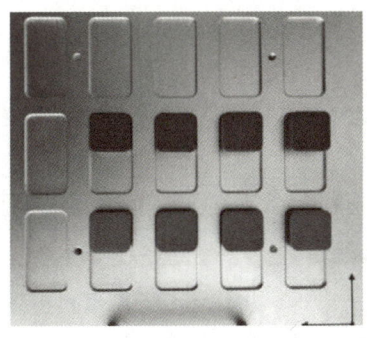

(a) 码垛前工件摆放　　　　　　(b) 码垛后工件摆放

图 4-1-1　码垛工件位置摆放

任务目标

知识目标：

1. 掌握码垛的定义及垛型。
2. 掌握码垛机器人系统组成、末端执行器的分类。
3. 掌握FOR指令的使用方法。
4. 掌握表达式的编辑、使用方法。
5. 掌握工件位置计算方法。

技能目标：

1. 能够设计重叠式码垛流程。
2. 能够声明数值型变量。
3. 能够标定吸盘工具。
4. 能够编制重叠式码垛程序。
5. 能够记录取放位置数据。

素养目标：

1. 培养学生创新能力、安全意识。
2. 培养学生精益求精的工匠精神、团结协作精神及沟通能力。

实践训练

一、声明数值型变量

重叠代码垛应用
实操演示

（1）打开主界面，点击"程序数据"界面，选中"num"，点击"显示数据"按钮，如图 4-1-2 所示。

（2）系统中显示已声明"reg1"～"reg5"变量。新建变量，点击"新建..."按钮，如图 4-1-3 所示。

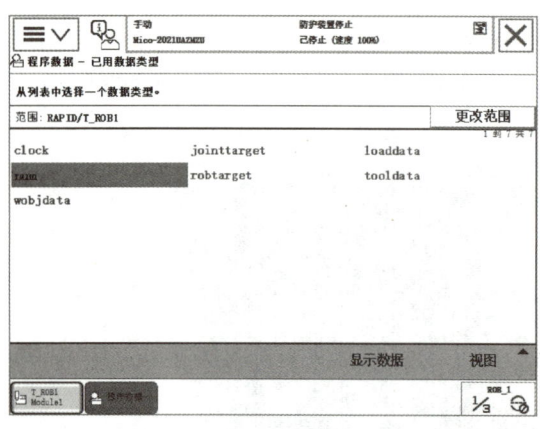

图 4-1-2 进入"程序数据"界面　　　　图 4-1-3 新建 num 数据

（3）将变量名称更改为"i"，范围设为全局，存储类型设为变量，其他参数不修改，点击"确定"按钮，创建变量"i"，如图 4-1-4 所示。

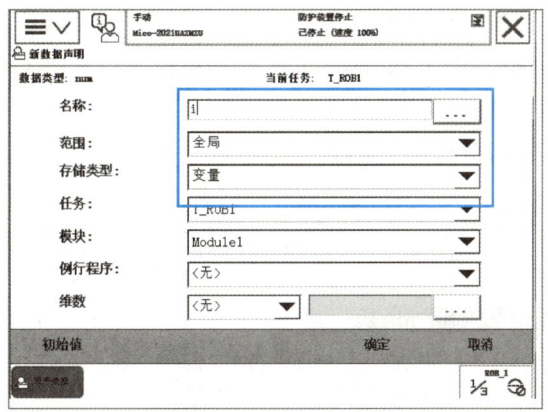

图 4-1-4　创建变量"i"

（4）新建"n""pickhang""picklie""puthang""putlie""putceng""pickoffsX""pickoffsY""putoffsX""putoffsY""putoffsZ"变量，如图 4-1-5 所示。

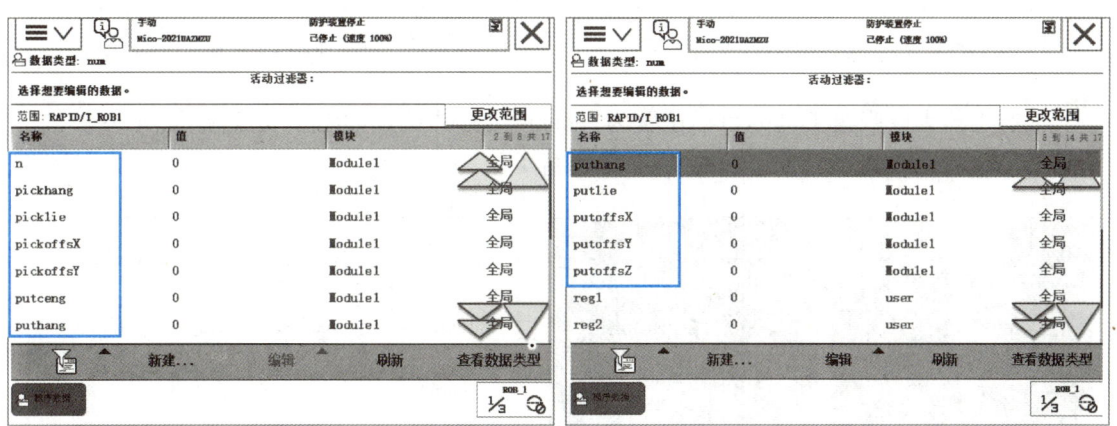

图 4-1-5　创建全部变量

二、标定吸盘工具

（1）创建新工具数据，命名为"xipantool"，如图 4-1-6 所示。

（2）采用"TCP 默认方向"、4 点法来标定"xipantool"吸盘工具数据。

（3）将吸盘工具质量、中心等参数添加到吸盘工具数据中。

三、码垛程序编写

创建码垛程序，利用 FOR 指令编写码垛程序。

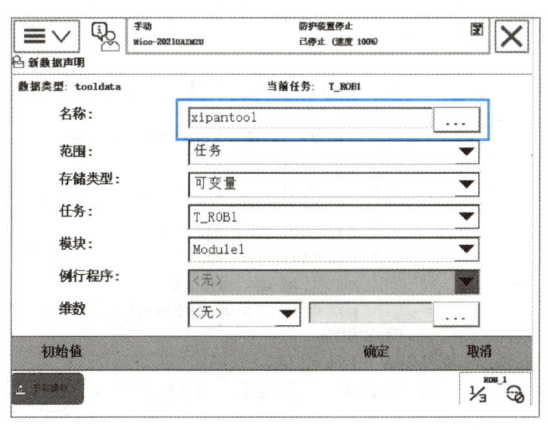

图 4-1-6　创建吸盘工具数据

121

（1）创建并编写主程序，再创建取吸盘工具例行程序"pickt"、放吸盘工具例行程序"putt"、吸持点位置计算例行程序"pickjisuan"、放置点位置计算例行程序"putjisuan"和码垛例行程序"maduo"，如图 4-1-7 所示。

（2）编写取吸盘工具例行程序"pickt"，如图 4-1-8 所示。

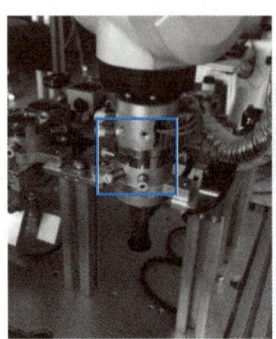

图 4-1-7　创建例行程序

```
PROC pickt()
    MoveAbsJ home\NoEOffs, v1000, z50, tool0;
    Set YV1;
    Reset YV2;
    WaitTime 1;
    Reset YV3;
    Reset YV4;
    MoveJ p100, v200, z20, tool0;
    MoveL Offs(gongju,0,0,150), v200, z20, tool0;
    MoveL gongju, v50, fine, tool0;
    Set YV2;
    Reset YV1;
    WaitTime 1;
    MoveL Offs(gongju,0,0,150), v50, fine, tool0;
    MoveJ p100, v200, z20, tool0;
    MoveAbsJ home\NoEOffs, v200, z20, tool0;
ENDPROC
```

图 4-1-8　取吸盘工具例行程序

工业机器人取吸盘工具的目标位置为"gongju"，具体位置如图 4-1-9 所示。

（3）编写放吸盘工具例行程序"putt"，如图 4-1-10 所示。

图 4-1-9　取吸盘工具的目标位置

```
PROC putt()
    MoveAbsJ home\NoEOffs, v200, z20, tool0;
    Reset YV3;
    Reset YV4;
    MoveJ p100, v200, z20, tool0;
    MoveL Offs(gongju,0,0,150), v200, z20, tool0;
    MoveL gongju, v50, fine, tool0;
    Set YV1;
    Reset YV2;
    WaitTime 1;
    MoveL Offs(gongju,0,0,150), v50, fine, tool0;
    MoveJ p100, v200, z20, tool0;
    MoveAbsJ home\NoEOffs, v200, z20, tool0;
ENDPROC
```

图 4-1-10　放吸盘工具例行程序

（4）编写吸持点位置计算例行程序"pickjisuan"，如图 4-1-11 所示。

（5）编写放置点位置计算例行程序"putjisuan"，如图 4-1-12 所示。

```
PROC pickjisuan()
    pickhang:=n DIV 4;
    picklie:=n MOD 4;
    pickoffsX:=picklie*50;
    pickoffsY:=pickhang*75;
ENDPROC
```

```
PROC putjisuan()
    puthang:= (n MOD 4) DIV 2;
    putlie:= (n MOD 4) MOD 2;
    putceng:=(n DIV 4)+1;
    putoffsX:=putlie*31;
    putoffsY:=puthang*31;
    putoffsZ:=(putceng-1)*12;
ENDPROC
```

图 4-1-11　吸持点位置计算例行程序　　图 4-1-12　放置点位置计算例行程序

（6）编写码垛例行程序"maduo"，如图 4-1-13 所示。

```
PROC maduo()
    MoveAbsJ home\NoEOffs, v200, fine, tool0;
    FOR i FROM 0 TO 7 DO
    pickjisuan;
    putjisuan;
    n:=n+1;
    MoveJ Offs(pick,pickoffsX,pickoffsY,100), v200, z20, xipantool;
    MoveL offs(pick,pickoffsX,pickoffsY,0), v200, fine, xipantool;
    Set YV5;
    WaitTime 2;
    WaitDI SEN1, 1;
    MoveL Offs(pick,pickoffsX,pickoffsY,100),v200, z20, xipantool;
    MoveL Offs(put, putoffsX,putoffsY,putoffsZ+150), v200, z20, xipantool;
    MoveL Offs(put, putoffsX,putoffsY,putoffsZ), v200, fine, xipantool;
    Reset YV5;
    Set YV4;
    WaitDI SEN1, 0;
    Reset YV4;
    MoveL Offs(put, putoffsX,putoffsY,putoffsZ+150),v100,z20,xipantool;
ENDFOR
    MoveAbsJ home\NoEOffs, v200, fine, tool0;
ENDPROC
```

图 4-1-13　码垛例行程序

工业机器人吸持工件的目标基准位置为 pick 点，放置工件的目标基准位置为 put 点，如图 4-1-14 所示。

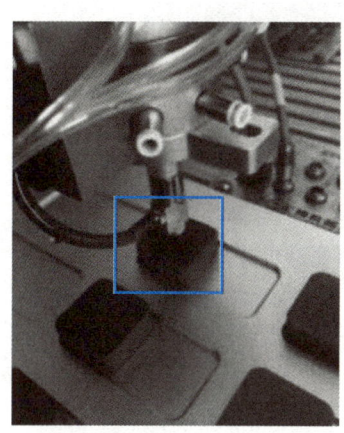 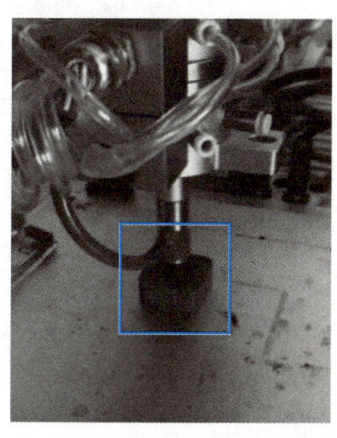

（a）吸持工件的目标基准位置　　　　（b）放置工件的目标基准位置

图 4-1-14　吸持、放置工件的目标基准位置

四、记录取放位置数据

（1）打开"程序数据"，选中"robtarget"，点击"显示数据"按钮，如图 4-1-15 所示。

（2）在大地坐标系下将工业机器人移动到取吸盘工具位置，点击"编辑"按钮，在弹出的列表中选择"修改位置"按钮，将数据保存到 gongju 点中，如图 4-1-16 所示。取吸盘工具位置如图 4-1-9 所示。

（3）在工具坐标系"xipantool"下将工业机器人移动到吸持工件目标基准位置，点击"编辑"按钮，在弹出的列表中选择"修改位置"选项，将数据保存到 pick 点中，如图 4-1-17 所示。

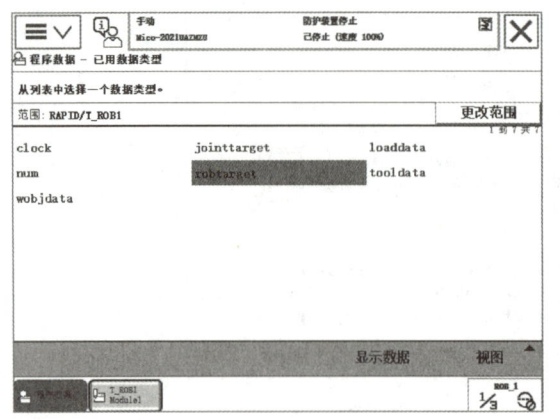

图 4-1-15　显示程序数据　　　　　　　图 4-1-16　吸持吸盘工具数据

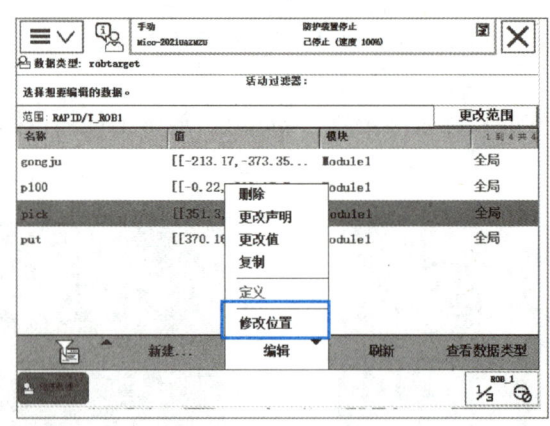

图 4-1-17　吸持工件目标基准位置数据

（4）吸持工件的目标基准位置 pick 如图 4-1-14（a）所示，然后按照同样方法修改放置工件的目标基准位置变量"put"的值，放置工件的目标基准位置如图 4-1-14（b）所示。

 理论基础

一、码垛

码垛是制造业必不可少的环节，即将形状基本一致的产品按照一定的要求堆叠起来。

传统的码垛工作主要靠人工完成，码垛机出现后，码垛工作已渐渐由码垛机取代。码垛工艺是将已装入容器的纸箱、袋装物品等按一定排列码放在托盘、栈板（木质、塑胶）上，以便叉车将物品运至仓库储存。

二、码垛垛型

码垛垛型是指工件有规律、整齐、平稳地码放时的样式。生产实际中，码垛垛型通常有

重叠式和交错式两种,交错式垛型又分为纵横交错式、旋转交错式和正反交错式。如图 4-1-18 所示。

　　　(a) 重叠式　　　　　(b) 纵横交错式　　　　(c) 旋转交错式　　　　(d) 正反交错式

图 4-1-18　码垛垛型

1. 重叠式

重叠式垛型中各层货物的码放方式相同,且上下对应。这种垛型的优点是操作速度快,并且各层货物重叠之后,包装物 4 个角和边重叠垂直,能承受较大的重量。而这种垛型的缺点是各层之间缺少咬合,稳定性差,容易塌垛。

2. 交错式

(1) 纵横交错式:该垛型中相邻两层货物的摆放旋转 90°,一层呈横向放置,下一层呈纵向放置,且层间有一定的咬合效果,但咬合强度不高。这种垛型可利用托盘转向器,在装完一层后,转向器旋转 90°,工业机器人只需用同一种装盘方式便可实现纵横交错装盘。

(2) 旋转交错式:该垛型中每一层相邻的两个货物都互呈 90°,两层间的码放又互相呈 180°。这样,相邻两层之间咬合交叉,其优点是托盘上的货物稳定性高,不易塌垛;其缺点是码放难度较大,且中间形成空穴,会降低托盘装载能力。

(3) 正反交错式:该垛型中同一层中不同列的货物呈 90°,垂直码放,而相邻两层的货物码放形式是另一层旋转 180°的形式。这种垛型类似于房屋建筑中砖的砌筑方式,不同层间的咬合强度较高,相邻层之间不重缝,因此码放后稳定性很高,但操作比较麻烦,且货物之间不是垂直面互相承受载荷,所以下部容易被压坏。

三、码垛系统

码垛机器人取代人工或码垛机完成工件的自动码垛,在码垛行业有着相当广泛的应用,主要适用于大批量、重复性强或是工作环境具有高温、粉尘等恶劣条件的情况。

1. 码垛机器人的特点

码垛机器人,具有通用性强、作业效率高、工作状态稳定的优点,能够减少工人的繁重体力劳动,已在各个行业中发挥重大作用。归纳其特点如下。

(1) 动作稳定,可提高搬运精准度。

(2) 占地面积小,动作范围大,有利于客户厂房中生产线的布置,并可留出较大的库房面积。可在狭窄的空间有效地使用。

(3) 能耗低,降低运行成本。通常机械式码垛机的功率在 26 kW 左右,而码垛机器人的功率在 5 kW 左右。

(4）提高生产效率，减少繁重的体力劳动，可实现无人或少人生产。

(5）可在有毒、有害环境中使用。

(6）柔性高、适应性强，可实现多形状、不规则物料搬运。

(7）能保证批量生产的一致性。

(8）只需定位抓取点和摆放点，示教方法简单，可降低制造成本、提高生产效益。

2. 码垛机器人的分类

在码垛工艺中，工作负载较大，为了能够达到稳定、平衡的工作要求，在实际生产中，码垛机器人本体多为4轴带有连杆的结构，且其后面配有平衡杠，该结构主要起增加力矩和平衡的作用。

码垛机器人不能进行横向或纵向移动，主要安装于生产线末端，用于对包装完成的产品进行有规则的堆放。故常见的码垛机器人多为关节式码垛机器人、摆臂式码垛机器人和龙门式码垛机器人。

3. 码垛机器人的系统组成

码垛机器人需要与相应的辅助设备组成一个柔性化系统，才能进行码垛作业。以关节式码垛机器人为例，主要由机器人本体、机器人控制柜、码垛系统（气体发生装置爪、液压发生装置等）组成。如图4-1-19所示。

关节式码垛机器人常见本体多为4轴，亦有5轴、6轴码垛机器人，但在实际包装码垛物流线中，5轴、6轴码垛机器人应用相对较少。

码垛主要在生产线末端进行，码垛机器人安装在底座（或固定座）上，其位置的高低由生产线高度、托盘高度及码垛层数

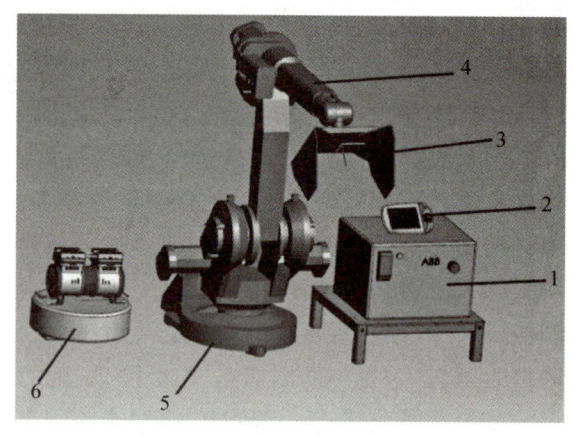

1. 机器人控制柜；2. 示教器；3. 手爪；
4. 机器人本体；5. 底座；6. 气体发生装置爪

图4-1-19　码垛机器人组成

共同决定。多数情况下，码垛要求的精度没有机床上下料搬运精度高。操作者可通过示教器和操作面板进行码垛机器人运动位置和动作程序的示教，设定运动速度、码垛参数等。

4. 码垛机器人的末端执行器

码垛机器人的末端执行器又称为机器人手爪，是夹持物品移动的一种装置，其工作原理同搬运机器人类似，常见的末端执行器有吸附式、夹板式、抓取式、组合式。如图4-1-20所示。

在码垛中，吸附式末端执行器主要为气吸附，广泛应用于医药、食品、烟酒等行业。

夹板式末端执行器是码垛机器人中最常用的，主要用于整箱或规则盒码垛，可用于各行各业，其夹持力度比吸附式末端执行器大，可一次码一箱（盒）或多箱（盒），并且两侧板光滑，不会破坏码垛产品外观。常见的夹板式末端执行器有单板式和双板式，侧板的一侧都会有可旋转的爪钩，需要单独机构控制，工作状态下爪钩与侧板成90°，起到撑托物件及防止物料在高速运动中脱落的作用。

 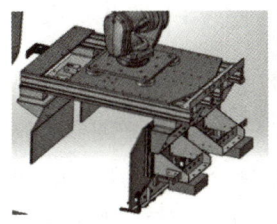 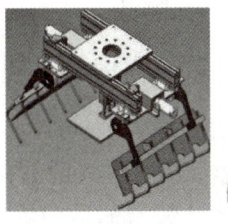 

　　（a）吸附式　　　　　（b）夹板式　　　　　（c）抓取式　　　　　　（d）组合式

图 4-1-20　末端执行器

抓取式末端执行器可灵活适应不同形状和内含物（如大米、沙砾、塑料、水泥、化肥等）物料袋的码垛。

组合式末端执行器是通过组合来获得各单组末端执行器优势的一种末端执行器，其灵活性较大，各单组手爪之间既可单独使用又可配合使用，可同时满足多个工位的码垛。

5. TCP 确定

对码垛机器人而言，因末端执行器不同而设置 TCP 在不同位置。对吸附式末端执行器而言，其 TCP 一般设在法兰盘中心线与吸盘所在平面交点的连线上，并延伸一段距离，距离的长短依据吸附物料高度确定。夹板式末端执行器和抓取式末端执行器的 TCP 一般设在法兰中心线与手爪前端面交点处；组合式末端执行器的 TCP 设定需依据起主要作用的单组末端执行器确定。

四、FOR 指令

1. FOR 指令结构

在 ABB 机器人系统中，FOR 指令是重复执行判断指令。当一个或多个指令重复多次时，使用 FOR 指令。在"Common"或"Prog. Flow"指令标签内可找到该指令。

FOR 指令结构说明见表 4-1-1。

表 4-1-1　FOR 指令结构说明

项目	说明

指令结构	FOR \<ID> FROM \<EXP1> TO \<EXP2> STEP \<EXP3> DO
	\<SMT>
	ENDFOR

\<ID>	循环判断变量
\<EXP1>	变量起始值，第一次运行时循环判断变量将等于这个值
\<EXP2>	变量终止值，或称为末尾值
\<EXP3>	变量的步长，也称为步进值，每运行一次循环程序，变量值将加上这个步长值，在默认情况下，步长\<EXP>是隐藏的，是可选变元项
\<SMT>	循环程序

2. FOR 指令执行

FOR 指令执行的具体步骤如下。

（1）评估起始值、终止值和步进值的表达式。

（2）向循环计数器分配起始值。

（3）检查循环计数器的数值,以查看其数值是否介于起始值和终止值之间,或者是否等于起始值或终止值。如果循环计数器的数值在此范围之外,则 FOR 循环停止,且程序继续执行 ENDFOR 下方的指令。反之,执行步骤（4）。

（4）执行 FOR 循环中的指令。

（5）按照步进值,使循环计数器增量（或减量）。

（6）从步骤（1）开始,重复 FOR 循环。

具体程序流程如下：程序指针执行到 FOR 指令,第一次运行时,变量<ID>的值等于<EXP1>的值,然后执行循环程序<SMT>,执行完以后,变量<ID>的值自动加上步长<EXP3>的值；然后程序指针跳去 FOR 指令开头,第二次判断变量<ID>的值是否在<EXP1>起始值和<EXP2>终止值之间,如果满足条件,则程序指针继续第二次执行循环程序<SMT>,同样执行完后变量<ID>的值继续自动加上步长<EXP3>的值；然后程序指针又跳到 FOR 指令开头,第三次判断变量是否在起始值和终止值之间,如果条件成立,则又重复执行循环程序<SMT>,变量又自动加上步长值；直到判断出变量<ID>的值不在起始值和终止值时,程序指针才跳出 FOR 指令,从 ENDFOR 后面继续往下执行。其执行流程如图 4-1-21 所示。

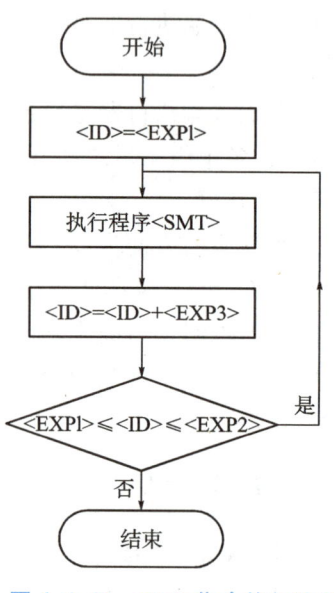

图 4-1-21　FOR 指令执行流程

3. 举例说明

FOR 指令实例,见表 4-1-2。将变量 n 和 i 赋值为 0,经过 FOR 指令循环后,变量 n 和 i 的值也将随之变化。

表 4-1-2　FOR 指令实例

序号	程序	程序说明
1	n：=0；	变量 n 赋值为 0
2	i：=0；	变量 i 赋值为 0
3	FOR i FROM 0 TO 6 DO	FOR 循环 7 次
4	n：=n+100；	变量 $n = n + 100$
5	WaitTime3；	等待 3 s
6	ENDFOR	FOR 循环结束
7	i：=i+1；	变量 i 自增 1
8	WaitTime3；	等待 3 s

FOR 指令实例程序[for1( )]如图 4-1-22 所示。

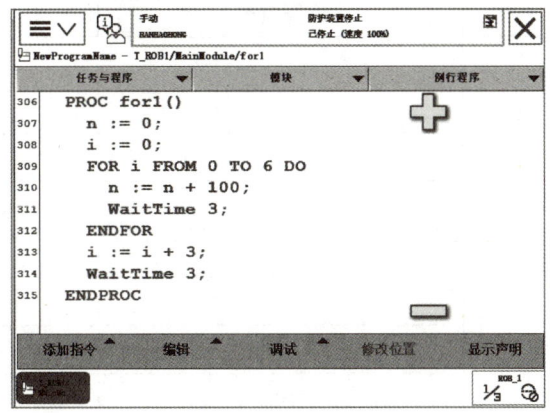

图 4-1-22　FOR 指令实例程序

五、表达式的编辑

1. 使用功能按钮编辑表达式

在程序编写过程中,有时参数是几个变量或者常量的逻辑运算结果,不再是单个的变量或常量,此时表达式就起到非常关键的作用。表达式指定了一个值的求值方法,在程序中用占位符"<EXP>"来表示。

(1) 表达式编辑按钮

系统提供表达式的编辑功能。如果当前编辑的指令参数支持表达式形式,在示教器右侧边栏会显示表达式编辑工具。表达式编辑工具按钮功能见表 4-1-3。

表 4-1-3　表达式编辑工具按钮功能

序号	按钮	功能
1	←	选择前一个操作数
2	→	选择后一个操作数
3	＋	在选中操作数的右侧增加一个操作数及运算符(默认为+)
4	－	删除选中的操作数及其左侧运算符
5	( )	在选中操作数两侧最近位置增加一对括号。如果选中的是运算符,则在相邻的操作数两侧增加一对括号
6	●	减少选中操作数两侧最近的一对括号

(2) 运算符类型

系统支持三类运算符,分别为四则运算、比较运算和逻辑运算,具体见表 4-1-4。

表 4-1-4 运算符

运算类型	运算符号	名称
四则运算	+	加法
	-	减法
	*	乘法
	/	除法
比较运算	=	等于
	<>	不等于
	>	大于
	<	小于
	>=	大于等于
	<=	小于等于
逻辑运算	AND	位与
	OR	位或
	NOT	位取反
	XOR	位异或

（3）运算符优先级

相关运算符的相对优先级决定了求值的顺序。圆括号能够覆写运算符的优先级。运算符的优先级见表 4-1-5。

表 4-1-5 运算符的优先级

优先级	运算符
最高	*、/、DIV、MOD
↑	+、-
	<、>、<>、<=、>=、=
	AND
最低	XOR、OR、NOT

理论上，运算式的编写只有在需要改变优先级时才使用圆括号。实际上，出于对程序易读性的考虑，使用圆括号更容易将运算级别表达清楚。

除了运算符，系统还支持使用单个操作数的函数来实现复杂运算，经过函数运算后的操作数仍被视为一个操作数，即函数运算不改变操作数的数量，并且它的运算优先级也高于运算符。

2. 直接编辑表达式

除了使用功能键编辑表达式外，系统还支持直接编辑表达式，也就是对选定操作数或者整个指令的编辑。在"编辑"菜单中选择"全部",则可在输入框内对整个程序语句进行编辑,要求与选定内容相同。

在"编辑"菜单中选择"ABC..."选项,对所选程序语句进行整体编辑,如图 4-1-23 所示。

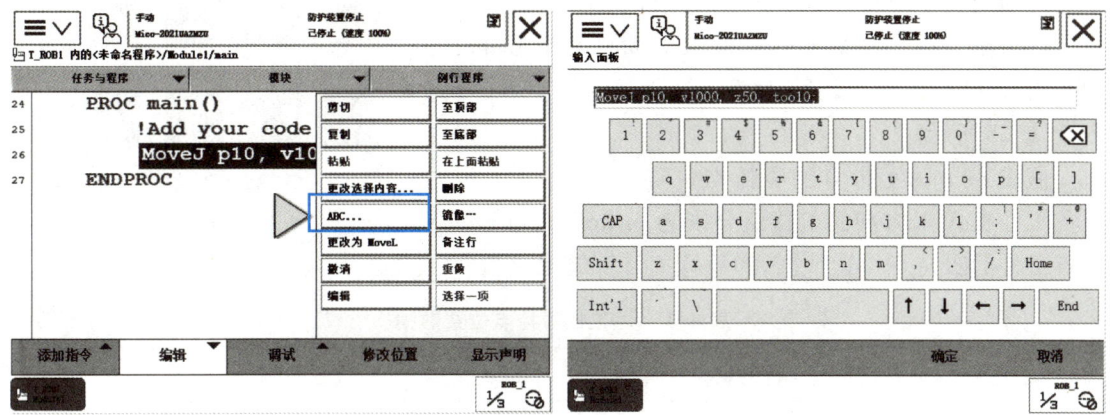

图 4-1-23　"ABC"语句编辑

编辑时不能改变格式,如果格式出错,系统以红色字体提示出错部分。

六、程序流程图

使用 FOR 指令实现重叠式码垛程序的编写,以码放的工件数作为循环次数,基于工件数计算出每个工件的取放位置。满足循环判断条件则执行取工件、放工件程序,循环次数加 1 后再次判断是否满足循环判断条件,若满足则继续执行,直到不满足循环判断条件后跳出循环。重叠式码垛程序流程如图 4-1-24 所示。

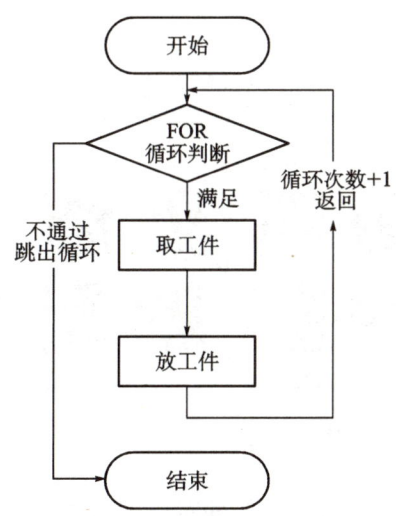

图 4-1-24　重叠式码垛程序流程

七、工件位置计算

1. 工件吸持位置计算

循环变量从 0 开始计数,即工件数为 0～7,行数为 0～1,列数为 0～3,令 0、1、2、3 号工件为第 0 行,4、5、6、7 号工件为第 1 行。设第 n 号工件对应的行数为 pickhang,列数为 picklie,其中行间距为 50 mm,列间距为 75 mm,如图 4-1-25 所示。

假设 pick 为工件 0 的吸持点位置,即目标基准位置。设各工件在 X、Y 方向的偏移值分别为 pickoffsX、pickoffsY,则各工件的吸持点位置数据,即偏移值计算结果见表 4-1-6。

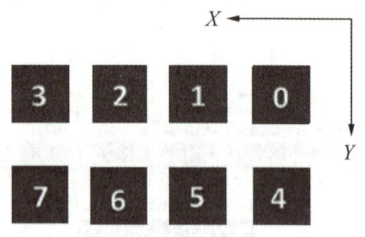

图 4-1-25 重叠式码垛示意

表 4-1-6 工件吸持点位置数据

工件号	行列数	位置数据	
0	0 行 0 列	pickoffsX = 0	pickoffsY = 0
1	0 行 1 列	pickoffsX = 50	pickoffsY = 0
2	0 行 2 列	pickoffsX = 100	pickoffsY = 0
3	0 行 3 列	pickoffsX = 150	pickoffsY = 0
4	1 行 0 列	pickoffsX = 0	pickoffsY = 75
5	1 行 1 列	pickoffsX = 50	pickoffsY = 75
6	1 行 2 列	pickoffsX = 100	pickoffsY = 75
7	1 行 3 列	pickoffsX = 150	pickoffsY = 75

2. 工件放置位置计算

工件放置位置的行间距为 31 mm,列间距为 31 mm,层间距为 12 mm。令 0、1、2、3 号工件为第 1 层,4、5、6、7 号工件为第 2 层,如图 4-1-26 所示。

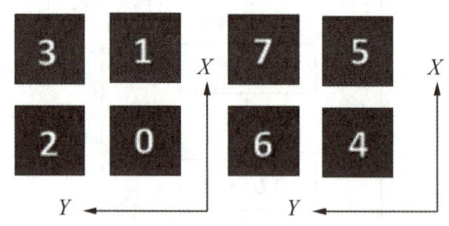

图 4-1-26 工件放置位置

0、1 号工件为 0 行,0、2 号为 0 列。工件对应的行数为 puthang,列数为 putlie,层数为 putceng。假设 put 位置为码放工件 0 的位置,即目标基准位置,设各工件在 X、Y、Z 方向的偏移值分别为 putoffsX、putoffsY、putoffsZ。每件工件对应放置位置的行列及相应偏移值的计算结果见表 4-1-7。

表 4-1-7　工件放置点位置数据

工件号	行列层数	位置数据		
0	0 行 0 列 1 层	putoffsX = 0	putoffsY = 0	putoffsZ = 0
1	0 行 1 列 1 层	putoffsX = 31	putoffsY = 0	putoffsZ = 0
2	1 行 0 列 1 层	putoffsX = 0	putoffsY = 31	putoffsZ = 0
3	1 行 1 列 1 层	putoffsX = 31	putoffsY = 31	putoffsZ = 0
4	0 行 0 列 2 层	putoffsX = 0	putoffsY = 0	putoffsZ = 12
5	0 行 1 列 2 层	putoffsX = 31	putoffsY = 0	putoffsZ = 12
6	1 行 0 列 2 层	putoffsX = 0	putoffsY = 31	putoffsZ = 12
7	1 行 1 列 2 层	putoffsX = 31	putoffsY = 31	putoffsZ = 12

八、重叠式码垛程序

重叠式码垛程序及说明见表 4-1-8。

表 4-1-8　重叠式码垛程序及说明

程序	程序说明
PROC main( )	主程序开始
pickt;	调用取工具例行程序"pickt"
maduo;	调用码垛例行程序"maduo"
putt;	调用放工具例行程序"putt"
ENDPROC	主程序结束
PROC maduo( )	码垛例行程序开始
MoveAbsJ home\NoEOffs, v200, fine, tool0;	工业机器人从原点出发
FOR i FROM 0 TO 7 DO	FOR 循环 8 次
pickjisuan;	调用吸持点位置计算程序
putjisuan;	调用放置点位置计算程序
n:=n+1;	变量 n 自加 1
MoveJ Offs(pick, pickoffsX, pickoffsY, 100), v200, z20, xipantool;	到达吸持点位置接近点
MoveL Offs(pick, pickoffsX, pickoffsY, 0), v200, fine, xipantool;	准确到达吸持点位置
Set YV5;	吸盘吸持工件
WaitTime 2;	等待 2 s
WaitDI SEN1, 1;	等待真空检测信号为 1

（续表）

程序	程序说明
MoveL Offs(pick,pickoffsX,pickoffsY,100),v200,z20,xipantool;	返回吸持位置接近点
MoveL Offs(put,putoffsX,putoffsY,putoffsZ+150),v200,z20,xipantool;	到达放置位置接近点
MoveL Offs(put,putoffsX,putoffsY,putoffsZ),v200,fine,xipantool;	准确到达工件放置位置点
Reset YV5;	吸盘释放工件
Set YV4;	开启真空破坏
WaitDI SEN1,0;	等待真空检测信号为0
Reset YV4;	关闭真空破坏
MoveL Offs(put,putoffsX,putoffsY,putoffsZ+150),v200,z20,xipantool;	返回工件放置位置接近点
ENDFOR	FOR循环结束
MoveAbsJ home\NoEOffs,v200,fine,tool0;	返回机器人原点
ENDPROC	码垛例行程序结束

关联图谱

重叠式码垛应用编程相关知识											
码垛定义、垛型		码垛系统认识		FOR指令		表达式的编辑		程序流程图		程序编写	
掌握码垛的定义、码垛的基本垛型	认识常见的基本垛型	掌握码垛机器人的特点、分类、系统组成、末端执行器、TCP确定方法	熟悉码垛系统的基本组成、末端执行器,并能完成TCP确定	熟悉FOR指令结构、执行方法	能够使用FOR指令编程	熟悉功能按钮编辑表达式、直接编辑表达式	能够使用FOR指令编程	正确使用表达式进行编程	了解重叠式码垛程序流程设计方法	能够设计程序流程	掌握工件位置计算方法、声明数值型变量方法、标定吸盘工具方法、码垛程序编写方法、取放位置数据记录步骤	声明数值型变量、标定吸盘工具、码垛程序编写、记录取放位置数据
理论	实践	理论	实践	理论	实践	理论	实践	理论	实践	理论	实践

任务实施记录单及验收单

任务名称：重叠式码垛应用		实施日期： 年 月 日	
任务要求	了解码垛定义、垛型,掌握码垛机器人的系统组成、末端执行器,理解并使用FOR指令,能够设计重叠式码垛流程,并且能标定吸盘工具、编写重叠式码垛程序,验证程序		
学习重点			
学习难点			
计划用时		实际用时	
组别		组长	
组员姓名			
成员任务分工			
实施场地			
现场6S管理			
任务实施步骤与信息记录	(任务实施过程中重要的信息记录,是撰写工程说明书和工程交接手册的主要文档资料,可另附纸张) 1. 码垛定义、分类 2. 码垛系统认识 3. FOR指令 4. 表达式的编辑 5. 程序流程图 		

（续表）

任务实施步骤 与信息记录	6. 工件位置计算 7. 变量声明 8. 码垛程序编写 9. 位置数据记录
综合评价	1. 目标完成情况 2. 存在问题 3. 改进方向

任务二　纵横交错式码垛应用

 任务概述

现有一批长方体工件，工件长为 60 mm，宽为 30 mm，高为 12 mm。本任务为利用工业机器人将 2 行 4 列整齐摆放的 8 个工件［图 4-2-1（a）］，码垛成纵横交错式结构［图 4-2-1（b）］。通过工业机器人码垛程序的编写，了解纵横交错式码垛垛型，掌握条件判断指令 IF 和无条件跳转指令 GOTO 的使用方法，实现 8 个工件纵横交错式码垛。

（a）码垛前工件摆放

（b）码垛后工件摆放

图 4-2-1　码垛位置摆放

知识目标：
1. 掌握条件判断指令 IF 的使用方法。
2. 掌握无条件跳转指令 GOTO 的使用方法。
3. 掌握工件位置计算方法。

技能目标：
1. 能够设计纵横交错式码垛流程。
2. 能够声明数值型变量。
3. 能够标定吸盘工具。
4. 能够编制纵横交错式码垛程序。
5. 能够记录取放位置数据。

素养目标：
1. 培养学生创新能力、安全意识。
2. 培养学生团结协作精神、精益求精的工匠精神及沟通能力。

纵横交错式码垛
应用实操演示

一、声明数值型变量

新建"n""pickhang""picklie""puthang""putlie""putceng""pickoffsX""pickoffsY""putoffsX""putoffsY""putoffsZ""putoffsA"变量，如前文图 4-1-5 所示。

二、标定吸盘工具

采用"TCP 默认方向"、4 点法标定"xipantool"吸盘工具数据，并将吸盘工具的质量、中心等参数添加到吸盘工具数据中。

三、编写纵横交错码垛程序

编写纵横交错式码垛程序。

```
PROC maduo( )
    Label1:
    pickjisuan;
    putjisuan;
    MoveJ Offs(pick,pickoffsX,pickoffsY,100), v200, z20, xipantool;
    MoveL Offs(pick,pickoffsX,pickoffsY,0), v200, fine, xipantool;
    Set YV5;
    WaitDI SEN1, 1;
    MoveL Offs(pick,pickoffsX,pickoffsY,100), v200, z20, xipantool;
    MoveL RelTool(put,putoffsX,putoffsY, putoffsZ-100\Rz:=putoffsA),v200,z20, xipantool;
    MoveL RelTool(put,putoffsX,putoffsY, putoffsZ\Rz:=putoffsA),v200,fine, xipantool;
    Reset YV5;
    Set YV4;
    WaitDI SEN1, 0;
    Reset YV4;
    MoveL RelTool(put,putoffsX,putoffsY, putoffsZ-100\Rz:=putoffsA),v200,z20, xipantool;
    Incr n;
    IF n=8 THEN
    GOTO Label2;
    ENDIF
    GOTO Label1;
    Label2:
ENDPROC
```

四、记录取放位置数据

（1）在工具坐标系"xipantool"下，将工业机器人移动到吸持工件的目标基准位置，点击"编辑"按钮，在弹出的列表中选择"修改位置"选项，将数据保存到 pick 点中。吸持工件的目标基准位置 pick 点如图 4-2-2(a)所示。

（2）按照同样方法修改放置工件的目标基准位置变量 put 的值，put 点的位置如图 4-2-2(b)所示。

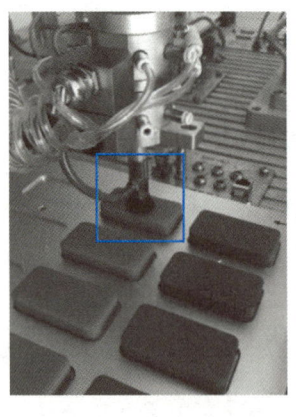
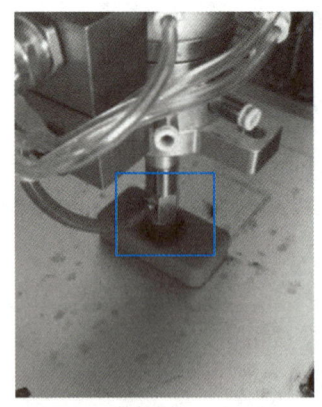

(a) 吸持工件的目标基准位置 pick 点　　(b) 放置工件的目标基准位置 put 点

图 4-2-2　工件基准位置

理论基础

一、IF 指令

条件判断指令 IF 用于进行条件判断,根据判断结果而执行相应的程序分支内容。IF 指令是编程语言中的重要组成部分,位于"Common"或"Prog. Flow"指令标签内,如图 4-2-3 所示。

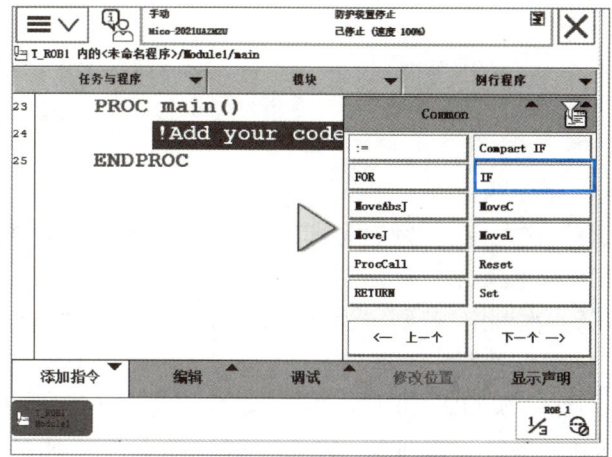

图 4-2-3　IF 指令所在位置

1. IF 指令结构

IF 指令结构如图 4-2-4 所示。

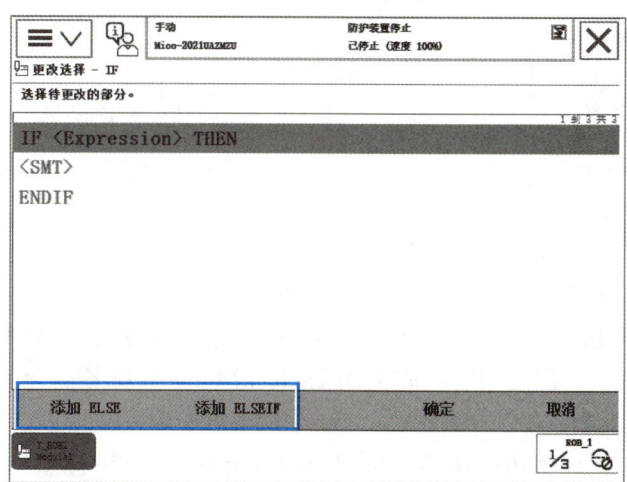

图 4-2-4　IF 指令结构

使用 IF 指令的语句为 IF 语句,IF 语句中可添加 ELSE、ELSEIF,进行逻辑嵌套,可根据实际判断条件进行选择。IF 语句结构有 3 种类型,单分支结构、双分支结构和多分支结构,如图 4-2-5 所示。

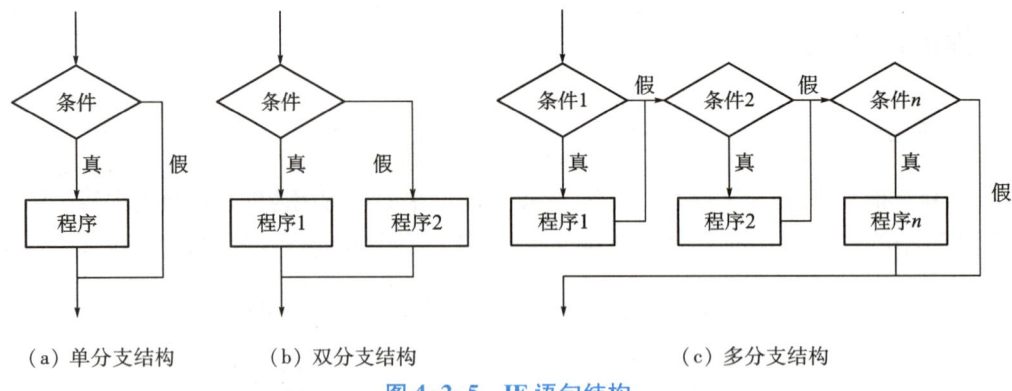

（a）单分支结构　　　　（b）双分支结构　　　　　　　（c）多分支结构

图 4-2-5　IF 语句结构

2. IF 指令执行

（1）单分支结构 IF 指令执行

IF 语句对条件进行一次判定,若判定为真,则执行后面的程序,否则跳过程序。

（2）双分支结构 IF 指令执行

IF 语句对条件进行一次判定,若判定为真,则执行程序 1,否则执行程序 2。

（3）多分支结构 IF 语句执行

IF 语句对条件 1 进行一次判定,若判定为真,则执行程序 1,程序 1 执行完成后执行条件 2 的判定,否则直接执行条件 2 的判定。以此类推,直到条件 n,如果满足条件 n 则执行程序 n 后跳出程序,否则直接跳出程序。

IF 语句示例程序如下,该程序执行效果为:判断 i 是否大于 1,若大于 1,则设置信号 YV1、重置信号 YV2;反之,则重置信号 YV1、设置信号 YV2。

```
IF i>1 THEN
    Set YV1;
    Reset YV2;
ELSE
    Reset YV1;
    Set YV2;
ENDIF
```

二、GOTO 指令

1. GOTO 指令结构

无条件跳转结构指令 GOTO 在"Prog. Flow"指令标签内可找到,如图 4-2-6 所示。该指令结构如图 4-2-7 所示,在使用时应先使用 Lable 指令,创建标签。

2. GOTO 指令执行

GOTO 指令用于将程序执行转移到相同程序内的另一线程(标签)中。GOTO 指令的使用格式为:GOTO<Label>。

其中,<Label>为标签,它是程序中的一个标签位置。执行指令 GOTO 后,工业机器人将从相应标签位置<Label>处继续执行程序。在使用该指令时,标记不得与以下内容相同:①同一程序内的所有其他标记;②同一程序内的所有数据名称。因为标签会隐藏在其所在程序内具有相同名称的全局数据和程序中。

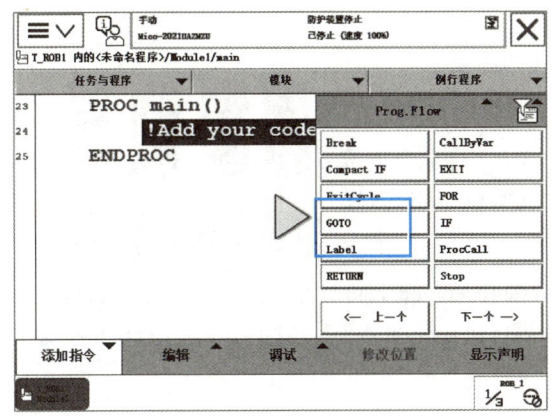 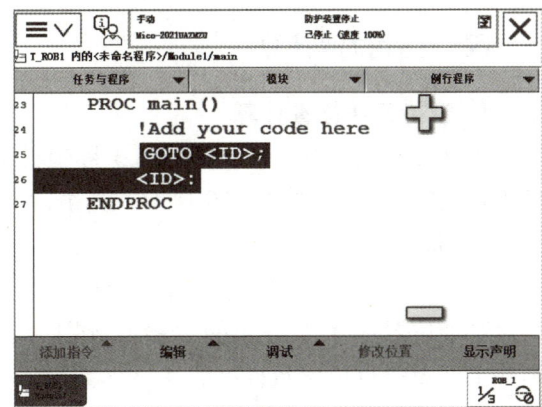

图 4-2-6　GOTO 语句所在位置　　　　　图 4-2-7　GOTO 指令结构

GOTO 指令结合标签的应用示例程序如下。

```
PROC goto1( )
    MoveAbsJ home\NoEOffs, v200, fine, tool0;
    GOTO Label1;
    MoveL p10,v1000,fine,tool0;
    Label1:
    MoveL p20,v1000,fine,tool0;
ENDPROC
```

当执行"GOTO Lable1;"语句时,程序无条件转移到标签 Lable1 的位置执行,其下方的程序(本实例中为"MoveL p10, v1000, fine tool0;")将不会被执行。

三、纵横交错码垛程序流程

使用跳转结构实现循环,以码放的工件数作为循环次数,基于工件计数计算每个工件的取放位置,进而设计纵横交错式码垛程序流程,如图 4-2-8 所示。

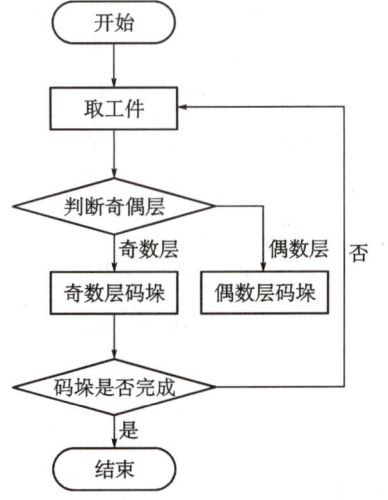

图 4-2-8　纵横交错式码垛程序流程

四、工件位置计算

1. 吸持工件位置计算

工件计数从 0 开始,令 0、1、2、3 号工件为第 0 行,4、5、6、7 号工件为第 1 行,如图 4-2-9 所示。其中,行间距为 50 mm,列间距为 75 mm。

假设 pick 点为吸持工件 0 的目标位置即基准位置,各工件相对基准位置在 X、Y 方向的偏移值分别为 pickoffsX、pickoffsY,则各工件吸持点位置数据见表 4-2-1。

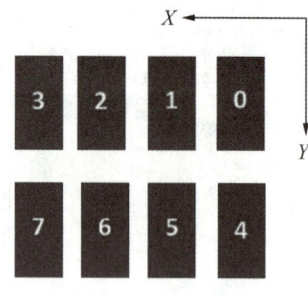

图 4-2-9　工件吸持位置

表 4-2-1　工件吸持点位置数据

工件号	行列数	位置数据	
0	0 行 0 列	pickoffsX = 0	pickoffsY = 0
1	0 行 1 列	pickoffsX = 50	pickoffsY = 0
2	0 行 2 列	pickoffsX = 100	pickoffsY = 0
3	0 行 3 列	pickoffsX = 150	pickoffsY = 0
4	1 行 0 列	pickoffsX = 0	pickoffsY = 75
5	1 行 1 列	pickoffsX = 50	pickoffsY = 75
6	1 行 2 列	pickoffsX = 100	pickoffsY = 75
7	1 行 3 列	pickoffsX = 150	pickoffsY = 75

令工件计数为 n(从 0 开始),各工件对应的吸持点位置计算程序为"pickjisuan"。

2. 工件放置位置计算

假设各工件码垛位置在 X、Y、Z 方向的偏移值分别为 putoffsX、putoffsY、putoffsZ。每两个工件为 1 层,不同的层数的工件的码放方向不同,putoffsX 与 putoffsY 的计算方法会随奇偶层数变化,还需定义工件的旋转角度 putoffsA。其中,行间距为 31 mm,层间距为 12 mm,如图 4-2-10 所示。其中,工件 2 在工件 1 的上一层,putoffsZ 为 1 个层间距 12 mm,putoffsA 为 90,即旋转了 90°。

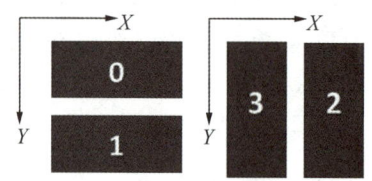

图 4-2-10　工件放置位置

每一层的偏移值为固定值即工件高度。由于偏移计算需要使用 Reltool 功能,工具坐标系 Z 方向与大地坐标系相反,应取"-"表示负方向,所以系数是"-12"。putoffsZ 的计算程序如下:

```
putoffsZ：=(NDIV2)*(-12);
```

由于层计数 n 从 0 开始,n 为 1、3、5、7 实际对应的是偶数层,即第 2、4、6、8 层。偶数层的 X、Y 值及角度偏移值计算程序如下。

```
ELSEIF((nDIV2)MOD2)=1THEN
    putoffsX:=16;
    putoffsY:=16-(nMOD2)*32;
    putoffsA:=90;
```

由于层计数 n 从 0 开始，n 为 0、2、4、6 时实际对应的是奇数层即第 1、3、5、7 层。奇数层的 X、Y 值及角度偏移值计算程序如下：

```
IF((nDIV2)MOD2)=0THEN
    putoffsX:=(nMOD2)*32;
    putoffsY:=0;
    putoffsA:=0;
```

假设 put 点为放置工件 0 的目标位置即基准位置，且各工件相对放置工件 0 的目标位置在 X、Y、Z 方向的偏移值分别为 putoffsX、putoffsY、putoffsZ，角度偏移值为 putoffsA，则各工件放置点位置数据见表 4-2-2。

表 4-2-2 工件放置点位置数据

工件号	层数	位置数据			
0	1 层奇数层	putoffsX = 0	putoffsY = 0	putoffsZ = 0	putoffsA = 0
1	1 层奇数层	putoffsX = 32	putoffsY = 0	putoffsZ = 0	putoffsA = 0
2	2 层偶数层	putoffsX = 16	putoffsY = 16	putoffsZ = -12	putoffsA = 90
3	2 层偶数层	putoffsX = 16	putoffsY = -16	putoffsZ = -12	putoffsA = 90
4	3 层奇数层	putoffsX = 0	putoffsY = 0	putoffsZ = -24	putoffsA = 0
5	3 层奇数层	putoffsX = 32	putoffsY = 0	putoffsZ = -24	putoffsA = 0
6	4 层偶数层	putoffsX = 16	putoffsY = 16	putoffsZ = -36	putoffsA = 90
7	4 层偶数层	putoffsX = 16	putoffsY = -16	putoffsZ = -36	putoffsA = 90

各工件对应的放置点的偏移值的计算程序"putjisuan"如图 4-2-11 所示。

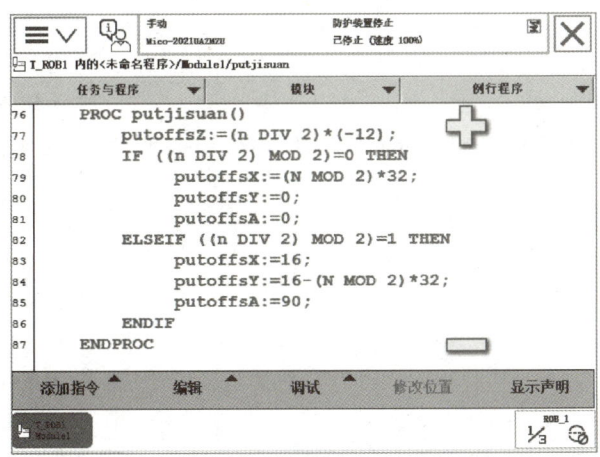

图 4-2-11 工件放置点位置计算程序

五、纵横交错式码垛程序

纵横交错式码垛程序及说明见表 4-2-3。

表 4-2-3 纵横交错式码垛程序及说明

程序	程序说明
PROC main( )	主程序开始
pickt;	调用取工具例行程序"pickt"
MoveAbsJ home\NoEOffs, v200, z20, tool0;	
maduo;	调用码垛例行程序"maduo"
MoveAbsJ home\NoEOffs, v200, z20, tool0;	
putt;	调用放工具例行程序"putt"
ENDPROC	主程序结束
PROC maduo( )	码垛例行程序开始
Label1:	Label1 标签
pickjisuan;	调用吸持点位置计算程序
putjisuan;	调用放置点位置计算程序
MoveJ Offs(pick,pickoffsX,pickoffsY,100), v200, z20, xipantool;	到达吸持位置接近点
MoveL offs(pick,pickoffsX,pickoffsY,0), v200, fine, xipantool;	准确到达吸持位置
Set YV5;	吸盘吸持工件
WaitTime 2;	等待 2 s
WaitDI SEN1, 1;	等待真空检测信号为 1
MoveL Offs(pick,pickoffsX,pickoffsY,100),v200, z20, xipantool;	返回吸持工件位置接近点
MoveL RelTool(put,putoffsX,putoffsY, putoffsZ-100\Rz:=putoffsA), v200,z20, xipantool;	到达放置工件位置接近点
MoveL RelTool(put, putoffsX, putoffsY, putoffsZ\Rz:=putoffsA), v200,fine, xipantool;	准确到达放置工件位置点
Reset YV5;	吸盘释放工件
Set YV4;	开启真空破坏
WaitDI SEN1, 0;	等待真空检测信号为 0
Reset YV4;	关闭真空破坏
MoveL RelTool(put,putoffsX,putoffsY, putoffsZ-100\Rz:=putoffsA), v200,z20, xipantool;	返回工件放置位置接近点
Incr n;	变量 n 自增 1
IF n=8 THEN	判断 n 是否等于 8
GOTO Label2;	无条件跳转到 Label2
ENDIF	
GOTO Label1;	无条件跳转到 Label1
Label2:	Label2 标签
ENDPROC	码垛例行程序结束

关联图谱

纵横交错式码垛应用相关知识

IF 指令		GOTO 指令		程序流程图		工件位置计算		程序编写	
掌握IF指令结构及执行方法	正确使用IF指令进行编程	掌握GOTO指令结构及执行方法	正确使用GOTO指令进行编程	了解纵横交错式码垛程序流程图设计方法	能够设计程序流程图	掌握工件吸持位置计算、放置位置计算方法	正确使用表达式进行编程	掌握声明数值型变量、标定吸盘工具、码垛程序编写、记录取放位置数据步骤	能够声明数值型变量、标定吸盘工具、码垛程序编写、记录取放位置数据
理论	实践	理论	实践	理论	实践	理论	实践	理论	实践

任务实施记录单及验收单

任务名称：纵横交错式码垛应用		实施日期： 年 月 日	
任务要求	理解并学会使用条件判断指令 IF、无条件跳转指令 GOTO,能够设计纵横交错式码垛流程,并且能编写纵横交错式码垛程序		
学习重点			
学习难点			
计划用时		实际用时	
组别		组长	
组员姓名			
成员任务分工			
实施场地			
现场5S管理			
任务实施步骤与信息记录	(任务实施过程中重要的信息记录,是撰写工程说明书和工程交接手册的主要文档资料,可另附纸张) 1. IF 指令 2. GOTO 指令 		

145

任务实施步骤与信息记录	3. 程序流程图 4. 工件位置计算 5. 变量声明 6. 码垛程序编写 7. 位置数据记录
综合评价	1. 目标完成情况 2. 存在问题 3. 改进方向

任务三　旋转交错式码垛应用

任务概述

现有一批长方体工件,工件长为 60 mm,宽为 30 mm,高为 12 mm,如图 4-3-1(a)所示。利用机器人将 3 行 4 列整齐摆放的 12 个工件,码垛成旋转交错式的结构,如图 4-3-1(b)所示。通过旋转交错式码垛程序编写,了解旋转交错式码垛类型,掌握 WHILE 指令、TEST 指令和计时指令的使用方法。

（a）码垛前工件摆放结构

（b）码垛后工件摆放结构

图 4-3-1　旋转交错式码垛工件摆放

任务目标

知识目标：
1. 掌握 WHILE 指令的使用方法。
2. 掌握 TEST 指令的使用方法。
3. 掌握工件位置计算方法。

技能目标：
1. 能够设计旋转交错式码垛流程。
2. 能够声明数值型变量。
3. 能够标定吸盘工具。
4. 能够编写旋转交错式码垛程序。
5. 能够记录工件取、放位置数据。

素养目标：
1. 培养学生创新能力和安全意识。
2. 培养学生团结协作精神及沟通能力。

实践训练

旋转交错式码垛
应用实操演示

一、声明数值型变量

新建"n""pickhang""picklie""puthang""putlie""putceng""pickoffsX""pickoffsY""putoffsX""putoffsY""putoffsZ""putoffsA"变量。

二、标定吸盘工具

采用"TCP 默认方向"、4 点法标定"xipantool"吸盘工具数据,并将吸盘工具质量、中心等参数添加到工具吸盘数据中。

三、编写旋转交错式码垛程序

编写旋转交错式码垛程序如下。

```
PROC maduo( )
    WHILE putceng<3 DO
        pickjisuan;
        putjisuan;
        MoveJ Offs(pick,pickoffsX,pickoffsY,100), v200, z20, xipantool;
        MoveL offs(pick,pickoffsX,pickoffsY,0), v200, fine, xipantool;
        Set YV5;
        WaitTime 2;
        WaitDI SEN1, 1;
        MoveL Offs(pick,pickoffsX,pickoffsY,100),v200, z20, xipantool;
        Incr n;
        MoveL RelTool(put,putoffsX,putoffsY,putoffsZ-100\Rz:=putoffsA),v200,z20,xipantool;
        MoveL RelTool(put,putoffsX,putoffsY,putoffsZ\Rz:=putoffsA),v200,fine,xipantool;
        Reset YV5;
        Set YV4;
        WaitDI SEN1, 0;
        Reset YV4;
        MoveL RelTool(put,putoffsX,putoffsY, putoffsZ-100\Rz:=putoffsA),v200,z20, xipantool;
        putceng:=n DIV 4;
    ENDWHILE
ENDPROC
```

四、记录取放位置数据

（1）在工具坐标系"xipantool"下将工业机器人移动到吸持工件基准位置，点击"编辑"按钮，在弹出列表选择"修改位置"选项，将数据保存到 pick 点中。

（2）将工业机器人移动到吸持和放置参考点位置，在"程序数据"窗口修改工件位置。

理论基础

一、WHILE 指令

条件判断循环指令 WHILE 在"Common"或"Prog. Flow"指令标签内可找到。

1. WHILE 指令结构

WHILE 指令结构，如图 4-3-2 所示。

其中，<EXP>是循环判断条件，光标选中它，再点击即可输入内容；<EXP>可以是表达式，也可以是多个表达式之间的"与""或"等关系，循环条件判断的结果只有真或假。<SMT>是指令输入占位符，光标选中<SMT>，再点击"添加指令"按钮即可对其修改、编辑。

2. WHILE 指令执行

WHILE 指令一般用于根据特定条件而重复执行相关程序的情况,即只要 WHILE 指令后面的<EXP>条件成立,则一直执行 WHILE 和 ENDWHILE 之间的指令片段,直到 WHILE 后面的<EXP>条件不成立,程序指针才跳出循环,到 ENDWHILE 的下一条指令继续往下执行。一般 WHILE 指令后面的条件<EXP>要放在 WHILE 和 ENDWHILE 指令之间。

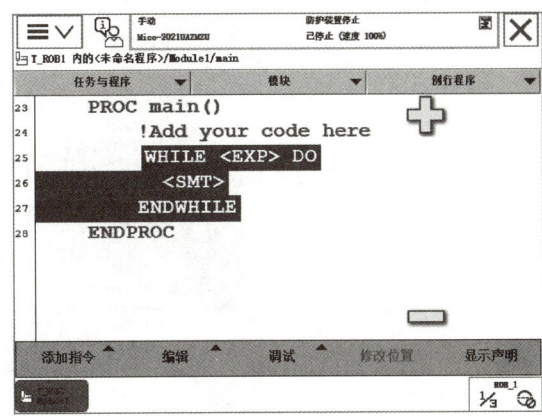

图 4-3-2 WHILE 指令结构

WHILE 指令的示例程序如下。

```
PROC while1( )
    n:=10;
    i:=1;
    WHILE i <= 10 DO
    i:=i+1;
    n:=n-1;
    WaitTime 3 ;
    ENDWHILE
ENDPROC
```

该程序的执行流程为:初始化 n 为 10,i 为 1;执行 WHILE 指令,先判断 $i<=10$ 条件是否成立,如果条件成立,则执行循环语句中的内容,循环语句中的每执行一次,i 自动加一,n 自动减 1;执行完一次后,程序指针又跳到 WHILE 指令开始处进行,第二次判断 $i<=10$ 条件是否成立,条件成立则继续执行循环语句中的内容,直到条件 $i<=10$ 不成立,即 i 为 11 时,程序执行指针跳转到 ENDWHILE 指令后,结束 WHILE 指令,继续执行后面的程序。

3. 无限 WHILE 循环

无限 WHILE 循环的格式如下:

```
WHILE TRUE DO
<SMT>
ENDWHILE
```

上述程序中,WHILE 循环的条件判断结果是 TRUE,即条件一直成立,所以,程序指针执行到 WHILE 指令以后,会一直执行 WHILE 循环语句中的内容,即<SMT>,程序指针不会跳到 ENDWHILE 指令后面运行。此时,WHILE 循环是一个死循环,即无限循环。一般可以用在编写程序正常自动运行部分,使工业机器人正常工作时处于一直执行状态。

二、TEST 指令

TEST 指令是根据 TEST 数据执行的指令,在"Prog. Flow"指令标签内可找到。

1. TEST 指令结构

TEST 指令结构,如图 4-3-3 所示。

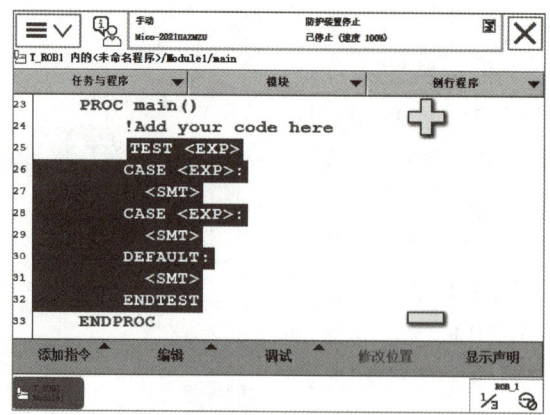

图 4-3-3　TEST 指令结构

其中，<EXP>为 TEST 数据，它可以是数值也可以是表达式；CASE<EXP>中的<EXP>为相应的 CASE 值；<SMT>为相应的 CASE 语句。

TEST 指令的示例程序如下。

```
PROC test1（）
    MoveAbsJ home\NoEOffs, v200, fine, too10;
    TEST n
    CASE 1:
    MoveL p10,v1000, fine,tool0;
    CASE 2,3:
    MoveL p20,v1000, fine,tool0;
    DEFAULT:
    stop;
    ENDTEST
ENDPROC
```

该程序首先对 n 的数值进行判断，如果其值为 1，则执行"CASE 1："下的语句，运动至 p10 点；如果值为 2 或 3，则执行"CASE 2，3："下的语句，运动至 p20 点，否则停止。

2. 使用注意事项

TEST 数据可以是数值也可以是表达式，根据该数据执行相应的 CASE 语句。使用 TEST 指令需要注意以下事项：

（1）TEST 指令可以添加多个"CASE"，但只能有一个"DEFAULT"。

（2）TEST 可以对所有数据类型进行判断，但是进行判断的数据必须有数值。

（3）TEST 指令在选择分支较多时使用，如果选择分支不多，则可以使用 IF…ELSE 指令代替。

（4）如果不同的值对应的程序一样，用"CASExx,xx,…;"来表达，以简化程序。

三、旋转交错式码垛程序流程

使用条件循环结构编写旋转交错式码垛程序，以码放的层数作为循环条件。通过奇偶层数不同以及工件位置分别计算每个工件的取放位置。设计旋转交错式码垛程序流程，如

图 4-3-4 所示。

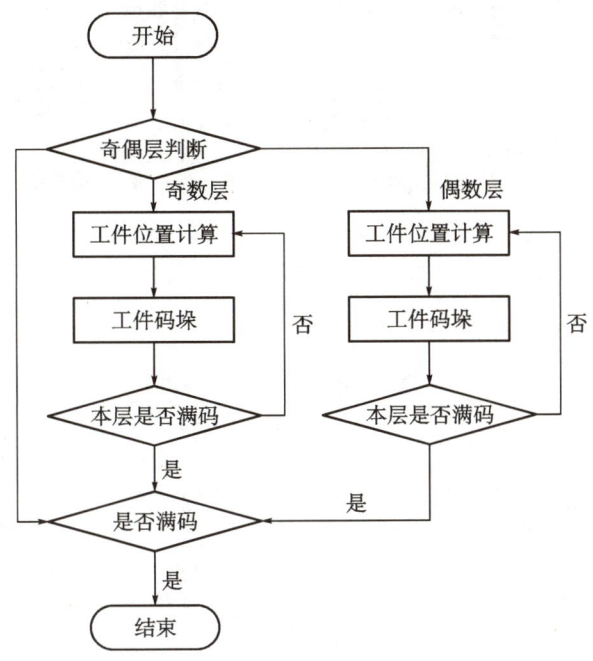

图 4-3-4　旋转交错式码垛流程

四、工件位置计算

1. 工件吸持位置计算

n 为工件计数(从 0 开始),行间距为 50 mm,列间距为 75 mm。假设 pick 点为工件 0 的吸持位置即基准位置,且各工件相对于基准位置在 X、Y 轴方向的偏移值为 pickoffsX、pickoffsY,则各工件的吸持位置对应的偏移值计算程序如下。

```
PROC pickjisuan( )
    pickhang: =n DIV 4;
    picklie: =n MOD 4;
    pickoffsX: =picklie * 50;
    pickoffsY: =pickhang * 75;
ENDPROC
```

2. 工件放置位置计算

单层码放的形式为相邻两工件旋转 90° 首尾相接,相邻两层间旋转 180°,层间距为 12 mm。假设码垛位置在 X、Y、Z 轴方向的偏移值分别为 putoffsX、putoffsY、putoffsZ,角度偏移值为 putoffsA。

每一层的偏移值为固定值,即工件高度,它与层数的关系如图 4-3-5 所示。由于偏移值计算需要使用 Reltool 功能,工具坐标系 Z 方向与大地坐标系相反,向上为负方向,所以系数是"-12"。putoffsZ 的计算程序如下。

```
putoffsZ: =-12 * putceng;
```

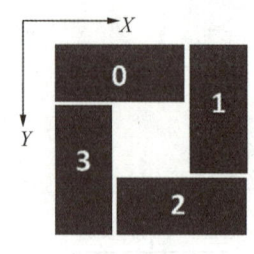
（a）奇数层

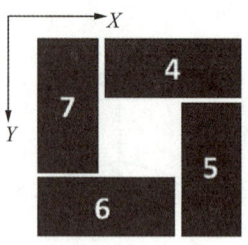
（b）偶数层

图 4-3-5　工件放置位置

各工件的放置点位置数据见表 4-3-1。

表 4-3-1　工件放置点位置数据

工件号	奇偶层	位置数据			
0	奇数层	putoffsX = 32	putoffsY = -16	putoffsZ = 0	putoffsA = 0
1	奇数层	putoffsX = 16	putoffsY = 32	putoffsZ = 0	putoffsA = 90
2	奇数层	putoffsX = -32	putoffsY = 16	putoffsZ = 0	putoffsA = 0
3	奇数层	putoffsX = -16	putoffsY = 32	putoffsZ = 0	putoffsA = 90
4	偶数层	putoffsX = 32	putoffsY = 16	putoffsZ = -12	putoffsA = 0
5	偶数层	putoffsX = -16	putoffsY = 32	putoffsZ = -12	putoffsA = 90
6	偶数层	putoffsX = -32	putoffsY = -16	putoffsZ = -12	putoffsA = 0
7	偶数层	putoffsX = 16	putoffsY = -32	putoffsZ = -12	putoffsA = 90
8	奇数层	putoffsX = 32	putoffsY = -16	putoffsZ = -24	putoffsA = 0
9	奇数层	putoffsX = 16	putoffsY = 32	putoffsZ = -24	putoffsA = 90
10	奇数层	putoffsX = -32	putoffsY = 16	putoffsZ = -24	putoffsA = 0
11	奇数层	putoffsX = -16	putoffsY = 32	putoffsZ = -24	putoffsA = 90

各工件放置点位置对应的偏移值的计算程序如下。

```
PROC putjisuan( )
    putoffsZ:=-12*putceng;
    IF（putceng MOD 2）=1 THEN
        TEST N MOD 4
        CASE 0:
            putoffsX:=30;   putoffsY:=16;   putoffsA:=0;
        CASE 1:
            putoffsX:=-16;  putoffsY:=32;   putoffsA:=90;
        CASE 2:
            putoffsX:=-32;  putoffsY:=-16;  putoffsA:=0;
        CASE 3:
            putoffsX:=16;   putoffsY:=-32;  putoffsA:=90;
        ENDTEST
    ELSEIF（putceng MOD 2）=0 THEN
        TEST N MOD 4
        CASE 0:
            putoffsX:=32;   putoffsY:=-16;  putoffsA:=0;
        CASE 1:
            putoffsX:=16;   putoffsY:=32;   putoffsA:=90;
        CASE 2:
            putoffsX:=-32;  putoffsY:=16;   putoffsA:=0;
        CASE 3:
```

```
            putoffsX:=-16;    putoffsY:=-32;    putoffsA:=90;
        ENDTEST
    ENDIF
ENDPROC
```

五、旋转交错式码垛程序

旋转交错式码垛程序及说明见表 4-3-2。

表 4-3-2　旋转交错式码垛程序及说明

程序	程序说明
PROC main( )	主程序开始
pickt;	调用取工具 pickt 例行程序
MoveAbsJ home\NoEOffs, v200, z20, tool0;	机器人从 home 点开始运动
maduo;	调用码垛 maduo 例行程序
MoveAbsJ home\NoEOffs, v200, z20, tool0;	机器人回到 home 点
putt;	调用放工具 putt 例行程序
ENDPROC	主程序结束
PROCmaduo( )	码垛例行程序开始
WHILEputceng<3 DO	WHILE 循环 3 次
pickjisuan;	调用吸持点位置计算程序
putjisuan;	调用放置点位置计算程序
MoveJ Offs（pick, pickoffsX, pickoffsY, 100）, v200, z20, xipantool;	到达吸持点位置接近点
MoveL offs（pick, pickoffsX, pickoffsY, 0）, v200, fine, xipantool;	准确到达吸持点位置
Set YV5;	吸盘吸持工件
WaitTime 2;	等待 2 s
WaitDI SEN1, 1;	等待真空检测信号为 1
MoveL Offs（pick, pickoffsX, pickoffsY, 100）, v200, z20, xipantool;	返回工件吸持点位置接近点
Incr n;	变量 n 自增 1
MoveL RelTool（put, putoffsX, putoffsY, putoffsZ-100 \ Rz：= putoffsA）, v200, z20, xipantool;	到达工件放置点位置接近点
MoveL RelTool（put, putoffsX, putoffsY, putoffsZ \ Rz：= putoffsA）, v200, fine, xipantool;	准确到达工件点放置位置
Reset YV5;	吸盘释放工件
Set YV4;	开启真空破坏
WaitDI SEN1, 0;	等待真空检测信号为 0
Reset YV4;	关闭真空破坏
MoveL RelTool（put, putoffsX, putoffsY, putoffsZ-100 \ Rz：= putoffsA）, v200, z20, xipantool;	返回工件放置点位置接近点
putceng:=n DIV 4;	n 整除 4 结果赋值给 putceng
ENDWHILE	WHILE 循环结束
ENDPROC	码垛例行程序结束

关联图谱

旋转交错式码垛应用相关知识

WHILE 指令		TEST 指令		程序流程图		工件位置计算		程序编写	
掌握 WHILE 指令结构、执行方法	正确使用 WHILE 指令进行编程	掌握 TEST 指令结构、执行方法	正确使用 TEST 指令进行编程	掌握旋转交错式码垛程序流程图设计方法	能够设计程序流程图	理解工件吸持位置点计算、放置点位置计算方法	正确使用表达式进行编程	理解声明数值型变量、标定吸盘工具、码垛程序编写、记录取放位置数据步骤	能够声明数值型变量、标定吸盘工具、码垛程序编写、记录取放位置数据
理论	实践	理论	实践	理论	实践	理论	实践	理论	实践

任务实施记录单及验收单

任务名称:旋转交错式码垛应用		实施日期	
任务要求	理解并使用 WHILE 指令、TEST 指令,能够设计旋转交错式码垛流程,并且能编写并验证旋转交错式码垛程序		
学习重点			
学习难点			
计划用时		实际用时	
组别		组长	
组员姓名			
成员任务分工			
实施场地			
现场 5S 管理			
任务实施步骤与信息记录	(任务实施过程中重要的信息记录,是撰写工程说明书和工程交接手册的主要文档资料,可另附纸张) 1. WHILE 指令 2. TEST 指令 		

（续表）

任务实施步骤与信息记录	3. 程序流程图 4. 工件位置计算 5. 变量声明 6. 码垛程序编写 7. 位置数据记录
综合评价	1. 目标完成情况 2. 存在问题 3. 改进方向

理论综合测验

一、判断题

（　　）1. 码垛是工业机器人的典型应用，通常分为堆垛和拆垛两种。

（　　）2. IF 条件语句中可嵌套多个 IF 指令。

（　　）3. 编程时，可以随意使用 GOTO 指令来跳转到所需要执行的线程。

（　　）4. WHILE 指令运行时，可能会出现死循环，在编写机器人程序时必须注意。

二、多选题

1. 常见的码垛垛型有（　　）。

A. 重叠式码垛　　　　　　　　　B. 正反交错式码垛

C. 旋转交错式码垛　　　　　　　D. 纵横交错式码垛

2. 码垛机器人常见的末端执行器分为（　　）。

A. 吸附式　　　B. 夹板式　　　C. 抓取式　　　D. 组合式

三、简答题

1. 编写重叠式码垛程序。

2. 设计纵横交错式码垛流程。

3. 编写旋转交错式码垛程序。

项目五

工业机器人装配应用

项目概述

科技的不断发展促使了工业机器人在装配领域得到了广泛的发展和应用。工业机器人具有高精度、高效率、高准确度、无尘无粉、无噪声等优势,可以避免人工的重复性高、操作复杂、易出现疲劳、易受外界因素影响等问题,成为了装配领域中不可或缺的一部分。

本项目包含电机部件装配应用、输出法兰装配应用和关节成品入库应用三个任务,旨在使学生掌握工业机器人装配的基本知识和操作技能,达到工业机器人应用编程证书要求的"能够根据工作任务及安全规范要求,编制装配综合流程的工业机器人应用程序""能够根据工作任务及安全规范要求,编制装配综合流程的工业机器人应用程序""能够根据工艺流程要求及程序运行结果,对装配工业机器人应用程序进行调整"的水平。

任务一 电机部件装配应用

任务概述

电机部件装配是工业机器人装配关节部件任务的第一道工序,主要是对工业机器人进行现场综合应用编程,完成关节底座和电机部件的装配及出库过程。首先,操作人员手动将1个红色关节底座和1个电机部件放置在立体库和旋转供料模块指定位置;然后通过工业机器人在线示教编程,使工业机器人完成电机部件装配任务。

任务目标

知识目标:

1. 掌握装配工业机器人的应用场景和优势。
2. 了解RFID系统的内容和应用。
3. 了解旋转供料单元的构成。
4. 掌握电机部件装配应用装配过程与关键示教点规划方法。

技能目标：
1. 能够使用带参数的例行程序完成工具的快换。
2. 能够按要求完成电机部件装配流程分析。
3. 能够按要求完成电机部件装配应用程序编写及调试。

素养目标：
1. 培养学生的安全生产习惯。
2. 培养学生分析和解决问题的能力。

电机部件装配
应用实操演示

一、工具数组的应用

（1）新建例行程序"pt"。在程序编辑器中新建例行程序"pt"，用于工具的拾取与放置，如图5-1-1所示。新增参数变量"p"，如图5-1-2所示，以确定为拾取或放置第 p 个在快换工具装置模块上的工具。选择"添加"列表中的"添加参数"选项，并输入值"p"，如图5-1-3所示。产生的参数"p"的各项属性如图5-1-4所示。

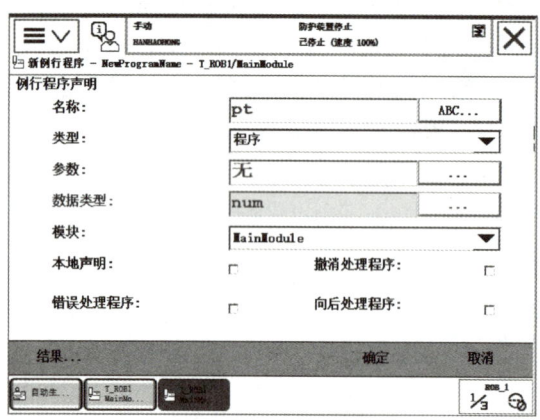

图 5-1-1　新建"pt"例行程序

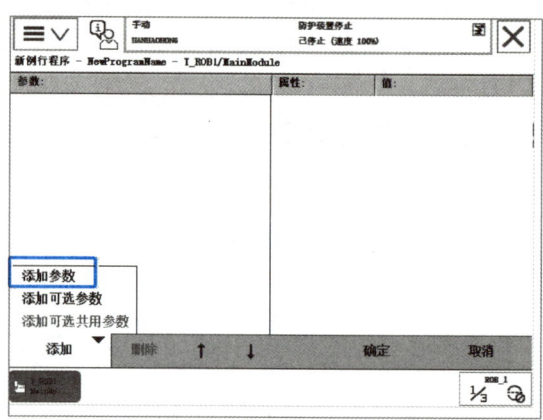

图 5-1-2　添加参数

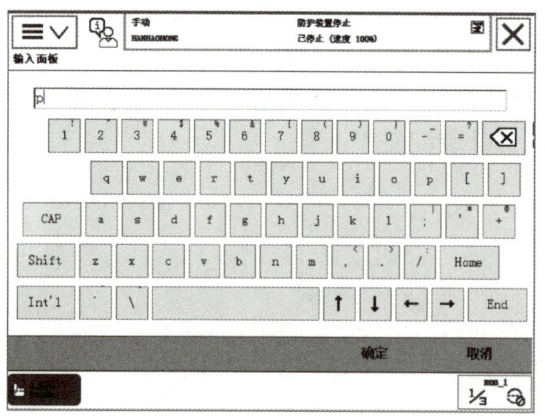

图 5-1-3　添加参数"p"

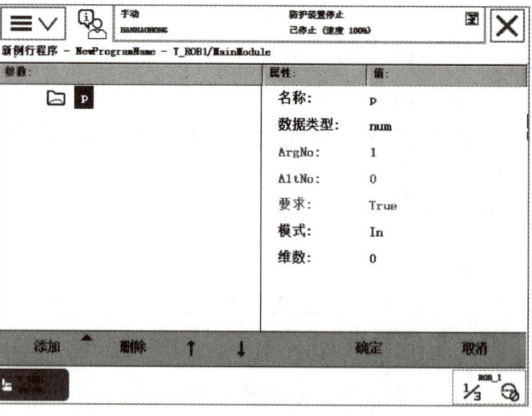

图 5-1-4　参数"p"的属性

（2）新建"tp"数组。在"程序数据"中选择"robtarget"数据类型，如图 5-1-5 所示。新建名称为"tp"的全局范围内的常量数组，并将其设定为 1 维、3 元素数据，如图 5-1-6 所示。

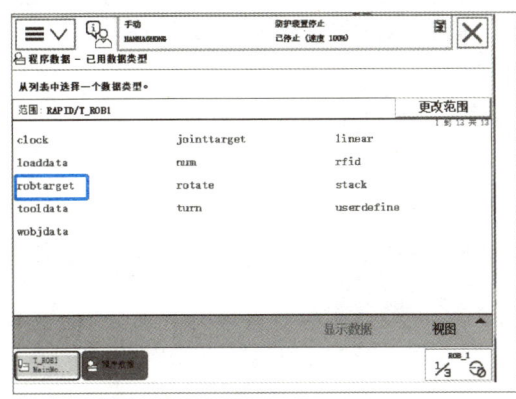

图 5-1-5　选择"robtarget"数据类型

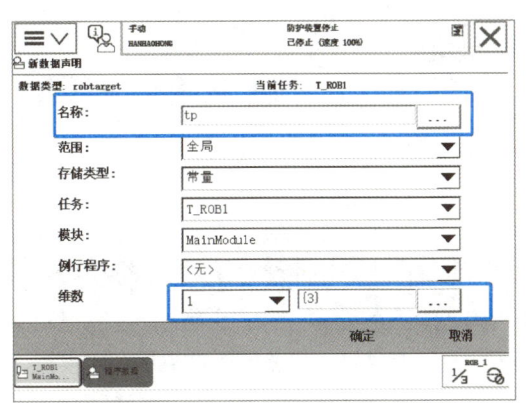

图 5-1-6　添加"tp"数组

（3）更新工具数据。将快换工具装置模块上的工具按需求分别设置：1 组设为弧口手爪工具，2 组设为平口手爪工具，3 组设为吸盘工具。手动操纵工业机器人，到达快换工具装置接近点后，将 YV1 信号置 1，弹珠缩回，慢慢移动工业机器人至弧口手爪工具处，直至工业机器人末端执行器与弧口手爪工具工具侧挨紧后，点击"修改位置"按钮，如图 5-1-7 所示，完成数据更新。以此类推，直至修改完弧口手爪工具、平口手爪工具及吸盘工具数据。

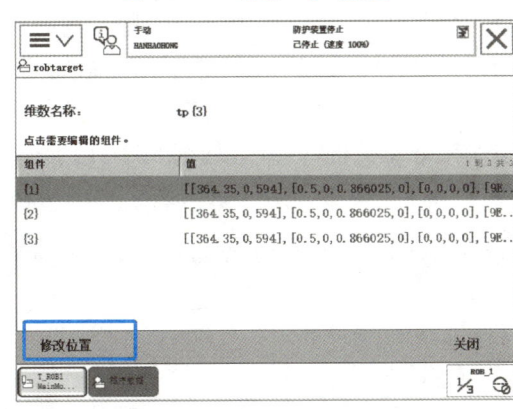

图 5-1-7　更新工具数据

（4）在带参数的例行程序中添加指令。添加"MoveL"指令，点击"表达式…"按钮，如图 5-1-8 所示。找到新建的"tp"数组，如图 5-1-9 所示。在"tp{<EXP>}"部分，点击"<EXP>"，然后点击"编辑"→"仅限选定内容"，如图 5-1-10 所示。输入"p"，完成添加，如图 5-1-11 所示。

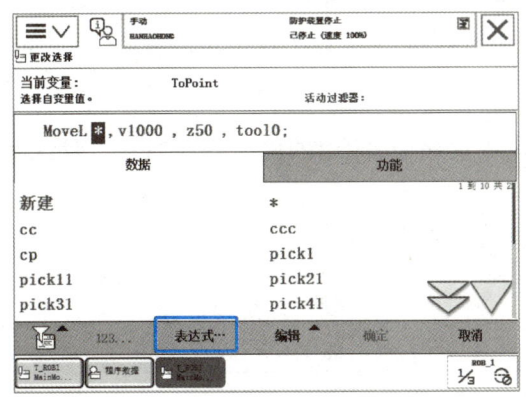

图 5-1-8　选择"表达式…"

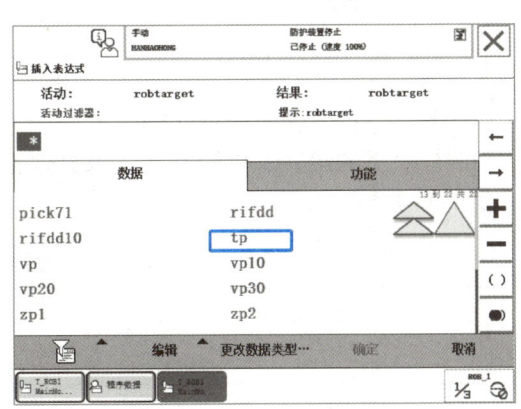

图 5-1-9　选择"tp"数组

159

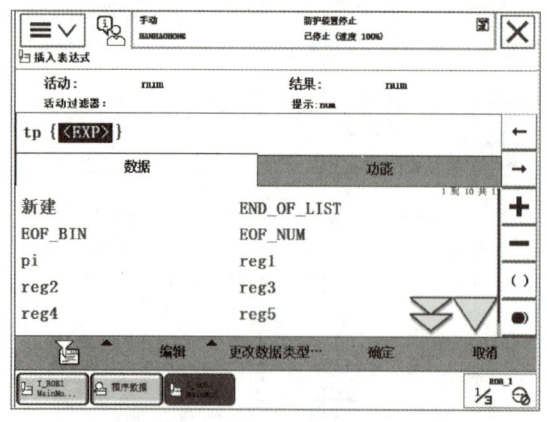
图 5-1-10　编辑"<EXP>"

图 5-1-11　"tp"数组调用数据

(5)在主程序中调用带参数的例行程序。现需调用 1 组弧口手爪工具对应的程序数据"tp"数组,应在主程序中完成调用。在此前的设定中,"p=1"设定为弧口手爪工具。因此,调用 1 组"tp"数组。在主程序中,添加指令"ProcCall",选择"pt"。在"pt<EXP>"中点击"<EXP>",点击"123…"按钮,如图 5-1-12 所示,完成调用设置后输入"1",即可在主程序中调用带参数例行程序,如图 5-1-13 所示。依次类推,如需要抓取 2 组平口手爪工具,则选择"pt 2",需要抓取 3 组吸盘工具则选择"pt 3"。

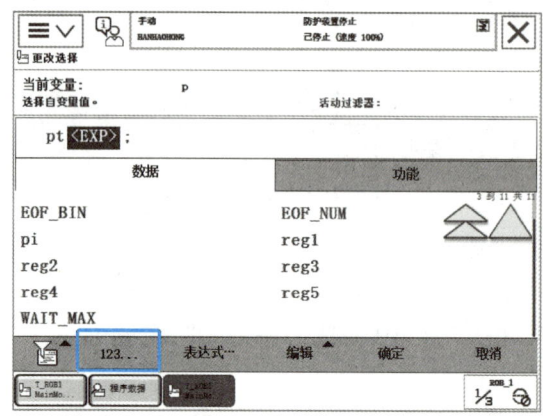
图 5-1-12　带参数的例行程序调用设置

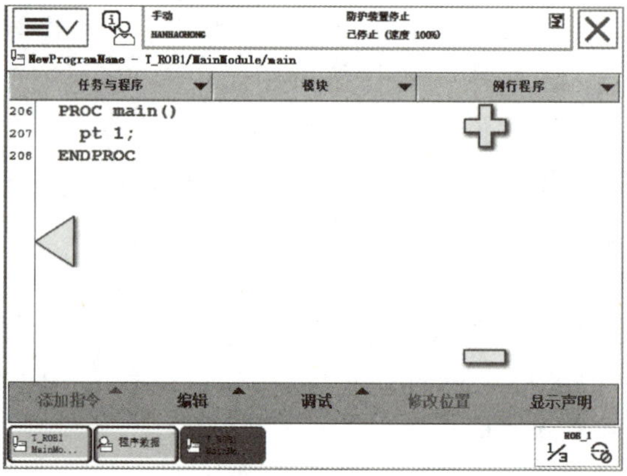

图 5-1-13　在主程序中调用带参数的例行程序

(6)工具数组的应用程序编写。

例行程序的建立及调用。上述工具数组的应用程序中,调用的例行程序"pick"及说明见表 5-1-1。

表 5-1-1　例行程序"pick"及说明

例行程序	说明
pick	将钢珠伸出,使工具与工业机器人连接

例行程序"pt"具体内容及说明见表 5-1-2。

表 5-1-2　例行程序"pt"说明

序号	程序	说明
1	MoveAbsJ home\NoEOffs, v150, fine, tool0;	工业机器人从 home 点出发
2	MoveL Offs (tp{p}, 0, 100, 120), v150, z50, tool0;	到达工具临近点位置
3	MoveL Offs (tp{p}, 0, 0, 120), v20, z50, tool0;	到达工具临近点位置
4	MoveL Offs (tp{p}, 0, 0, 0), v20, fine, tool0;	精准到达工具位置
5	pick;	将钢珠伸出,使工具与工业机器人连接
6	MoveL Offs (tp{p}, 0, 0, 120), v20, z50, tool0;	到达工具临近点位置
7	MoveL Offs (tp{p}, 0, 100, 120), v150, z50, tool0;	到达工具临近点位置
8	MoveAbsJ home\NoEOffs, v150, fine, tool0;	工业机器人回到 home 点

按照步骤进行工业机器人编程及调试,最终得到示教器中的例行程序"pt",如图 5-1-14 所示。

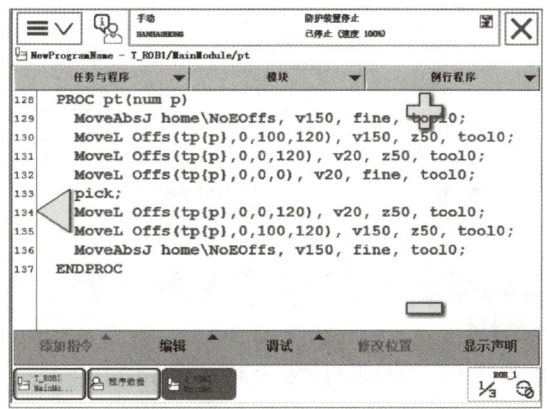

图 5-1-14　例行程序"pt"

二、电机部件装配流程分析

电机部件装配主要完成以下:工业机器人系统初始化并完成外部设备及工业机器人复位;工业机器人从快换工具装置中取弧口手爪工具,RFID 系统读取信息后将红色关节底座搬运到变位机指定位置,定位气缸推出固定关节底座;工业机器人将弧口手爪工具放回至快换工具装置,再次拾取平口手爪工具;工业机器人从旋转供料模块拾取电机部件后,将其装配至固定的关节底座中;工业机器人放回平口手爪工具。因此,使用工业机器人完成电机部件装配的具体流程如下:

(1) 建立电机部件装配应用例行程序"djzp"。

(2) 工业机器人信号复位。

(3) 工业机器人从快换工具装置中取弧口手爪工具。

(4) 工业机器人将红色关节底座从立体库位置搬运至 home 点。

(5) RFID 系统读取并放置红色关节底座到装配点位置。

(6) 定位气缸推出固定关节底座。

(7) 工业机器人工具信号复位。

(8) 工业机器人将弧口手爪工具放回快换工具装置中。

(9) 工业机器人从快换工具装置中取平口手爪工具。

(10) 电机部件从旋转供料模块搬运至 home 点。

(11) RFID 系统读取并装配电机部件。

(12) 工业机器人工具信号复位。

(13) 工业机器将平口手爪工具放回快换装置中。

三、电机部件装配应用程序编写

(1) 新建电机部件装配应用例行程序"djzp",如图 5-1-15 所示。

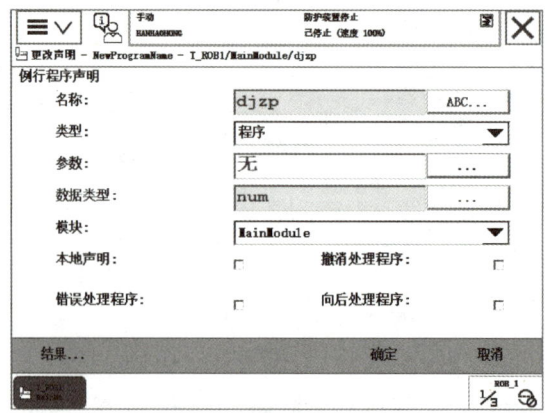

图 5-1-15 新建电机部件装配应用例行程序"djzp"

(2) 工业机器人信号复位。新建复位例行程序"fuwei",如图 5-1-16 所示,并在例行程序"djzp"中调用,如图 5-1-17 所示。

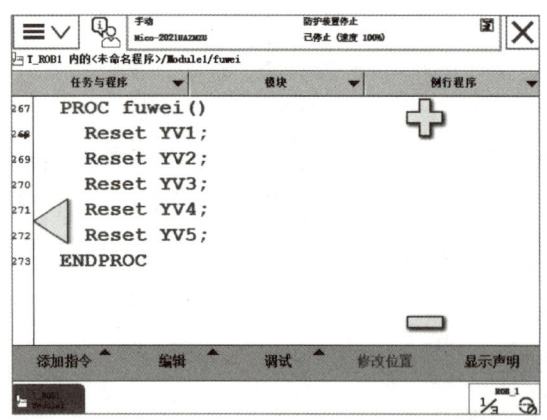

图 5-1-16 例行程序"fuwei"

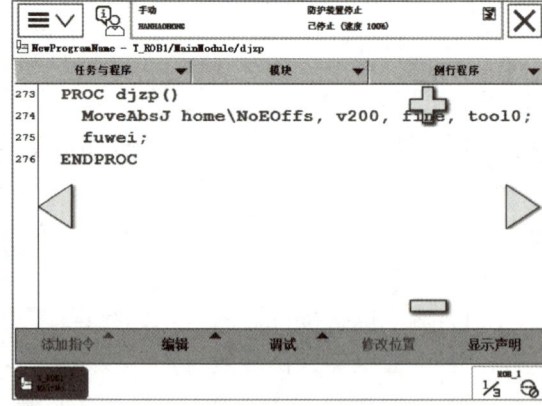

图 5-1-17 调用例行程序"fuwei"

（3）编写工业机器人从快换工具装置中取弧口手爪工具程序。编写调用工具数组的例行程序"djzp"和例行程序"pt"（图 5-1-18）。在例行程序"djzp"中调用"put"和"pt"，工业机器人执行抓取弧口手爪工具动作，如图 5-1-18 所示。

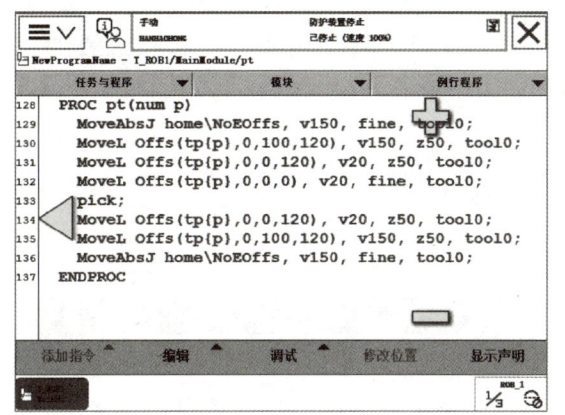 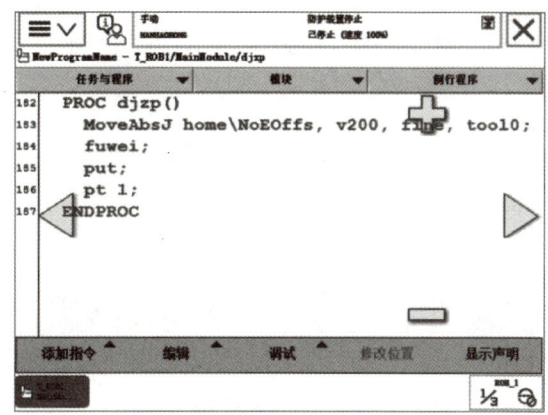

图 5-1-18　带参数例行程序"pt"　　　　　图 5-1-19　调用带参数例行程序"pt"

（4）将红色关节底座从立体库位置搬运至 home 点。首先需要工业机器人从立体库 1 号位置中拾取红色关节底座工件，然后将其搬运至 home 点。例行程序"ltk_home"可以实现此功能，其具体内容及说明见表 5-1-3。

表 5-1-3　例行程序"ltk_home"及说明

序号	程序	说明
1	MoveAbsJ home\NoEOffs, v150, fine, tool0;	工业机器人从 home 点出发
2	MoveAbsJ ltk10\NoEOffs, v150, z50, tool0;	到达立体库拾取工件中间过渡点 ltk10
3	ot;	调用例行程序"ot"，让弧口手爪工具打开
4	MoveL Offs（ltk1, 0, 120, 50）, v150, z50, tool0;	到达立体库拾取红色关节底座过渡点
5	MoveL Offs（ltk1, 0, 0, 50）, v150, z50, tool0;	到达立体库拾取红色关节底座过渡点
6	MoveL Offs（ltk1, 0, 0, 0）, v150, fine, tool0;	精准到达立体库拾取红色关节底座位置
7	ct;	调用例行程序"ct"，让弧口手爪工具闭合
8	WaitTime 2;	等待 2 s
9	MoveL Offs（ltk1, 0, 0, 50）, v150, z50, tool0;	回到立体库拾取红色关节底座过渡点位置
10	MoveL Offs（ltk1, 0, 120, 50）, v150, z50, tool0;	回到立体库拾取红色关节底座过渡点位置
11	MoveAbsJ ltk10\NoEOffs, v150, z50, tool0;	回到立体库拾取工件中间过渡点 ltkp10
12	MoveAbsJ home\NoEOffs, v150, fine, tool0;	工业机器人回到 home 点

例行程序"ltk_home"中涉及拾取工件中间过渡点 ltk10。按现场摆放位置，以关节坐标系的方式记录各轴运动的角度，位置参考为 ltk10 =（0°,−20°,20°,−90°,90°,0°）；ltk1 点的

位置设定为弧口手爪精准抓取立体库 1 号库的位置点。例行程序"ltk_home"内容如图 5-1-20 所示。在例行程序"djzp"中调用例行程序"ltk_home",如图 5-1-21 所示。

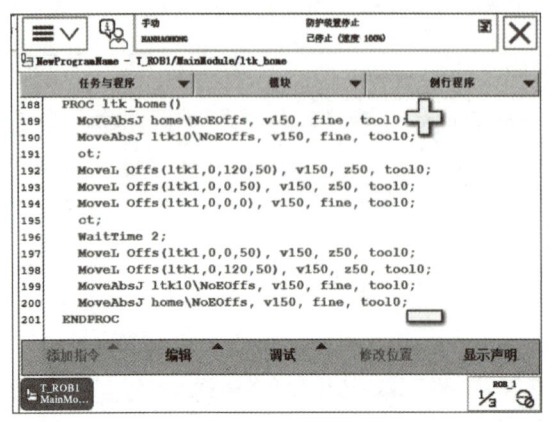

图 5-1-20　例行程序"ltk_home"

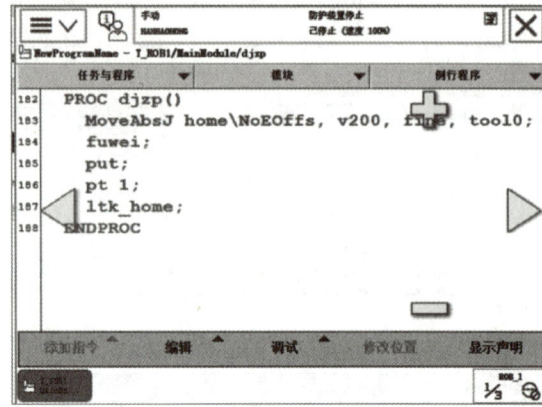

图 5-1-21　调用例行程序"ltk_home"

(5) RFID 系统读取并放置红色关节底座到装配点位置。工业机器人从 home 点将红色关节底座搬运至 RFID 系统读取信息范围后,放置红色关节底座工件,然后回到 home 点。例行程序"pz1"实现上述功能,具体说明见表 5-1-4。

表 5-1-4　例行程序"pz1"及说明

行号	程序	说明
1	MoveAbsJ home\NoEOffs, v150, z50, tool0	机器人从 home 点出发
2	MoveAbsJ bwjp10\NoEOffs, v150, z50, tool0;	到达 RFID 上方过渡点位置
3	MoveL rfidsm, v150, fine, tool0;	到达 RFID 系统的可扫描范围
4	MoveL Offs (zp{p}, 0, 0, 100), v150, z50, tool0;	到达红色关节底座装配点临近位置
5	MoveL Offs (zp{p}, 0, 0, 0), v150, fine, tool0;	精准到达红色关节底座装配点位置
6	ot;	调用"ot"例行程序,让弧口手爪工具打开
7	MoveL Offs (zp{p}, 0, 0, 100), v150, z50, tool0;	工业机器人回到红色关节底座装配点临近位置
8	MoveAbsJ bwjp10\NoEOffs, v150, z50, tool0;	工业机器人回到中间过渡点位置
9	MoveAbsJ home\NoEOffs, v150, z50, tool0	工业机器人回到 home 点

此例行程序所涉及的 zp{p},当 p=1 时,代表红色关节底座装配点位置;当 p=2 时,代表电机部件装配点位置;当 p=3 时,代表红色输出法兰装配点位置。在此过程中需要在"程序数据"中,更新 1 维数组 zp{p} 的 p=1、p=2、p=3 的位置值,如图 5-1-22 所示。

按现场摆放位置,以关节坐标系的方式记录下达到中间过渡点(bwjp10)时,各轴运动的角度。其参考值为 bwjp10=(-90°,-20°,20°,-90°,-90°,0°)。rfidsm 为红色关节底座 RFID 模块读取信息位置点。rfidsm 点的位置不唯一,位于 RFID 系统的可识别范围内即可。

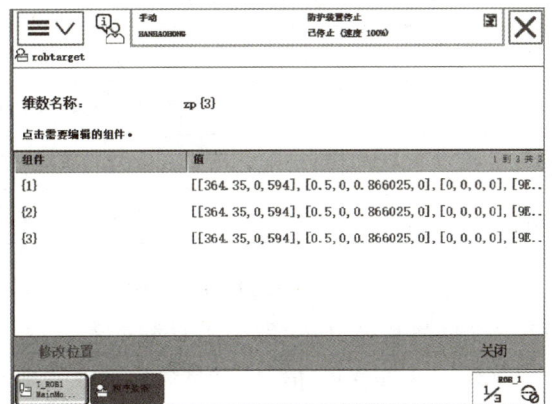

图 5-1-22 更新 zp 数组数据

例行程序"pz1"具体内容如图 5-1-23 所示。在例行程序"djzp"中调用例行程序"pz1",如图 5-1-24 所示。

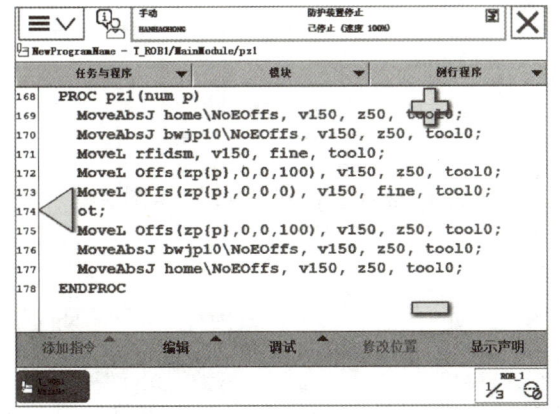

图 5-1-23 例行程序"pz1"   图 5-1-24 调用例行程序"pz1"

(6)定位气缸推出固定关节底座。此部分程序可添加在例行程序"djzp"中,或者将其单独新建为一个例行程序。本任务在例行程序"djzp"中完成该部分编程,如图 5-1-25 所示,且定位气缸插入的输出信号位置为 EXDO4 及 EXDO5,且 EXDO4 置 1 为变位机气缸夹紧,EXDO5 置 1 为变位机气缸松开信号。气缸控制信号程序及说明见表 5-1-5。

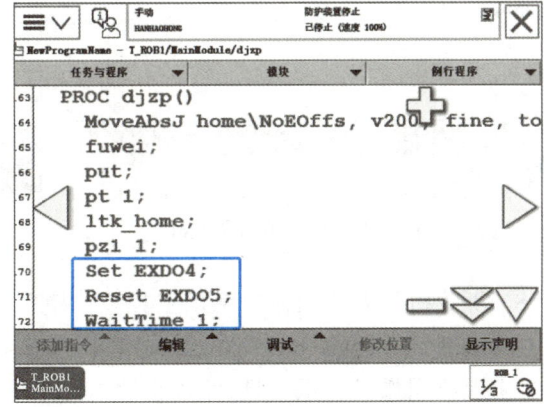

图 5-1-25 例行程序"djzp"中气缸信号设定

表 5-1-5 气缸控制信号程序及说明

程序	说明
Set EXDO4；	置位 EXDO4（变位机气缸夹紧）
Reset EXDO5；	复位 EXDO5 信号
WaitTime 1；	等待 1 秒气缸夹紧完毕

（7）工业机器人工具信号复位。在完成弧口/平口/吸盘工具的输出信号任务后，需要将所涉及的 YV3、YV4 和 YV5 信号复位，以免发生工具漏气的情况。新建例行程序"fuwei_tool"，用于复位已置位的 YV3、YV4 和 YV5 信号，其具体内容及说明见表 5-1-6。

表 5-1-6 例行程序"fuwei_tool"及说明

行号	程序	说明
1	Reset YV3；	复位 YV3 信号
2	Reset YV4；	复位 YV4 信号
3	Reset YV5；	复位 YV5 信号
4	WaitTime 1；	等待 1 s 信号复位完毕

例行程序"fuwei_tool"如图 5-1-26 所示。调用例行程序"fuwei_tool"，如图 5-1-27 所示。

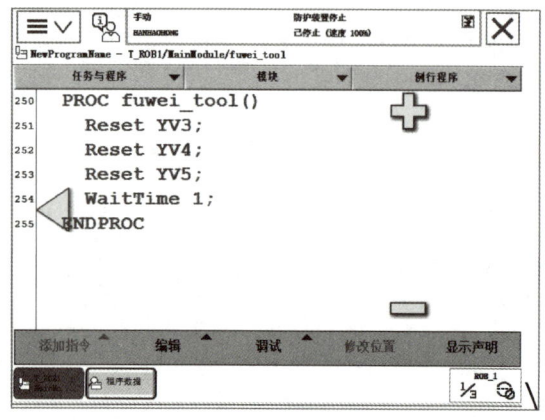

图 5-1-26 例行程序"fuwei_tool"

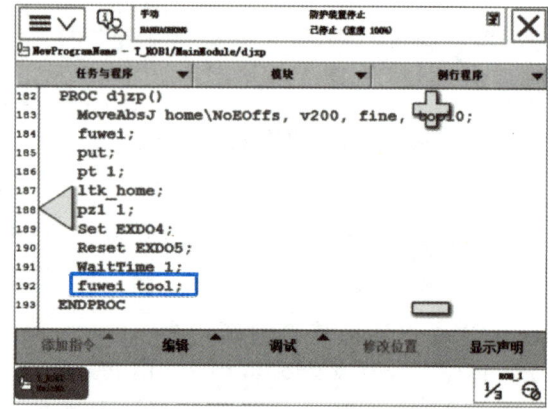

图 5-1-27 调用例行程序"fuwei_tool"

（8）工业机器人放回弧口手爪工具至快换工具装置。新建例行程序"ptt"，将例行程序"pt"中调用的例行程序"pick"改为"put"，即可实现工业机器人将工具放回快换工具装置。若想要实现放回弧口手爪工具，添加程序"ptt 1；"即可。

例行程序"ptt"及说明见表 5-1-7。

表 5-1-7　例行程序"ptt"及说明

行号	程序	说明
1	MoveAbsJ home\NoEOffs, v150, fine, tool0;	工业机器人从 home 点出发
2	MoveL Offs（tp{p}, 0, 100, 120), v150, z50, tool0;	到达工具临近点位置
3	MoveL Offs（tp{p}, 0, 0, 120), v20, z50, tool0;	到达工具临近点位置
4	MoveL Offs（tp{p}, 0, 0, 0), v20, fine, tool0;	精准到达工具位置
5	put;	将钢珠伸出,使工具与工业机器人连接
6	MoveL Offs（tp{p}, 0, 0, 120), v20, z50, tool0;	到达工具临近点位置
7	MoveL Offs（tp{p}, 0, 100, 120), v150, z50, tool0;	到达工具临近点位置
8	MoveAbsJ home\NoEOffs, v150, fine, tool0;	工业机器人回到 home 点

例行程序"ptt",如图 5-1-28 所示。调用例行程序"ptt",如图 5-1-29 所示。

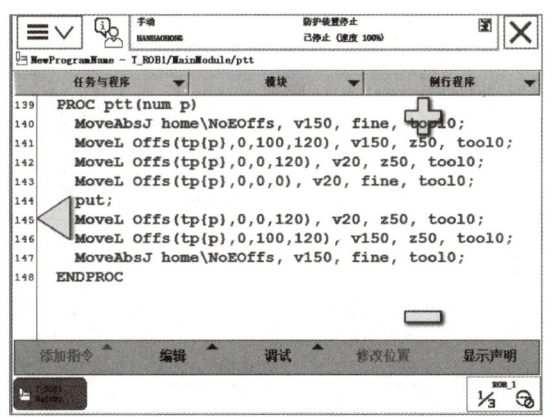

图 5-1-28　例行程序"ptt"

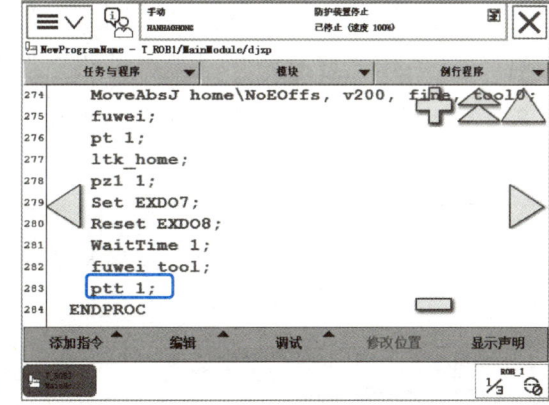

图 5-1-29　调用例行程序"ptt"

（9）工业机器人从快换工具装置取平口手爪工具。从运动轨迹上来看,工业机器人从快换工具装置取平口手爪工具的运动轨迹与工业机器人从快换工具装取弧口手爪工具的运动轨迹相同,不同的是工业机器人末端执行器精准拾取工具位置,以及使用 Offs 函数参考精准拾取工具位置计算出的在 X 轴、Y 轴、Z 轴方向上的偏移值数据。因此,在编写此例行程序时,调用已编程完毕的工具数组的应用程序即例行程序"pt"即可。在调用的过程中需要添加程序"pt 2;"以实现工业机器人从快换工具装置取平口手爪工具。

最后得到如图 5-1-30 所示的工业机

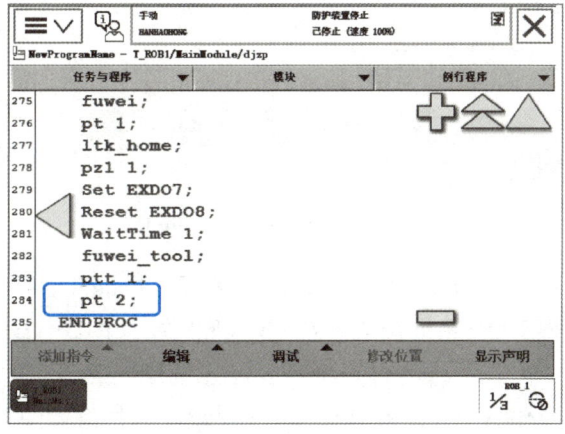

图 5-1-30　工业机器人从快换工具装置取平口手爪工具

器人示教器中的程序。

（10）将电机部件从旋转供料模块搬运至 home 点。首先需要工业机器人从旋转供料模块中拾取电机部件,然后将其搬运至 home 点。例行程序"xzgl_home"可实现上述功能,其内容及说明见表 5-1-8。

表 5-1-8 例行程序"xzgl_home"及说明

行号	程序	说明
1	MoveAbsJ home\NoEOffs, v150, fine, tool0;	工业机器人从 home 点出发
2	MoveAbsJ xzgl10\NoEOffs, v150, z50, tool0;	到达旋转供料模块拾取工件中间过渡点 xzgl10
3	MoveL Offs（xzgl, 0, 50, 50）, v150, z50, tool0;	到达旋转供料模块拾取电机部件过渡点
4	MoveL Offs（xzgl, 0, 0, 50）, v150, z50, tool0;	到达旋转供料模块拾取电机部件过渡点
5	MoveL Offs（xzgl, 0, 0, 0）, v150, fine, tool0;	精准到达旋转供料模块拾取电机部件位置
6	ct;	调用例行程序"ct",让平口手爪工具闭合
7	MoveL Offs（xzgl, 0, 0, 50）, v150, z50, tool0;	回到旋转供料模块拾取电机部件过渡点
8	MoveL Offs（xzgl, 0, 50, 50）, v150, z50, tool0;	回到旋转供料模块拾取电机部件过渡点
9	MoveAbsJ xzgl10\NoEOffs, v150, z50, tool0;	回到旋转供料单元抓取工件中间过渡点 xzgl10
10	MoveAbsJ home\NoEOffs, v150, fine, tool0;	工业机器人回到 home 点

例行程序"xzgl_home"如图 5-1-31 所示。调用例行程序"xzgl_home",如图 5-1-32 所示。

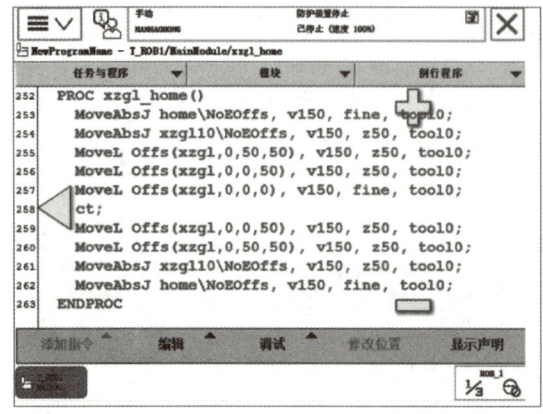

图 5-1-31 例行程序"xzgl_home"   图 5-1-32 调用例行程序"xzgl_home"

（11）RFID 系统读取并装配电机部件。调用例行程序"pz1",添加程序"pz1 2;"即可实现 RFID 系统读取和装配电机部件,如图 5-1-33 所示。

在调试的过程中需要注意的问题是,因为关节底座和电机部件大小样式不同,所以装配位置不同。在调试 Offs 函数程序时,需要注意避免相较于参考位置的 X 轴参考方向、Y 轴参考方向和 Z 轴参考方向与周边设备发生磕碰。关节底座与电机部件的无源标签在被

RFID 系统识别时,需要注意到二者皆应在 RFID 系统的读取范围之内,若在范围外,需要调整 rfidsm 位置。

(12)工业机器人工具信号复位。调用例行程序"fuwei_tool"实现工业机器人工具信号复位,如图 5-1-33 所示。

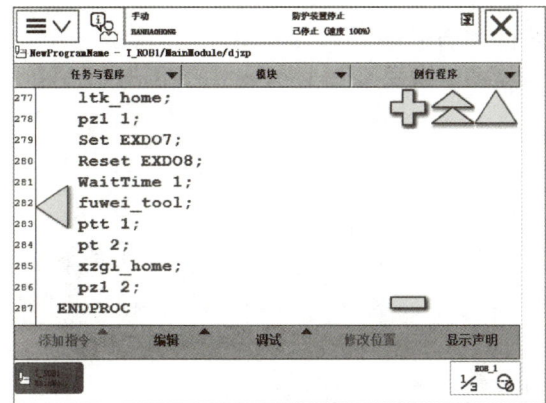

图 5-1-33　RFID 系统读取并装配电机部件

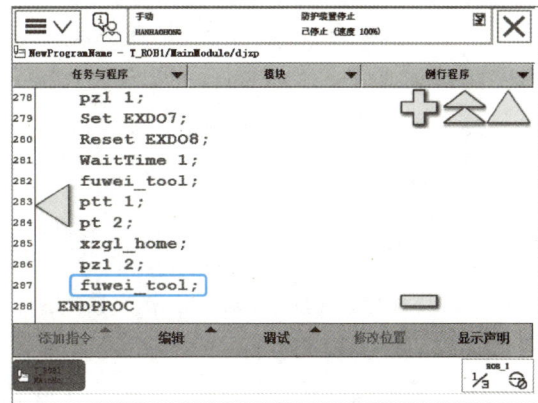

图 5-1-34　工业机器人工具信号复位

(13)工业机器人将平口手爪工具放回快换装置。添加程序"ptt 2;",如图 5-1-35 所示。

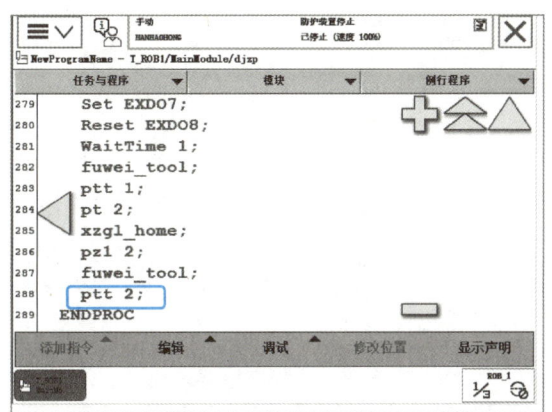

图 5-1-35　工业机器人将平口手爪工具放回快换装置

理论基础

一、装配工业机器人

1. 装配工业机器人概述

装配工业机器人可以显著提高生产效率,确保装配精度,降低劳动强度。然而,目前装配工业机器人在工业机器人应用领域所占的比例相对较小,主要原因是装配机器人的车身比运输机器人、涂装机器人和焊接机器人更复杂,且装配技术还存在一些突出问题,如缺乏自适应控制能力。因此,装配技术成为机器人技术发展的难点也成为未来机器人技术发展的重点之一。

2. 装配工业机器人的作用
(1) 操作速度快、加速性能好,缩短工作时间。
(2) 具有极高的重复定位精度,保证装配精度。
(3) 提高生产效率,使劳动者摆脱单一、繁重的体力劳动。
(4) 改善工人劳动条件,使工人摆脱有毒、有辐射的装配环境。
(5) 可靠性好、适应性强、稳定性高。

二、带参数的例行程序

ABB 机器人建立的程序可分为三类,分别是普通程序(procedures)、功能程序(functions)和中断程序(trap)。带参数的例行程序属于普通程序,即编写的例行程序,可以附带参数。带参数的例行程序使用说明如下。
(1) 带参数的例行程序,可以有多个参数,且参数的数据类型可以不同。
(2) 带参数的例行程序属于普通程序,编写方式和普通程序一致,可以有各种指令类型。
(3) 带参数的例行程序,与其他普通程序不同的是,在手动操作时,其中的程序指针不可以直接进入带参数的例行程序里,只能通过程序调用来进入和执行。

三、ABB 机器人程序数据

1. 程序数据概述

程序数据是在程序模块或系统模块中设定的值和定义的一些环境数据。创建的程序数据由同一个模块或其他模块中的指令引用。ABB 机器人的线性运动指令示例如下。

```
MoveL p10, v200,fine,tool0;
```

此指令中调用了 4 个程序数据,其详细情况见表 5-1-9。

表 5-1-9　程序数据说明

程序数据	数据类型	说明
p10	robtarget	机器人运动目标位置数据
v200	speeddata	机器人运动速度数据
fine	zonedata	机器人运动转弯数据
tool0	tooldata	机器人工具数据

2. 程序数据的类型与存储方式

(1) 程序数据的类型

ABB 机器人的程序数据共有 102 个,并且可以根据实际情况进行程序数据的创建。在示教器的"程序数据"窗口可以查看和创建所需要的程序数据。

（2）程序数据的存储方式

① 变量 VAR。其中，VAR 表示存储类型（变量），num 表示程序数据类型（数字型），二者容易混淆。在程序执行的过程中和停止时，变量型数据会保持当前的值，但如果程序指针被移到主程序，数值将会丢失。在定义该类数据时，可以定义变量的初始值，在 ABB 机器人执行的 RAPID 程序中也可以对变量存储类型的程序数据进行赋值操作。在 RAPID 程序中执行变量型程序数据的赋值，在指针复位后将其恢复为初始值。

② 可变量 PERS。可变量的最大特点就是无论程序怎样执行，都将保持最后被赋予的值，这也是它与变量的最大区别。在定义数据时，可以定义可变量的初始值，在 ABB 机器人执行的 RAPID 程序中也可以对可变量存储类型的程序数据进行赋值操作。

③ 常量 CONST。常量的特点是在定义时已对其赋予了数值，并且不能在程序中修改，除非重新定义举例说明。存储类型为常量的程序数据，不能在程序中进行赋值操作。

四、电机部件装配应用装配过程与关键示教点规划

1. 例行程序与说明

依照电机部件装配应用流程，新建例行程序"djzp"，在此例行程序中设计以下例行程序，其说明见表 5-1-10。

表 5-1-10　例行程序"djzp"中的例行程序说明

例行程序	说明
fuwei	工业机器人信号复位
pt	工业机器人从快换工具装置取工具
ltk_home	将红色关节底座从立体库位置搬运至 home 点
pz1	RFID 系统读取并放置红色关节底座、电机部件到装配点位置
fuwei_tool	工业机器人工具信号复位
ptt	工业机器人将工具放回快换工具装置
xzgl_home	将电机部件从旋转供料模块位置搬运至 home 点
pick	将钢珠伸出，使工具与工业机器人连接
put	将钢珠收回，使工具与工业机器人分开
ct	使弧口/平口手爪工具闭合
ot	使弧口/平口手爪工具张开

2. 关键示教点

采用在线示教的方式实现电机部件装配应用装配过程的作业程序，规划的装配路径中的关键示教点见表 5-1-11。

表 5-1-11 电机部件装配应用装配路径中关键示教点及解释

序号	名称	解释
1	tp{p}	p=1 拾取/放置弧口手爪工具的位置
		p=2 拾取/放置平口手爪工具的位置
		p=3 拾取/放置吸盘工具的位置
2	ltk10	拾取/放置工件在立体库上中间过渡点(关节坐标系下)
3	ltk1	弧口手爪工具精准夹取立体库 1 号库位置
4	zp{p}	p=1 红色关节底座装配位置
		p=2 电机部件装配位置
		p=3 红色输出法兰装配位置
5	bwjp10	拾取/放置工件在变位机上中间过渡点(关节坐标系下)
6	rfidsm	RFID 系统扫描位置点(处于 RFID 系统扫描范围内)
7	xzgl10	旋转供料模块拾取/放置电机部件中间过渡点位置(关节坐标系下)
8	xzgl	平口手爪工具精准夹取旋转供料模块上电机部件位置

五、RFID 技术

1. RFID 技术概述

射频识别(Radio Frequency Identification,RFID)技术,是自动识别技术的一种,通过无线射频方式进行非接触双向数据通信,利用无线射频方式对记录媒体(或射频卡)进行读写,从而达到识别目标和数据交换的目的。

RFID 技术又称电子标签、无线射频识别技术,是二十世纪九十年代开始兴起的一种自动识别技术,可通过无线电讯号识别特定目标并获取相关的数据信息,即无须在识别系统与特定目标之间建立机械或光学接触,利用射频信号通过空间耦合即可实现无接触信息传递并通过所传递的信息达到识别目的的技术。RFID 技术的识别工作不需要人工的干预,可工作于各种恶劣环境。RFID 技术可识别高速运动物体并可同时识别多个标签,操作快捷方便。

2. RFID 系统的优势

RFID 系统胜过其他识别系统,如条码系统、光学字符识别系统、智能卡和生物识别系统。RFID 系统不需要视线交流,不受恶劣的物理环境影响,允许同时识别多个标签,并且具有低成本和低功耗特点;RFID 系统可轻松将日常用品变成可跟踪、可追溯、可监控、可触发、可请求或响应的移动网络节点;RFID 系统能够远程监控、检查对象的存在与否,以及跟踪对象在一个距离范围内的运动。

3. RFID 系统的组成

RFID 系统主要由 RFID 读写器(target)和 RFID 标签(应答器)组成。RFID 读写器实现对标签的数据读写和存储,由控制单元、高频通信模块和天线组成。RFID 标签主要由一块集成电路芯片及外接天线组成,其中集成电路芯片通常包含射频前端、逻辑控制、存储器等电路。RFID 标签按照供电原理可分为有源(active)标签、半有源(semiactive)标签和无源(passive)标签。其中,无源标签因其成本低、体积小而备受青睐。在本任务所用的设备中,RFID 系统采用的就是无源标签的供电方式。

4. RFID 系统的工作原理

在本任务所用的设备中,RFID 系统采用的是 SIMATIC RF300 RFID 系统(图 5-1-36)。新一代的 SIMATIC RF300 RFID 系统的一个显著特性是系统调节和故障诊断非常简单。该系统由安装应用系统的 PC、PLC、RF120C 模块、读写器和电子标签组成。读写器发出电子信号,电子标签接收到信号后发射内部存储的标识信息,读写器再接收并识别标签发回的信息,最后读写器将识别结果发送给应用 RFID 系统。

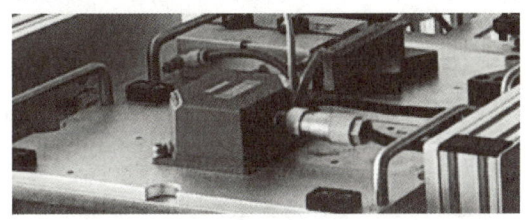

图 5-1-36　RFID 系统

六、旋转供料模块

旋转供料模块是用于存储或提供电机部件的装置,如图 5-1-37 所示。旋转供料模块是用于电机部件装配任务持续供料的模块,其上有 6 个嵌入圆盘的电机放置仓位,圆盘底部安装有传感器和旋转驱动装置。在电机部件装配流程中,将电机部件放入仓位,旋转供料模块将有电机部件的仓位旋转至工业机器人拾取位置,工业机器人拾取电机部件,装配至关节底座中。旋转供料模块驱动装置主要由谐波减速器和步进电机构成。

图 5-1-37　旋转供料模块

关联图谱

RFID 系统		旋转供料单元		电机部件装配应用	
了解 RFID 系统的内容和应用	能够完成关节底座、电机部件的 RFID 信号的识别	了解旋转供料模块的构成	能够完成将电机部件放置到旋转供料模块和从旋转供料模块拾取的轨迹动作	掌握电机部件装配应用装配过程与关键示教点规划方法	能够完成电机部件装配应用程序编写及调试
理论	实践	理论	实践	理论	实践

任务实施记录单及验收单

任务名称：电机部件装配应用		实施日期	
任务要求	掌握工具数据应用，手动将 1 个红色关节底座和 1 个电机部件放置在立体库和旋转供料指定位置，通过工业机器人在线示教编程，完成装配任务		
学习重点			
学习难点			
计划用时		实际用时	
组别		组长	
组员姓名			
成员任务分工			
实施场地			
现场 5S 管理			
任务实施步骤与信息记录	（任务实施过程中重要的信息记录，是撰写工程说明书和工程交接手册的主要文档资料，可另附纸张） 1. 工具数据的应用 2. 电机部件装配应用程序流程分析 3. 电机部件装配应用装配过程与关键示教点规划 4. 电机部件装配应用程序编写 		

综合评价	1. 目标完成情况 2. 存在问题 3. 改进方向

任务二　输出法兰装配应用

任务概述

输出法兰部件装配是工业机器人装配关节部件任务的第二道工序，主要是对工业机器人进行现场综合应用编程，完成输出法兰的装配过程。本任务为手动将 1 个红色输出法兰放置在供料输送单元指定位置，通过工业机器人在线示教编程，完成装配。

任务目标

知识目标：

1. 掌握吸盘工具控制原理。
2. 了解输出法兰装配应用装配过程与关键示教点规划方法。
3. 了解供料输送单元内容的组成和作用。

技能目标：

1. 能够完成吸盘工具控制应用程序的编写。
2. 能够按要求完成输出法兰装配程序的编写及调试。

素养目标：

1. 培养学生团结合作意识。
2. 培养学生的知识迁移能力。

实践训练

输出法兰装配应用实操演示

一、吸盘工具控制应用

（1）新建例行程序"xt""cxt"。

在菜单程序编辑器中新建例行程序"xt"，如图 5-2-1 所示，其作用是当吸盘工具与输出法兰工件接触时,给定信号,启动真空发生器完成空气抽吸,使吸盘工具内部产生负气压,使输出法兰能被吸盘工具吸牢固。

在菜单程序编辑器中新建例行程序"cxt",如图5-2-2所示,其作用是当吸盘工具将输出法兰工件搬运至指定位置后,给定信号,平稳地给吸盘工具充气,使得吸盘内负气压转变为零气压或正气压,从而使输出法兰工件掉落。

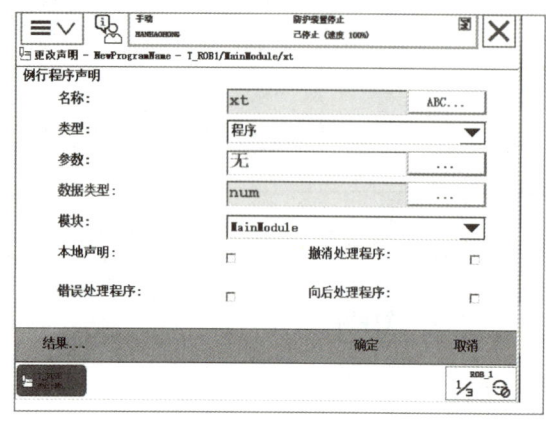

图5-2-1 新建例行程序"xt"　　　　图5-2-2 新建例行程序"cxt"

(2)吸盘工具控制应用程序编写。

在例行程序"xt""cxt"中,添加吸盘工具控制指令。在例行程序"xt"中,添加指令,将数字量输出信号YV5置位为1,并等待2 s至信号动作完成,如图5-2-3所示。在例行程序"cxt"中,添加指令,将数字量输出信号YV5复位为0,并将YV4置位为1,破坏真空环境后,复位YV4信号,如图5-2-4所示。

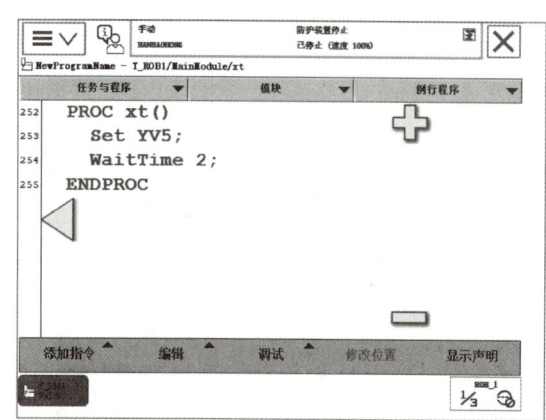
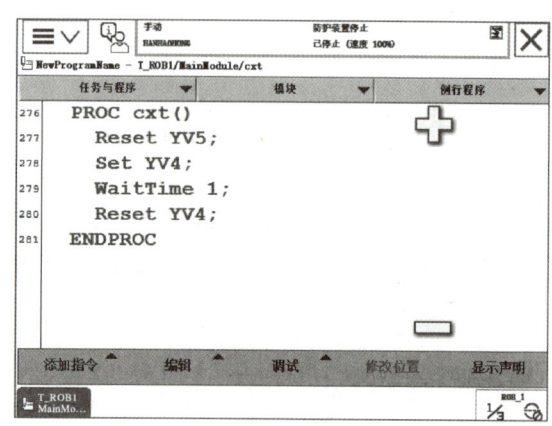

图5-2-3 例行程序"xt"　　　　图5-2-4 例行程序"cxt"

二、输出法兰装配应用流程分析

在完成电机部件装配应用后需进行输出法兰装配应用。主要流程如下:
(1)新建输出法兰装配应用例行程序"flzp"。

（2）工业机器人工具信号复位。

（3）工业机器人从快换工具装置取吸盘工具。

（4）将输出法兰从供料输送单元指定位置搬运至 home 点。

（5）装配输出法兰。

（6）工业机器人工具信号复位。

（7）工业机器人将吸盘工具放回快换工具装置中。

三、输出法兰装配应用程序编写

（1）新建输出法兰装配应用例行程序"flzp"，如图 5-2-5 所示。

（2）工业机器人工具信号复位。在例行程序"flzp"中调用例行程序"fuwei_tool"，如图 5-2-6 所示。

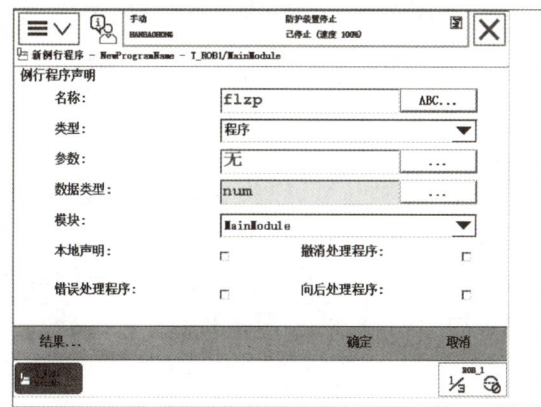

图 5-2-5 新建例行程序"flzp"

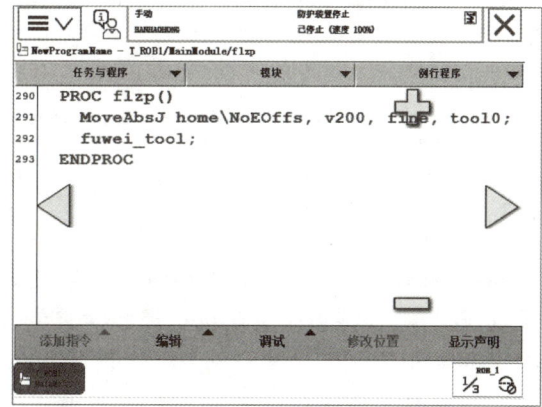

图 5-2-6 调用例行程序"fuwei_tool"

（3）工业机器人从快换工具装置中取吸盘工具。调用例行程序"put"和"pt"，如图 5-2-7 所示。其中，在例行程序"flzp"中添加程序"pt 3;"的作用是使工业机器人执行抓取吸盘工具动作。

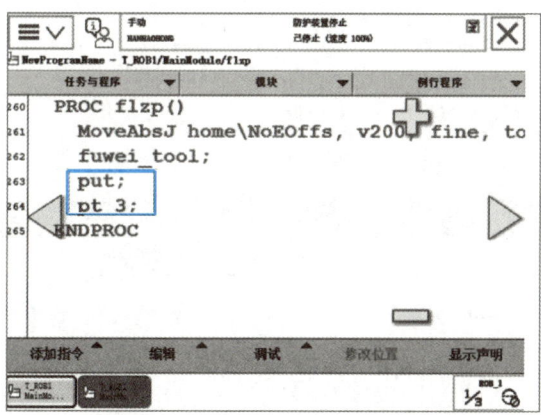

图 5-2-7 调用例行程序"pt"

（4）将输出法兰从供料输送单元指定位置搬运至 home 点。新建例行程序"csd_home"，其说明见表 5-2-1。

表 5-2-1 例行程序"csd_home"说明

序号	程序指令	说明
1	MoveAbsJ home\NoEOffs, v150, fine, tool0;	工业机器人从 home 点出发
2	MoveAbsJ csdp10\NoEOffs, v150, fine, tool0;	到达输送带上方过渡点 csdp10 位置
3	MoveL Offs（csd, 0, 0, 30）, v150, z50, tool0;	到达拾取输出法兰过渡点位置
4	MoveL Offs（csd, 0, 0, 0）, v150, fine, tool0;	精准到达拾取输出法兰位置
5	xt;	调用例行程序"xt"，让吸盘工具吸附输出法兰
6	MoveL Offs（csd, 0, 0, 30）, v150, z50, tool0;	到达拾取红色输出法兰过渡点位置
7	MoveAbsJ csdp10\NoEOffs, v150, fine, tool0;	到达输送带上方过渡点 csdp10 位置
8	MoveAbsJ home\NoEOffs, v150, fine, tool0;	工业机器人回到 home 点

例行程序"csd_home"中涉及到 csdp10 位置。按现场摆放位置，以关节坐标系的方式记录到达输送带上方时各轴运动的角度。csdp10 =（100°,－20°,20°,0°,90°,0°）。吸盘工具精准到达输出法兰的位置即 csd 位置点，在编写程序后，修改 csd 位置点。在精准到达 csd 位置点时，需要特别注意在轨迹规划中避免与相机等周边设备磕碰，若易发生磕碰，应增设中间过渡点。

例行程序"csd_home"如图 5-2-8 所示。调用例行程序"csd_home"，如图 5-2-9 所示。

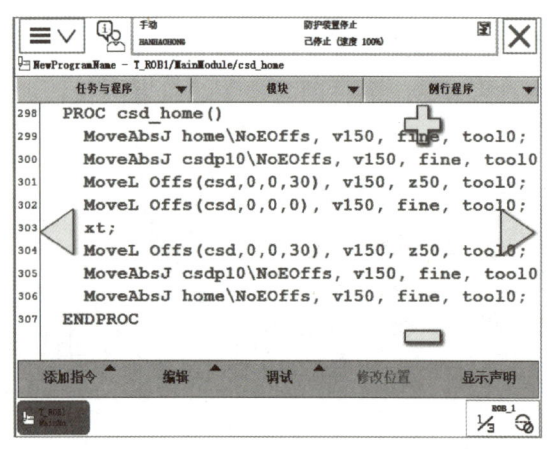

图 5-2-8 例行程序"csd_home"

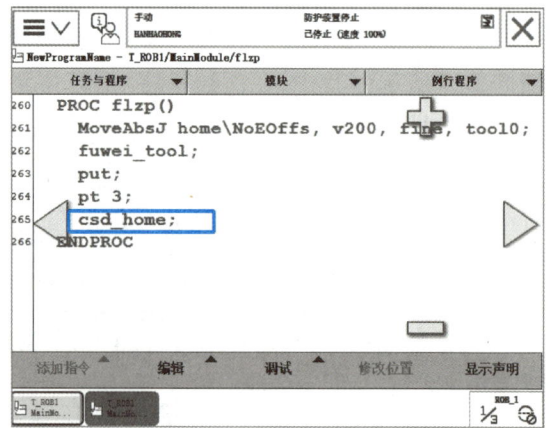

图 5-2-9 调用例行程序"csd_home"

（5）装配输出法兰。新建例行程序"pz2"，完成输出法兰装配任务。例行程序"pz2"中的程序指令及说明见表 5-2-2。

表 5-2-2　例行程序"pz2"中的程序指令及说明

序号	程序指令	说明
1	MoveAbsJ home\NoEOffs, v150, z50, tool0	工业机器人从 home 点出发
2	MoveL Offs（zp{p}, 0, 0, 100）, v150, z50, tool0;	到达红色关节底座装配点临近位置
3	MoveL Offs（zp{p}, 0, 0, 0）, v150, fine, tool0;	精准到达红色关节底座装配点位置
4	cxt;	调用例行程序"cxt",破坏输出法兰真空环境
5	MoveL Offs（zp{p}, 0, 0, 100）, v150, z50, tool0;	工业机器人回红色关节底座装配点临近位置
6	MoveAbsJ home\NoEOffs, v150, z50, tool0;	工业机器人回到 home 点

例行程序"pz2"如图 5-2-10 所示,调用例行程序"pz2",如图 5-2-11 所示。在调用的过程中需要注意的是,调用的是 zp 组件{3},因此调用例行程序的程序指令应为"pz2 3;"。

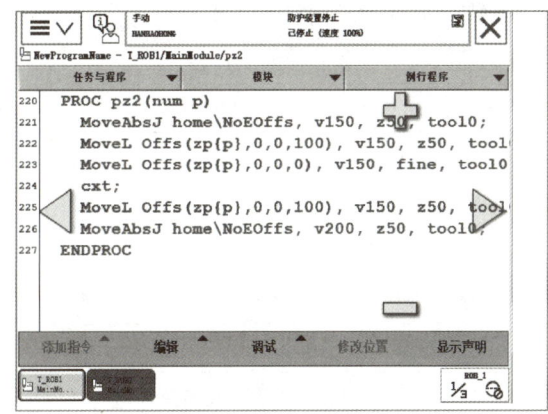

图 5-2-10　例行程序"pz2"　　　　　图 5-2-11　调用例行程序"pz2"

（6）工业机器人工具信号复位。在例行程序"flzp"中调用例行程序"fuwei_tool",如图 5-2-12 所示,将工业机器人工具相关数字量输出信号复位。

（7）工业机器人将吸盘工具放回快换工具装置中。调用例行程序"ptt",使工业机器人将工具放回至快换工具装置,参数 p 选为 3,即添加指令"ptt 3;",如图 5-2-13 所示。

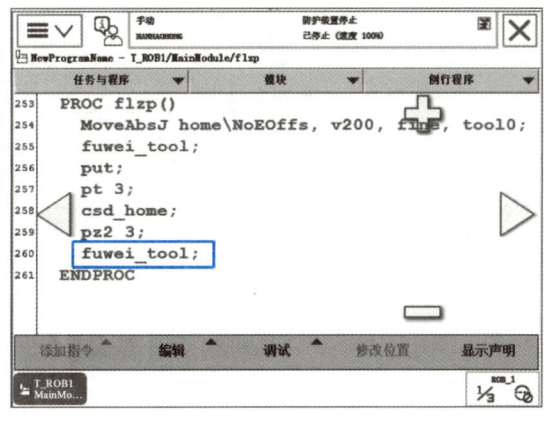
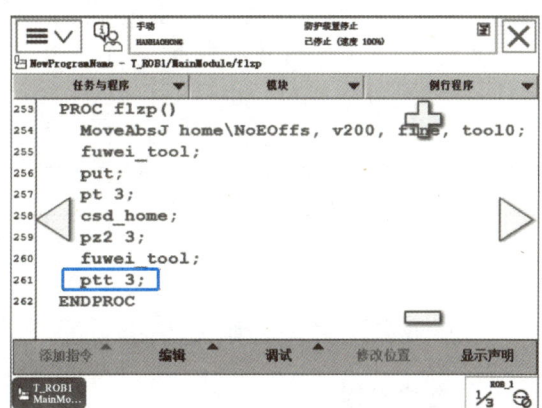

图 5-2-12　工业机器人工具信号复位　　　　　图 5-2-13　调用例行程序"ptt"

一、输出法兰装配过程与关键示教点规划

1. 例行程序

按照任务要求设计吸盘工具控制应用程序,其中调用的主要例行程序及说明见表 5-2-3。

表 5-2-3 吸盘工具控制应用程序中调用的例行程序及说明

例行程序	说明
fuwei	工业机器人信号复位
fuwei_tool	工业机器人工具信号复位
pt	工业机器人从快换工具装置中取工具
ptt	工业机器人将工具放回快换工具装置
csd_home	将输出法兰从供料输送单元指定位置送到 home 点
pz2	装配输出法兰
xt	吸盘工具吸附输出法兰
cxt	吸盘工具破坏输出法兰真空
ct	使平口手爪工具闭合
ot	使平口手爪工具张开
pick	将钢珠伸出,使工具与工业机器人连接
put	将钢珠缩回,使工具与工业机器人分开

2. 关键示教点

采用在线示教的方式实现输出法兰装配应用的作业程序,装配路径中规划的关键示教点见表 5-2-4。

表 5-2-4 输出法兰装配路径中关键示教点规划

序号	关键示教点命名	关键示教点解释
1	tp{p}	p=3 时为拾取/放置吸盘工具的位置
2	csdp10	输送带上方过渡点位置(关节坐标系下)
3	csd	精准拾取输送带上的输出法兰的位置
4	zp{p}	p=3 时为输出法兰装配位置

二、吸盘工具控制相关内容

1. 真空吸附

真空不是指完全没有空气的状态,而是指气体压强低于大气压强的一种状态。真空中的气体比大气压下的气体更稀薄。用真空度来衡量处于真空状态下的气体稀薄程度,真空度高,表示气体压强低于大气压强多;真空度低,表示气体压强低于大气压强少。

真空吸附使用各种真空系统和大气压形成的力来实现对物体的控制。对于表面相对光滑的物体,特别是有色金属、非金属和不适合抓握的物体,可以通过真空吸附进行各种操作。

2. 真空系统

真空系统通常由真空发生器、吸盘、真空阀和辅助部件组成。真空系统可用于工件搬运、包装等智能制造行业。

真空发生器是一种新型、高效、清洁、经济、紧凑的真空元件,是利用正压气源产生负压的设备。吸盘是真空装置的执行器之一,通常由橡胶材料和金属框架压制而成,具有较大的扯断力。真空阀是指工作压力低于标准大气压的阀门。真空阀是真空系统的一个部件,主要用于改变空气流动方向、调节流量大小以及切断或连接管路。

3. 吸盘控制

真空盘吸取工件是用气管将吸盘连接到真空发生器上,当吸盘与工件接触时,发出信号启动真空发生器吸空气,吸盘内部产生负气压,从而形成真空使吸盘吸牢工件。然后,工件被输送到预定位置,再平稳地给真空吸盘充气到零或稍微正的气压后,工件从吸盘上掉落,完成吸盘搬运工件任务。

在本任务中,当工件暂存单元检测到有工件时,工业机器人运动至搬运工件位置,吸盘吸取工件。设定启动吸盘真空信号为YV5,当YV5置位为1时,打开真空发生器,吸盘工作;当YV5复位为0时,关闭真空发生器。设定检测真空状态信号为SEN1,当信号SEN1为1时,表示吸盘处于真空状态;当信号SEN1为0时,表示真空已被破坏。

三、供料输送单元

1. 供料输送单元的组成

供料输送单元包含上料单元和输送单元。上料单元用于将物料自动推出到输送带,由料筒、气动装置组成。输送单元由输送带与电机驱动装置组成,如图5-2-14所示,与上料单元连接。输送带末端安装光电传感器,将接收物料到位的信号反馈到工业机器人。

图5-2-14 输送单元

2. 供料输送单元的作用

(1)实现输出法兰、减速器等工件的推出及搬运,供料输送单元的由上料单元上料气缸。

(2)输送带将工件输送至输送带末端,工业机器人拾取工件。

(3)工业机器人装配关节部件中的输出法兰。

关联图谱

吸盘工具		输出法兰装配	
掌握吸盘工具控制原理	能够完成吸盘工具控制应用程序的编写	理解输出法兰装配应用装配过程与关键示教点规划方法、供料输送单元的组成和作用	能够完成输出法兰装配编程及调试
理论	实践	理论	实践

任务实施记录单及验收单

任务名称：输出法兰装配应用		实施日期	
任务要求	掌握工具数据应用方法，手动将1个输出法兰放置在输送带的指定位置，再通过工业机器人在线示教编程，完成装配任务		
学习重点			
学习难点			
计划用时		实际用时	
组别		组长	
组员姓名			
成员任务分工			
实施场地			
现场5S管理			
任务实施步骤与信息记录	（任务实施过程中重要的信息记录，是撰写工程说明书和工程交接手册的主要文档资料，可另附纸张） 1. 吸盘工具控制应用 2. 输出法兰装配程序流程分析 3. 输出法兰装配应用装配过程与关键示教点规划 4. 输出法兰装配应用程序编写 		

（续表）

综合评价	1. 目标完成情况 2. 存在问题 3. 改进方向

任务三　关节成品入库应用

任务概述

关节成品入库是工业机器人装配关节部件的最后一道工序。本任务通过工业机器人在线示教编程，完成关节成品入库。

任务目标

知识目标：
1. 了解智能仓储技术。
2. 掌握工业机器人工具信号程序优化内容。
3. 理解关节成品入库过程与关键示教点规划方法。

技能目标：
1. 能够完成立体库单元数组应用程序的编写。
2. 能够按要求完成关节成品入库的编写与调试。

素养目标：
1. 培养学生精益求精的工匠精神。
2. 培养学生创新意识。

实践训练

关节成品入库
应用实操演示

一、立体库单元数组应用

（1）建立并更新立体库单元仓位位置。

在"程序数据"→"已用数据类型"→"robtarget"数据类型中，新建数组"ltk"，如图5-3-1所示。此数组为1维6元素的数组，表示设备的立体库单元中的6个仓位。新建完"ltk"数组后,产生 6 个需要更新位置的组件,对应实际设备立体库单元产生的 6 个仓位,从左到右、从上到下排布,如图 5-3-2 所示。

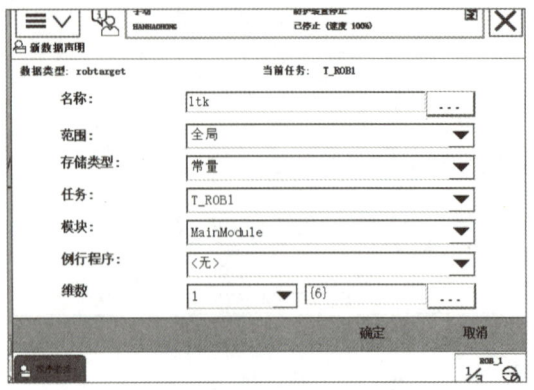

图 5-3-1　建立并更新立体库单元仓位位置

图 5-3-2　实际立体库单元仓位位置

更新"ltk"数组组件{1}的步骤:点击需要修改的位置组件{1},手动操纵工业机器人,将其移动至 1 号仓位,点击"修改位置"按钮,如图 5-3-3 所示。更新"ltk"数组的组件{2}～组件{6}的步骤相同,依次完成更新。

（2）调用立体库单元仓位位置。

添加指令后调用立体库单元仓位位置,以调用 1 号仓位为例,步骤如下。

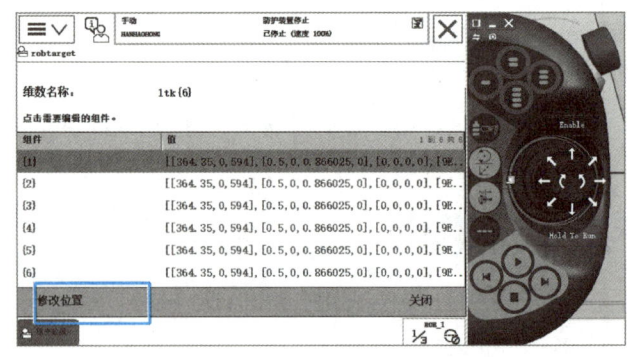

图 5-3-3　更新数组组件{1}

① 添加 MoveL 指令,然后双击"＊",如图 5-3-4 所示。

② 在数据部分选择已建好的数组"ltk",如图 5-3-5 所示。

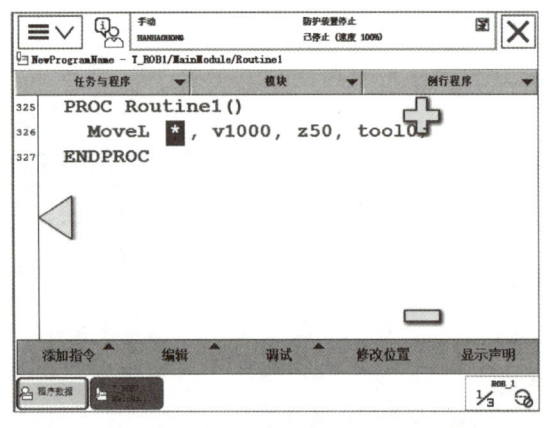

图 5-3-4　修改数据位置

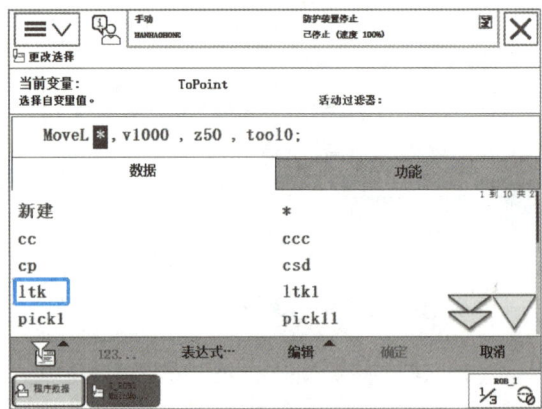

图 5-3-5　选择数组"ltk"

③ 出现"ltk{<EXP>}"后,选中<EXP>,点击"编辑"→"仅限选定内容",如图5-3-6所示。

④ 输入数字"1"后完成调用立体库单元1号仓位位置,如图5-3-7所示。

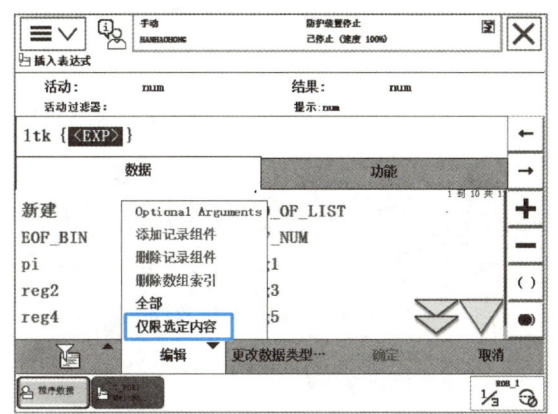

图 5-3-6　数组"lkt"参数设定

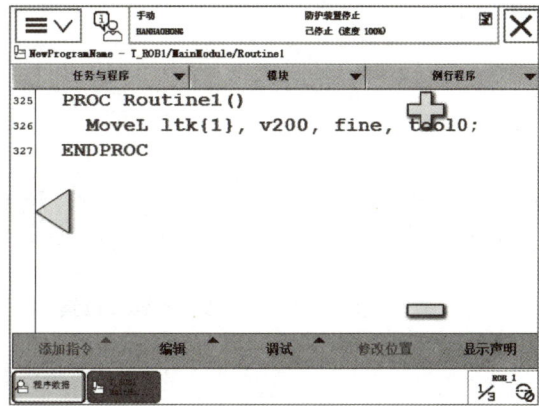

图 5-3-7　调用立体库单元1号仓位位置

按照上述调用立体库单元1号仓位的步骤,同样能够调用立体库单元2～6号仓位,具体程序及说明见表5-3-1。

表 5-3-1　调用立体库单元2～6号仓位程序及说明

仓位	程序	说明
2	MoveL ltk{2} ,v200, fine, tool0;	调用2号仓位位置
3	MoveL ltk{3} ,v200, fine, tool0;	调用3号仓位位置
4	MoveL ltk{4} ,v200, fine, tool0;	调用4号仓位位置
5	MoveL ltk{5} ,v200, fine, tool0;	调用5号仓位位置
6	MoveL ltk{6} ,v200, fine, tool0;	调用6号仓位位置

(3) 带参数的例行程序调用立体库单元仓位位置。

除了上述方法外,还可使用带参数的例行程序调用立体库单元仓位位置。以调用1号仓为例,步骤如下。

① 新建带参数 p 的例行程序。

② 添加 MoveL 指令后,双击"＊"。

③ 在数据部分选择已建好的数组"ltk"。

④ 出现"ltk{<EXP>}"后,选中<EXP>,点击"编辑"→"仅限选定内容"。

⑤ 将参数 p 改为数字即可调用立体库单元对应的仓位位置,如图5-3-8所示。

⑥ 通过添加"ProcCall"调用带参数的例行程序"Routine1 p;"。如调用立体库单元1号仓位,则参数 p=1,即"Routine1 1;",如图5-3-9所示。

按照上述调用立体库单元1号仓位的步骤,同样能够调用立体库单元2～6号仓位,具体程序及说明见表5-3-2。

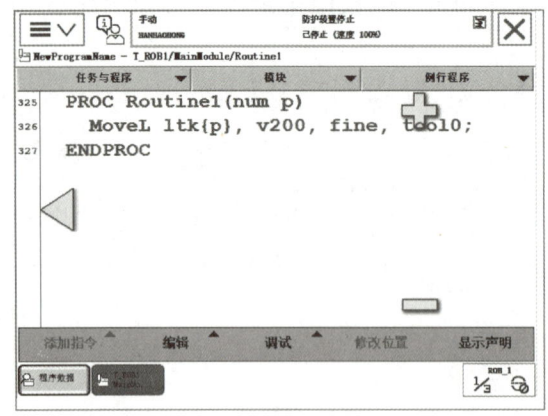

图 5-3-8　调用立体库单元 p 号仓位位置　　　图 5-3-9　调用例行程序

表 5-3-2　调用立体库单元 2～6 号仓位程序说明

仓位	程序	说明
2	Routine1 2;	调用 2 号仓位位置
3	Routine1 3;	调用 3 号仓位位置
4	Routine1 4;	调用 4 号仓位位置
5	Routine1 5;	调用 5 号仓位位置
6	Routine1 6;	调用 6 号仓位位置

二、关节成品入库应用程序流程分析

工业机器人装配应用的最后一道工序为将关节底座、电机部件和输出法兰全部装配完毕后进行关节成品入库。关节成品入库应用具体流程如下：

（1）新建关节成品入库应用例行程序"cpru"。

（2）工业机器人工具信号复位。

（3）工业机器人从快换工具装置中取弧口手爪工具。

（4）定位气缸缩回。

（5）关节成品套件从装配模块搬运至 home 点。

（6）关节成品套件从 home 点搬运至立体库单元。

（7）工业机器人工具信号复位。

（8）工业机器人将弧口手爪放回快换工具装置。

三、关节成品入库应用程序编写

（1）新建输出关节成品入库应用例行程序"cpru"，如图 5-3-10 所示。

（2）工业机器人工具信号复位。在例行程序"cpru"中调用表示工业机器人工具信号复位的例行程序"fuwei_tool"和使工业机器人回到 home 点的程序，如图 5-3-11 所示。

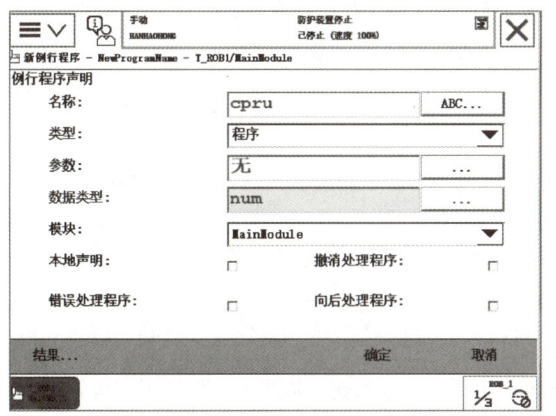

图 5-3-10 新建例行程序"cpru"

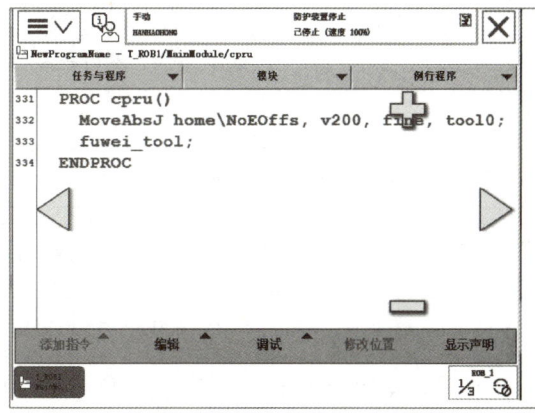

图 5-3-11 调用例行程序"fuwei_tool"

（3）工业机器人从快换工具装置中取弧口手爪工具。添加程序指令"pt 1;"以调用例行程序"pt"，如图 5-3-12 所示，使工业机器人执行拾取弧口手爪工具动作。

（4）定位气缸缩回。可以将此功能编写在例行程序"cpru"中，或者将其单独建立例行程序。定位气缸插入的输出信号位置为 EXDO4 及 EXDO5，EXDO5 置位为 1 是气缸松开信号。具体程序见表 5-3-3。

表 5-3-3 定位气缸控制程序及说明

序号	程序	说明
1	Set EXDO5;	置位 EXDO5（气缸松开）
2	Reset EXDO4;	复位 EXDO4 信号
3	WaitTime1;	等待 1 s 气缸松开完毕

在例行程序"cpru"中完成该程序编写后，如图 5-3-13 所示。

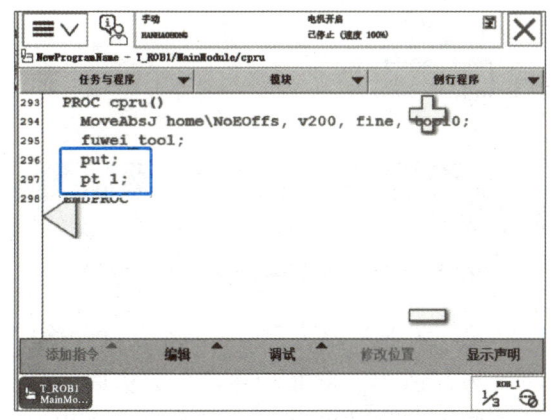

图 5-3-12 调用例行程序"pt"

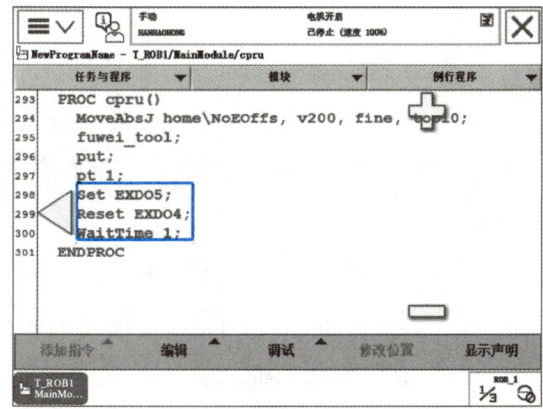

图 5-3-13 编写定位气缸控制程序

（5）关节成品套件从装配模块搬运至 home 点。首先工业机器人从定位气缸已缩回位置取关节成品套件,新建例行程序"INV_pz1",其具体程序及说明见表5-3-4。

表 5-3-4　例行程序"INV_pz1"具体程序及说明

序号	程序	说明
1	MoveAbsJ home\NoEOffs，v150, z50,tool0	工业机器人从home点出发
2	MoveAbsJ bwjp10\NoEOffs，v150, z50,tool0;	到达工业机器人搬运工件变位机中间过渡点位置
3	MoveL Offs（zp{p}, 0, 0, 100), v150, z50, tool0;	到达关节成品套件装配点临近位置
4	MoveL Offs（zp{p}, 0, 0, 0), v150, fine, tool0;	精准到达关节成品套件装配点位置
5	ct;	调用例行程序"ct",让弧口手爪工具闭合
6	MoveL Offs（zp{p}, 0, 0, 100), v150, z50, tool0;	返回关节成品套件装配点临近位置
7	MoveAbsJ bwjp10\NoEOffs，v150, z50, tool0;	到达工业机器人搬运工件中间过渡点位置
8	MoveAbsJ home\NoEOffs，v150, z50,tool0	工业机器人回到home点

此例行程序中涉及到的 zp{p} 位置,是调用的第1组数据,与红色关节底座装配点位置相同。

例行程序"INV_pz1",如图5-3-14所示。调用"INV_pz1",如图5-3-15所示。实现工业机器人执行搬运关节成品套件从装配模块至home点的功能。

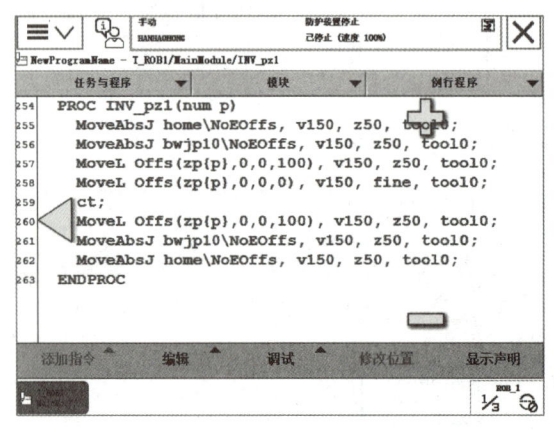 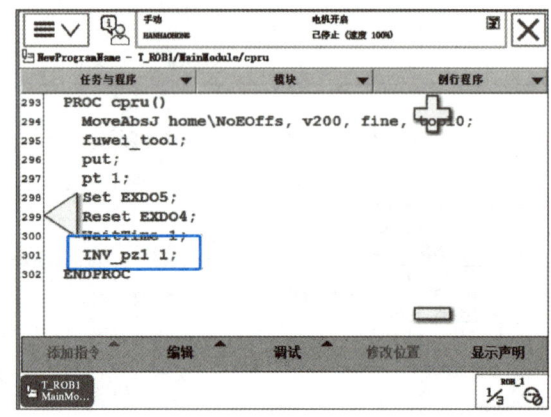

图 5-3-14　例行程序"INV_pz1"　　　　图 5-3-15　调用例行程序"INV_pz1"

(6)关节成品套件从home点搬运至立体库单元。工业机器人已在home点位置拾取关节成品套件,现将其搬运至立体库单元,完成关节成品入库。对此步骤进行分析后,发现其与将红色关节底座从立体库位置搬运至home点的例行程序"ltk_home"的运动轨迹相似,只需对入库位置点做多样化处理即可,故将例行程序命名为"home_ltk",功能为将关节成品套件从home点搬运至立体库单元,其具体程序及说明见表5-3-5。

表 5-3-5　例行程序"home_ltk"具体程序及说明

行号	程序	说明
1	MoveAbsJ home\NoEOffs, v150, fine, tool0;	工业机器人从 home 点出发
2	MoveAbsJ ltkp10\NoEOffs, v150, z50, tool0;	到达立体库拾取工件中间过渡点 ltkp10 位置
3	MoveL Offs (ltk{p}, 0, 120, 50), v150, z50, tool0;	到达立体库拾取关节成品套件过渡点位置
4	MoveL Offs (ltk{p}, 0, 0, 50), v150, z50, tool0;	到达立体库拾取关节成品套件过渡点位置
5	MoveL Offs (ltk{p}, 0, 0, 0), v150, fine, tool0;	精准到达立体库拾取关节成品套件位置
6	ot;	调用例行程序"ot",让弧口手爪工具打开
7	MoveL Offs (ltk{p}, 0, 0, 50), v150, z50, tool0;	返回立体库拾取关节成品套件过渡点位置
8	MoveL Offs (ltk{p}, 0, 120, 50), v150, z50, tool0;	返回立体库拾取关节成品套件过渡点位置
9	MoveAbsJ ltkp10\NoEOffs, v150, z50, tool0;	返回立体库拾取工件中间过渡点 ltkp10 位置
10	MoveAbsJ home\NoEOffs, v150, fine, tool0;	回到工业机器人 home 点

例行程序"home_ltk"如图 5-3-16 所示。在例行程序"cpru"中调用例行程序"home_ltk",如图 5-3-17 所示。图 5-3-17 中代码的功能为在已完成的里立体库单元数组应用中,调用第 5 号仓位位置。

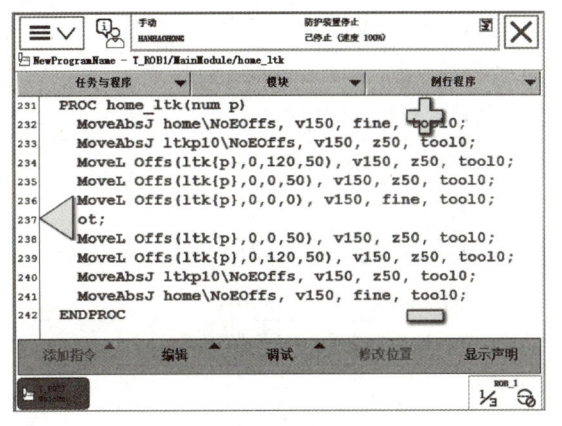

图 5-3-16　例行程序"home_ltk"　　　图 5-3-17　调用例行程序"home_ltk"

（7）工业机器人工具信号复位。在例行程序"cpru"中调用表示工业机器人工具信号复位的例行程序"fuwei_tool",如图 5-3-18 所示。

（8）工业机器人弧口手爪工具放回快换工具装置。从运动轨迹上来看,工业机器人放回工具运动轨迹相同,不同的是放回到快换工具装置上的位置。因此,要实现放回弧口手爪工具,调用例行程序"ptt"即可,如图 5-3-19 所示。

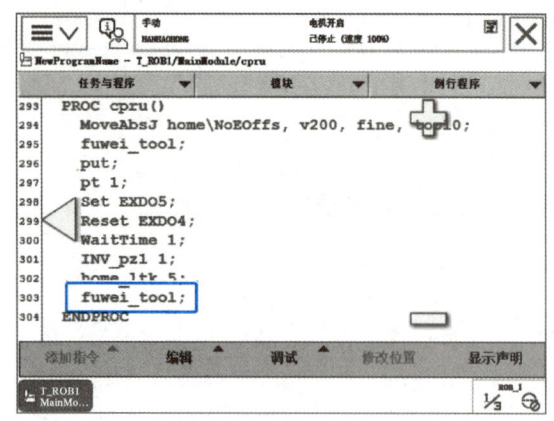
图 5-3-18　调用例行程序"fuwei_tool"

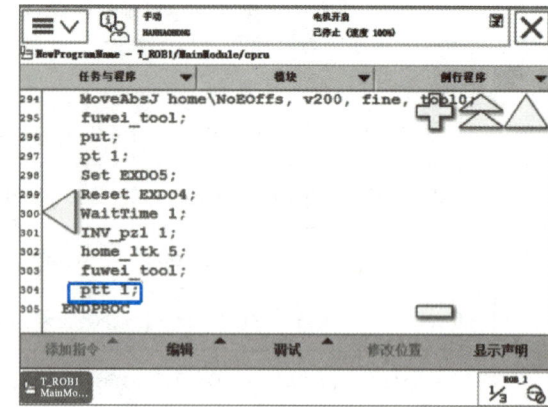
图 5-3-19　调用例行程序"ptt"

理论基础

一、关节成品入库应用过程与关键示教点规划

1. 例行程序

依照上述成品入库流程设计例行程序,相关例行程序说明见表 5-3-6。

表 5-3-6　例行程序说明

例行程序	说明
fuwei_tool	工业机器人工具信号复位
pt	工业机器人从快换工具装置中取工具
ptt	工业机器人将工具放至快换工具装置
INV_pz1	将关节成品套件从装配模块搬运至 home 点
home_ltk	将关节成品套件从 home 点搬运至立体库单元
pick	将钢珠伸出,使工具与机器人连接
put	将钢珠缩回,使工具与机器人分开
ct	使平口/弧口手爪工具闭合
ot	使平口/弧口手爪工具张开

2. 关键示教点

采用在线示教的方式实现关节成品入库应用的作业程序,关节成品入库应用路径中关键示教点见表 5-3-7。

表 5-3-7　关节成品入库应用路径中关键示教点

序号	关键示教点命名	关键示教点解释
1	tp{p}	p=1 时为拾取/放置弧口手爪工具的位置
2	bwjp10	拾取/放置工件在变位机上中间过渡点(关节坐标系下)

(续表)

序号	关键示教点命名	关键示教点解释
3	zp{p}	p=1时为关节成品套件拾取点位置(红色关节底座装配位置)
4	ltkp10	拾取/放置工件在立体库上中间过渡点(关节坐标系下)
5	ltk{p}	p=1时为立体库1号仓位位置
		p=2时为立体库2号仓位位置
		p=3时为立体库3号仓位位置
		p=4时为立体库4号仓位位置
		p=5时为立体库5号仓位位置
		p=6时为立体库6号仓位位置

二、智能仓储技术

1. 立体库单元

仓储管理在制造加工和物流管理中占据重要地位,随着制造环境智能程度的提升,产品制造仓库管理在生产和物流管理中发挥着越来越重要的作用。随着智能制造环境的改善,产品制造周期缩短,生产方式多样化,原材料(零部件)、半成品和成品的储存要求更加严格。在智能制造系统中,智能仓库利用传感器检测、自动控制等技术,根据生产流程,将进出仓库的物料从手动上料转换为自动下料,以实现物料自取。

本任务中使用的智能仓储模块(即立体库单元),由2行3列共6个仓位组成,用于存放电机外壳或电机成品、关节底座或关节成品。每个仓位安装有光电传感器,传感器与以太网I/O模块连接,当仓位放置电机成品时,传感器有物料信号反馈至物料检测寄存器中。

2. 立体库单元存储优势

1) 空间利用率提高

早期设计立体库的出发点就是希望提高空间利用率,以充分节约有限且宝贵的生产及存放空间。有些国家甚至把空间的利用率作为系统合理性和先进性考核的重要指标,将立体库的空间利用率与其规划紧密相连。一般来说,自动化三维轴承的空间利用率为普通平面轴承的2~5倍,这是相当可观的。

2) 物流系统先进

传统仓库只是储存货物的地方,货物储存的唯一形式为静态储存。自动化立体库采用先进的自动化物料搬运设备,不仅能够根据需要,自动在仓库内储存和接收货物,还可以与仓库外的生产环节有机相连。计算机管理系统和自动化控制已成为运营生产物流的重要组成部分。在指定的时间自动输出到下一道工序进行生产,从而形成一个自动化的短时储存物流系统,这是一种"动态储存",也是当今自动化仓库发展的一个明显的技术趋势。

3) 货物的存取节奏加快

具有自动化立体库的物流系统的优势在于,其在自动化高架仓库具有快速入、出库能力。它不仅可以在高架仓库中快速、有效地储存货物,还可以快速、及时、自动地将所需的组件和原材料运送到生产线上,这一功能无法通过普通平库来实现。

4)企业现代化的标志

自动化立体库在最大限度地利用土地、尽可能在满足生产要求、降低劳动强度、提高生产效率、加强生产和材料管理、减少库存积累等方面,具有前所未有的优势,这正是一个现代化企业所追求的。

三、工业机器人工具信号程序优化内容

1. 工业机器人信号程序

工业机器人工具信号相关例行程序见表 5-3-8。

表 5-3-8 工业机器人工具信号相关例行程序

例行程序	程序说明	程序内容
pick	将钢珠伸出,使工具与工业机器人连接	Set YV2; Reset YV1; WaitTime 1;
put	将钢珠缩回,使工具与工业机器人分开	Set YV1; Reset YV2; WaitTime 1;
ot	使弧口/平口手爪工具张开	Set YV3; Reset YV4; WaitTime 1;
ct	使弧口/平口手爪工具闭合	Set YV4; Reset YV3; WaitTime 1;
xt	吸盘工具吸附输出法兰	Set YV5; WaitTime 2;
cxt	吸盘工具破坏输出法兰真空	Reset YV5; Set YV4; WaitTime 1; Reset YV4;

2. 工业机器人信号程序优化

使用 ABB 机器人中的选择语句,添加 TEST-CASE 选择语句。TEST-CASE 语句结构如下:

```
TEST <EXP>
CASE <EXP>;
   <SMT>
CASE <EXP>;
   <SMT>
...
ENDTEST
```

将上述 6 个工业机器人信号相关程序转换为带参数的例行程序以优化编写。新建例行

程序,并命名为"YV(num s)",其具体程序指令和说明见表 5-3-9。在调用该例行程序时,可以通过改变 s 的赋值来实现工业机器人工具信号的变化。

表 5-3-9　工业机器人工具信号相关程序优化说明

序号	程序指令	说明
1	Test s;	选择第 s 个案例
2	CASE 1:	案例 1(原例行程序"put") 将钢珠缩回,使工具与工业机器人分开
3	Set YV1;	
4	Reset YV2;	
5	WaitTime 1;	
6	CASE 2:	案例 2(原例行程序"pick") 将钢珠伸出,使工具与工业机器人连接
7	Set YV2;	
8	Reset YV1;	
9	WaitTime 1;	
10	CASE 3:	案例 3(原例行程序"ot") 使弧口/平口手爪工具打开
11	Set YV3;	
12	Reset YV4;	
13	WaitTime 1;	
14	CASE 4:	案例 4(原例行程序"ct") 使弧口/平口手爪工具闭合
15	Set YV4;	
16	Reset YV3;	
17	WaitTime 1;	
18	CASE 5:	案例 5(原例行程序"xt") 吸盘工具吸附输出法兰
19	Set YV5;	
20	WaitTime 1;	
21	CASE 6:	案例 6(原例行程序"cxt") 吸盘工具破坏输出法兰真空
22	Reset YV5;	
24	Set YV4;	
25	WaitTime 1;	
26	Reset YV4;	
27	ENDTEST	结束选择

 关联图谱

智能仓储技术		工业机器人信号程序		关节成品入库	
了解智能仓储技术的概念及发展	能够完成立体库单元数组应用程序的编写	掌握工业机器人工具信号程序优化方法	能够完成工业机器人工具信号优化程序编写及调试	理解关节成品入库过程轨迹及关键点规划方法	能够完成关节成品入库编程及调试
理论	实践	理论	实践	理论	实践

任务实施记录单及验收单

任务名称: 关节成品入库应用		实施日期	
任务要求	掌握关节成品入库应用,通过工业机器人在线示教编程,完成关节成品入立体库单元4号仓位的任务		
学习重点			
学习难点			
计划用时		实际用时	
组别		组长	
组员姓名			
成员任务分工			
实施场地			
现场 5S 管理			
任务实施步骤与信息记录	(任务实施过程中重要的信息记录,是撰写工程说明书和工程交接手册的主要文档资料,可另附纸张) 1. 立体库单元数组应用 2. 关节成品入库应用流程分析 3. 关节成品入库应用过程与关键示教点规划 4. 关节成品入库应用程序编写 		

（续表）

综合评价	1. 目标完成情况 2. 存在问题 3. 改进方向

理论综合测验

一、判断题

(　　) 1. ProcCall 指令可以调用带参数的例行程序。

(　　) 2. 若 p 赋值为 1，则数组 ltp{p}与 ltp{1}数据位置相同。

二、单选题

1. (　　)适用于自动化生产线搬运、装配及码垛。

　A. 工业机器人　　　　　　　　　B. 军用机器人

　C. 社会发展与科学研究机器人　　D. 服务机器人

2. 用于装配的工业机器人，称为(　　)。

　A. 焊接机器人　　B. 喷涂机器人　　C. 装配机器人　　D. 码垛机器人

3. (　　)是 ABB 机器人的位置点数据。

　A. Robtarget　　B. wobjdata　　C. tooldata　　D. worldzoom

4. 设置工业机器人弧口手爪工具打开信号时，将 YV3 信号置(　　)，YV4 信号置(　　)。

　A. 1;0　　　　B. 1;1　　　　C. 0;0　　　　D. 0;1

5. 设置工业机器人弧口手爪工具闭合信号时将 YV3 信号置(　　)，YV4 信号置(　　)。

　A. 1;0　　　　B. 1;1　　　　C. 0;0　　　　D. 0;1

6. 工业机器人控制弹珠缩回的信号 YV1 是(　　)。

　A. 数字量输入信号　　　　　　　B. 数字量输出信号

　C. 模拟量输入信号　　　　　　　D. 模拟量输出信号

项目六

工业机器人点焊应用

项目概述

本项目学习工业机器人点焊技术在制造业中的应用。通过学习本项目,学生可以了解机器人点焊是如何实现的,并可以掌握组建一套机器人点焊工作站控制系统并完成点焊的方法。

任务一　机器人点焊工作站配置

 任务概述

本任务主要学习机器人点焊系统软件和硬件的基本组成,工作站中部分硬件的工作原理,以及 PLC 控制器与机器人的网络通信设定,为点焊应用做好准备工作。

 任务目标

知识目标:
1. 了解机器人点焊系统软件选项及功能。
2. 了解机器人点焊系统硬件功能及基本原理。
3. 了解配置机器人点焊系统网络的方法。

技能目标:
1. 能够完成机器人点焊系统软件基本配置,了解相关硬件的功能及工作原理。
2. 能够完成点焊工作站系统硬件通信与组态。

素养目标:
1. 提升学生获取和运用知识的能力。
2. 培养学生技术探索积极性及创新立异的思维。

点焊机器人
功能选项

一、机器人本体

本任务现场采用的机器人为 ABB 机器人 IRB6700,其负载为 200 kg,工作区域为 2 600 mm,重复定位精度在 0.02～0.06 mm,如图 6-1-1 所示。

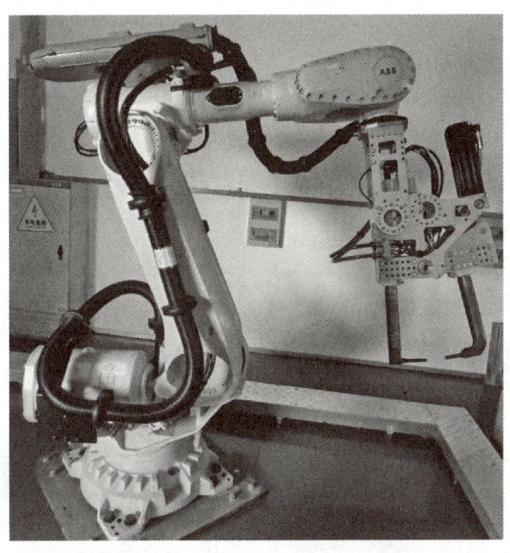

图 6-1-1　ABB 机器人 IRB6700

二、机器人功能选项设置

(1) 选取"888-2 PROFINET Controller/Device"工业网络选项,如图 6-1-2 所示。

(2) 机器人软件的附加选项,选择"988-1 RW Add-in Prepared",方便利用 RobotStudio SDK 进行功能开发,如图 6-1-3 所示。

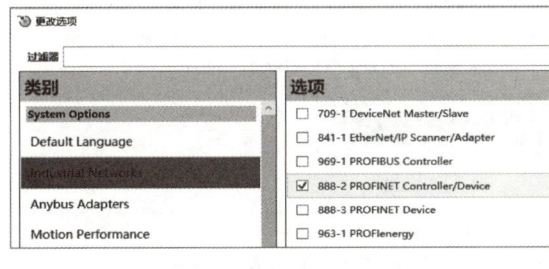

图 6-1-2　工业网络选项

图 6-1-3　软件的附加选项选择

(3) 选择"608-1 World Zones"运动事件选项,设定机器人 TCP 空间工作区域,可以用于安全防撞保护,如图 6-1-4 所示。

(4) 选择"613-1 Collision Detection"运动监控选项,用于机器人碰撞检测,避免机器人本体或者外围设施损坏,如图 6-1-5 所示。

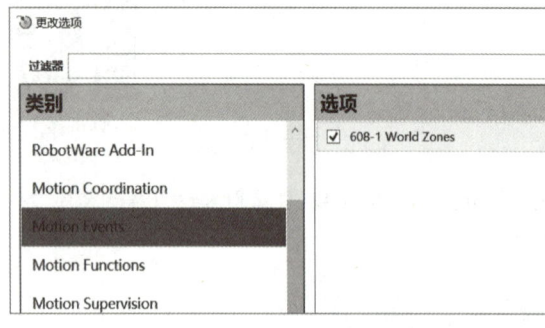

图 6-1-4 区域监控选项

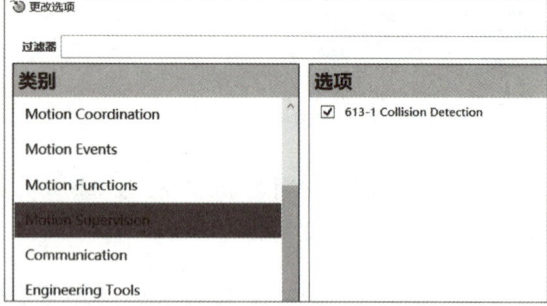

图 6-1-5 碰撞监控选项

（5）选择"623-1Multitasking"项目工程工具选项,实现多任务运行,如图 6-1-6 所示。

（6）选择"635-6 Spot Welding"点焊选项包,即点焊系统功能组,它提供功能强大的点焊功能,如图 6-1-7 所示。

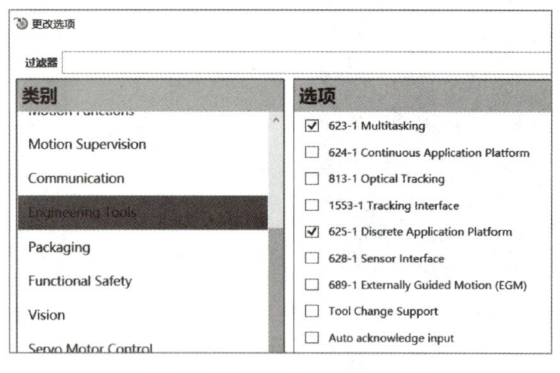

图 6-1-6 多任务运行选项   图 6-1-7 点焊应用选项

（7）选择"Spot Servo"伺服点焊系统,如图 6-1-8 所示。

（8）附加驱动单元选项,选择"ADU－790A in position X3"机器人的附加轴,如图 6-1-9 所示。

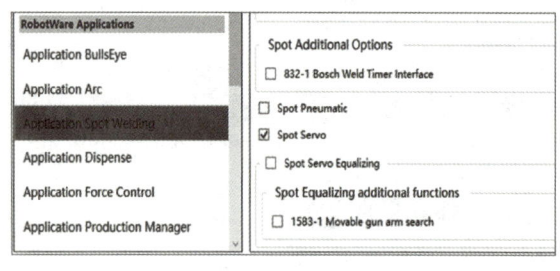

图 6-1-8 伺服点焊系统选项   图 6-1-9 附加驱动单元选项

三、点焊系统硬件组态

1. PLC 通讯组态

（1）打开西门子博图 1500CPU,新建项目,在项目中添加"CPU1515F",如图 6-1-10

所示。

（2）在 CPU 属性中选择"以太网地址"选项，输入 CPU 的 IP 地址"10.120.130.1"；子网掩码"255.255.255.0"，如图 6-1-11 所示。

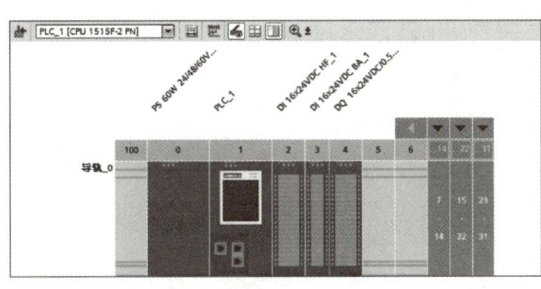

图 6-1-10 添加"CPU1515F"

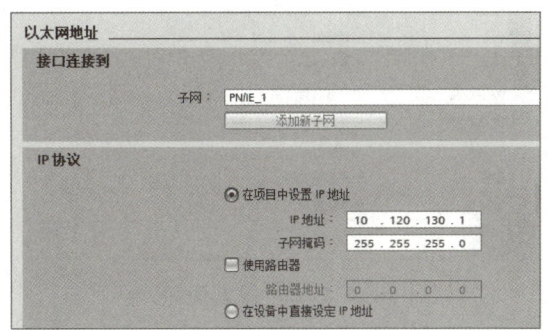

图 6-1-11 设定 CPU 的 IP 地址及子网掩码

（3）在网络视图中添加 ABB 机器人，选择 Basic V1.4 版本，如图 6-1-12 所示。

（4）设定机器人在 PLC 组态中的 IP 地址为"10.120.130.200"，子网掩码为"255.255.255.0"；同时设定 ABB 机器人的站点名称或者使用默认名称，如图 6-1-13 所示。

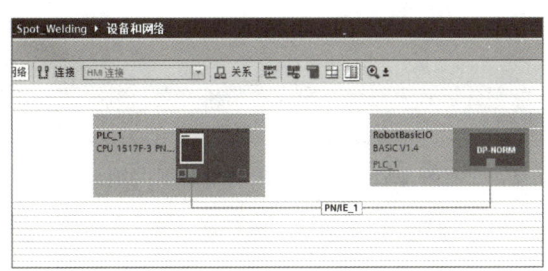

图 6-1-12 添加 ABB 机器人

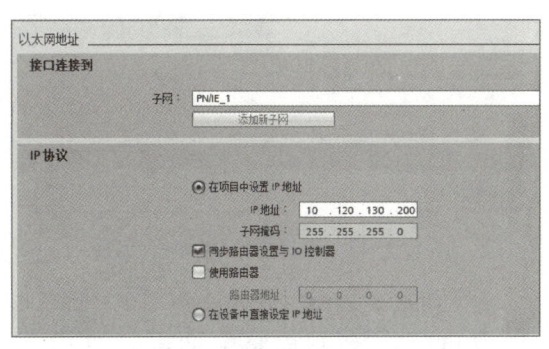

图 6-1-13 设定机器人的站点名称及 IP 地址

（5）PLC 与 ABB 机器人 Profinet 通信 I/O 地址的设定。本任务应用了 32 位输入和 32 位输出，并且输入和输出的首地址都是 200，因此需要在软件中完成地址设定，如图 6-1-14 所示，设定完成后下装到 CPU 即可。

2. 机器人通信设定

1）机器人 IP 地址设定

（1）进入示教器的控制面板，如图 6-1-15 所示。

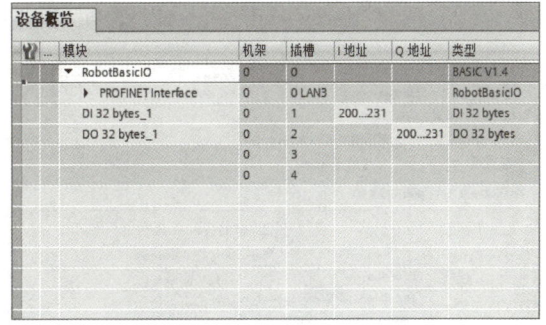

图 6-1-14 设定通信 I/O 地址

（2）点击"配置"按钮，在"主题"列表中选择"Communication"选项，如图 6-1-16 所示。

（3）选择"IP Setting"选项，如图 6-1-17 所示。

（4）输入 IP 地址及子网掩码，Label 可以任意设定，如图 6-1-18 所示。

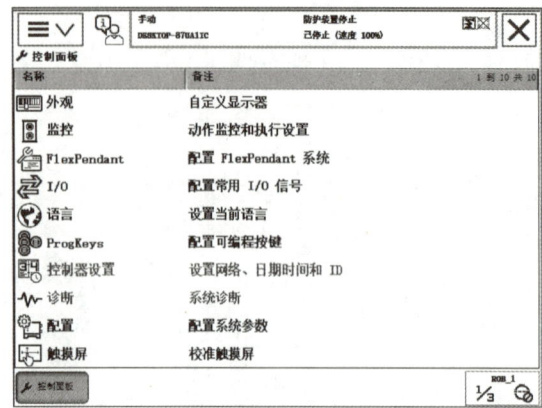

图 6-1-15　控制面板

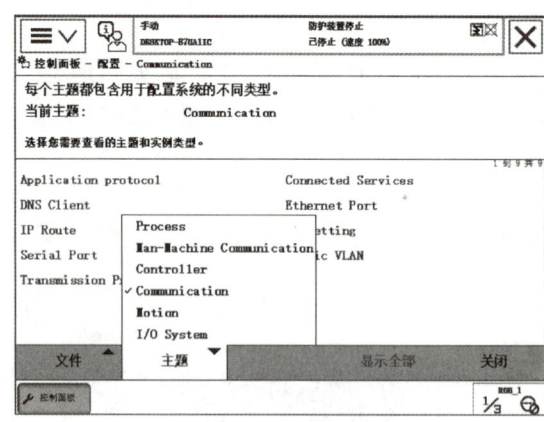

图 6-1-16　通信配置

图 6-1-17　选择"IP Setting"选项

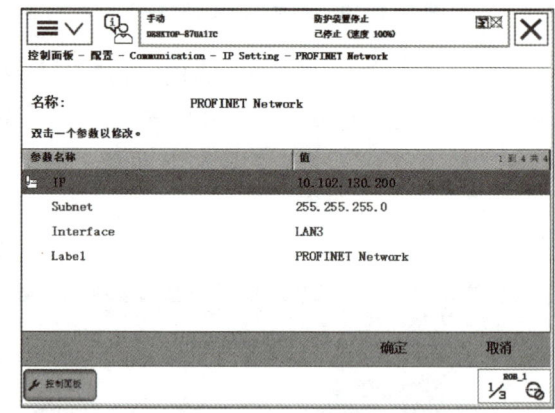

图 6-1-18　设定 IP 地址及子网掩网

2）机器人网络名称设定

（1）进入控制面板下的配置界面，在"主题"列表中选择"I/O System"选项，如图 6-1-19 所示。

（2）选择"Industrial Network"选项，再选择"Profinet"选项，如图 6-1-20 所示。

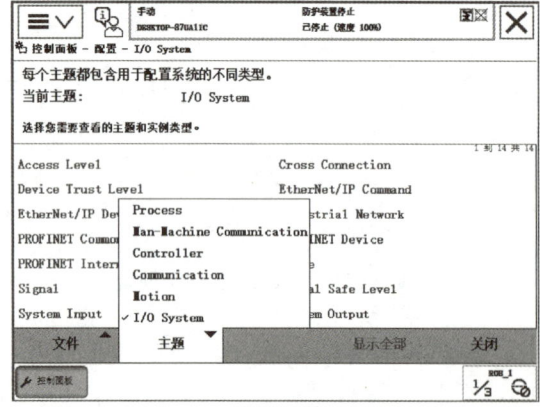

图 6-1-19　控制面板通信配置界面

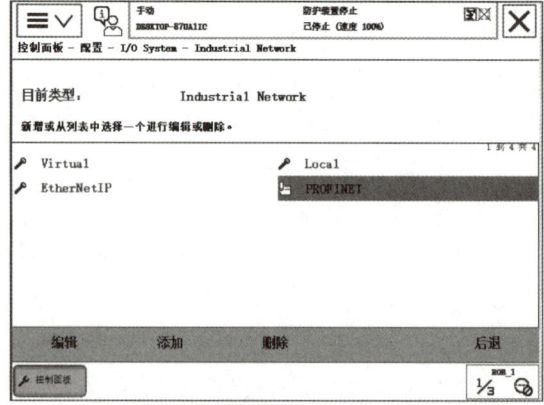

图 6-1-20　选择"Profinet"选项

（3）在"Profinet Station Name"处设定机器人的 Profinet 网络名称，默认为"robotbasicio"，这个名称要与 PLC 硬件组态中的名称保持一致，如图 6-1-21 所示。

3）机器人网络通信 I/O 设定

（1）机器人的 Profinet 的通信 I/O，同样要与 PLC 中设定的通信输入输出字节数相同，本任务中设定步骤如下：点击"控制面板"→"配置"→"主题"→"I/O"→"PROFINET Internal Device"→"PN_Internal_Device"→"编辑"，如图 6-1-22 所示。

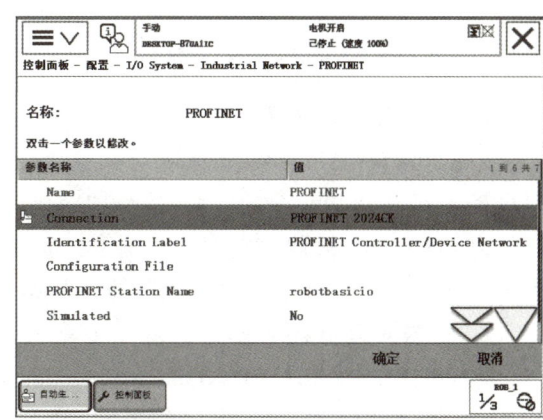

图 6-1-21　工业网络名称设定

（2）PLC 与机器人端的通信设定完成后可以实现 Profinet 通信。机器人与 PLC 通信具体的位、字节、字、双字都可以在 ABB 机器人的信号中添加。使用示教器添加信号的步骤为：点击"控制面板"→"配置"→"主题"→"I/O"→"signal"→"添加"，如图 6-1-23 所示。

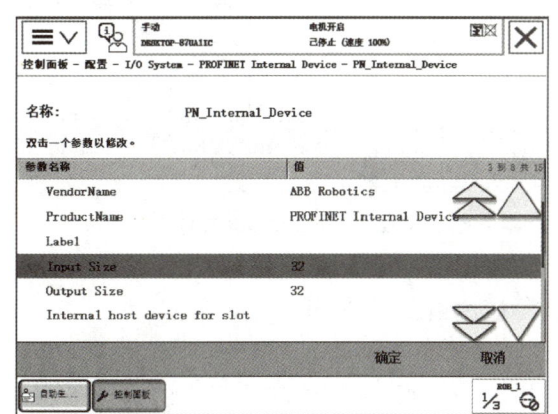

图 6-1-22　通信 I/O 设定

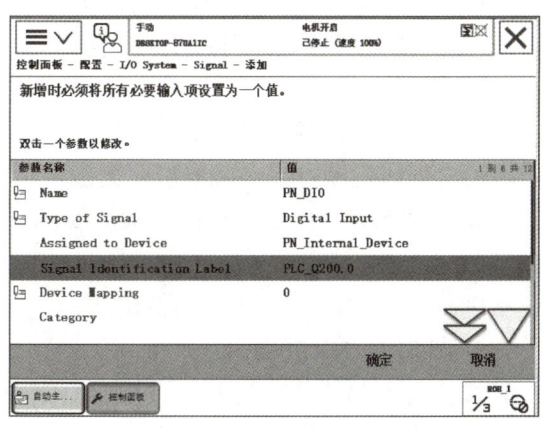

图 6-1-23　添加输入信号

理论基础

一、机器人点焊简介

机器人点焊是由机器人带动焊枪精准运行到工艺点，伺服或气动控制焊枪的动点（初级）压紧焊接工件，两层金属在两个电极的压力下形成接触电阻，随后焊接变压器输出高电流，两个接触点形成瞬时热焊接，在电阻热的作用下工件接触处熔化形成熔核，熔核冷却结晶形成焊点，从而实现点焊的技术。

点焊热量计算公式为

$$Q = KI^2RT \tag{6-1-1}$$

其中，Q 为点焊热量；K 为效率因子，约为 0.24；I 为焊接电流；R 为电极间电阻；T 为焊接时间。

二、机器人配置选项及组件

1. 机器人工业网络选项

根据现场网络应用情况选取与其他硬件相匹配的工业网络。机器人控制器与西门子 PLC 控制器是 Profinet 通信,需要配置"888-2 Profinet Controller/Device"选项。此选项表示既可以与 PLC 控制器进行主-主通信,也可以作为主站进行主-从通信。选项"888-3 Profinet Device"只能作为 PLC 控制器的从站,不可以作为主站进行主-从通信。

2. 机器人运动监控选项

运动监控选项"613-1 Collision Detection",用于检测机器人碰撞,主要作用是当发生碰撞时减少碰撞力对机器人本体的影响,避免机器人本体或者外围设施损坏。ABB 机器人中的运动监控系统非常灵敏,检测到碰撞事件后,ABB 机器人会立即停止,并会沿碰撞行走路径反方向移动一小段距离,以释放残余应力。当碰撞报警被确认之后,不需要重新上电,ABB 机器人就可以沿着之前的路径继续工作。

选择了运动监控功能后,在示教器中就可以对机器人运动过程中碰撞检测灵敏度进行设定。灵敏度(Motion Supervision Level)默认值为 100%,最大值为 300%,数值越大灵敏度越低。另外此功能也可以关闭,取决于实际应用情况,如图 6-1-24 所示。

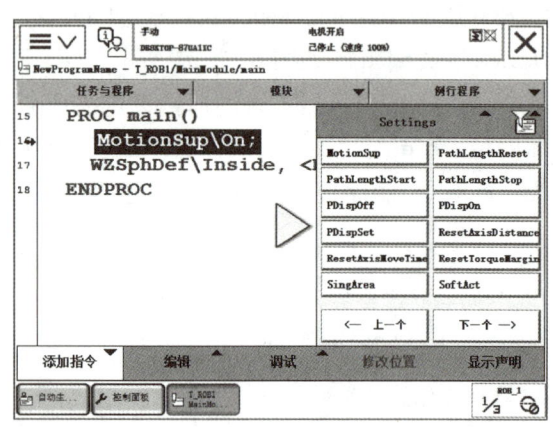

图 6-1-24 运动监控在程序中开关

3. 机器人点焊选项

机器人点焊选项为机器人点焊定制简单易用的功能组,并提供功能强大的点焊指令,可实现快速精确定位,并具有焊枪操纵、过程启动、点焊设备监控等功能。优化的运动和工艺控制功能可缩短平均点焊作业时间。该选项可与机器人控制器操作系统无缝集成。

若选择了"635-6 Spot Welding"点焊选项,在示教器上就可以看到一些关于点焊应用的系统文件和对应的接口信号,如图 6-1-25、图 6-1-26 所示。

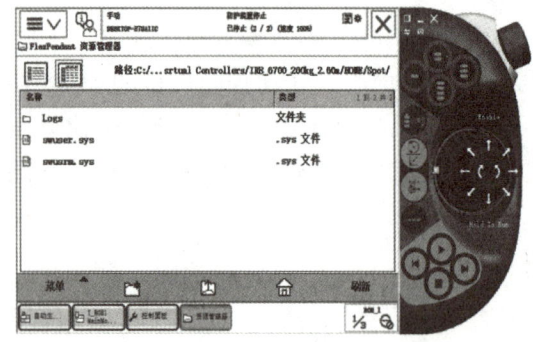

图 6-1-25 点焊相关文件

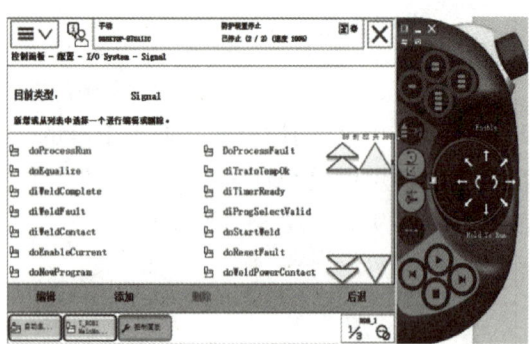

图 6-1-26 点焊接口信号

4. 逆变控制器

逆变控制器的作用是把三相交流电通过整流与逆变,输出单项方波电源提供给焊接的变压器,变压器通过变压提供给焊枪低电压高电流中频电源,完成点焊焊接。逆变控制器提供了一个标准的以太网接口,可以实现用户设备网络互联的需求。

逆变控制器由两部分组成,一部分是功率部分,一部分是控制部分及控制参数。

（1）功率部分包括整流和逆变。

（2）控制部分主要由系统的 CPU 和选件模块组成,通过其不同的选件模块实现控制器的不同功能。

点焊焊接过程实际就是用参数描述焊接电流随时间变化的过程,整个过程是受参数控制的,过程中的参数作为程序存储在控制系统中。点焊焊接过程时序如图 6-1-26 所示。

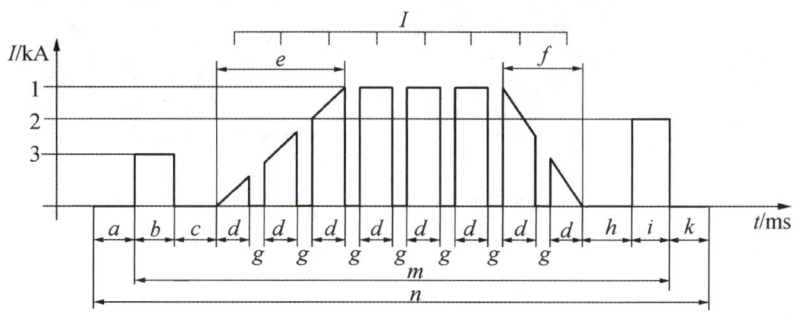

图 6-1-26　点焊焊接过程时序

图 6-1-26 中的点焊焊接过程时间参数含义如下。

a（Lead time）：表示当点焊开始,焊枪对工件进行夹紧并施加压力时间。

b（Pre-heating time）：焊接前预加热时间。

c（Heat compensation time）：在预热结束和开始连续加热之间的暂停时间。

e（Current increase time）：表示电流增加到恒定值所需时间。

f（Current decrease time）：表示电流从恒定值到停止加热的时间。

g（Pause time）：表示分段加电流、降电流和最大电流的分段暂停时间。

h（Recooling time）：表示冷却时间,是停止加热和回火之间的时间。

i（Post-heating time）：表示回火加热时间,释放应力。

k（Dwell time）：表示回火保持时间,焊钳仍处于夹紧状态但无电流。

n（Open time）：表示点焊开启到结束,整个焊接过程时间。

逆变控制器中还可以设定焊接模式、程序号、焊点号、电极修磨参数、电极更换等参数。

5. 点焊焊枪

机器人点焊焊枪按驱动形式可以分为两大类,一类是气动焊枪,利用气缸驱动电极;另一类是伺服焊枪,利用伺服电机驱动电极。每类焊枪按照外形又分为 C 型和 X 型。焊枪的焊接变压器有分体式和一体式两种,其冷却方式都采用了水冷。

气动焊枪包括 C 型焊枪和 X 型焊枪,如图 6-1-27 所示。

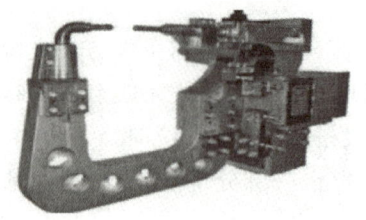 

（a）C 型气动焊枪　　　　　　　（b）X 型气动焊枪

图 6-1-27　气动焊枪

伺服焊枪包括 C 型焊枪和 X 型焊枪，如图 6-1-28 所示。

（a）C 型伺服焊枪　　　　　　　（b）X 型伺服焊枪

图 6-1-28　伺服焊枪

6. 冷却水机组

在机器人点焊过程中整个逆变控制器回路、导电铜、变压器、焊接电极等部件在大电流长时间的作用下会产生发热现象，大大地影响和干扰了焊接效果，冷却水机组可对各部件进行降温冷却以保证焊接效果。

冷却水机组的工作原理是压缩机将高压气态冷却剂从蒸发器中抽出，并将其压入冷凝器（压缩机出来的高温高压气体变为中温高压液体）。高压气态冷却剂经冷凝器液化，释放的热量被空气带走。高压液态冷却剂经膨胀阀的节流作用而降压，低压液态冷却剂在蒸发器中对循环水进行冷却，热的制冷剂又被压缩机抽走，经过压缩再次泵入冷凝器，如此使冷却剂进行封闭的循环流动，对循环水进行冷却，供给点焊系统中发热部件降温使用。Naser 水冷式冷却水机组工作原理如图 6-1-29 所示。

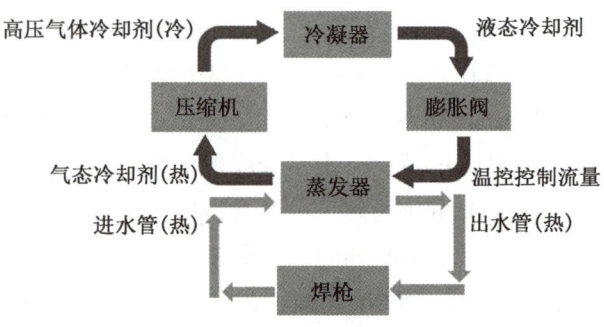

图 6-1-29　Naser 水冷式冷却水机组工作原理

三、点焊工作站系统网络

点焊系统工作站的所有硬件的通信连接使用的都是西门子的 Profinet 网络协议，PLC 控制器是西门子博图 1500 系列 CPU，对应的 Profnet I/O 设备使用的是 ET200Pro，水/气的控制阀岛使用的是日本的 SMC 系列产品,修磨和夹具工位使用的 I/O 设备是国产实点和零点的产品。

 **关联图谱**

点焊机器人基本选项配置		工作站系统网络及组态	
了解伺服焊枪的选项	使用示教器选择相应的点焊选项	系统网络通讯组态	对现场机器人及 I/O 设备进行硬件组态
理论	实践	理论	实践

 任务实施记录单及验收单

任务名称:机器人点焊工作站配置		实施日期	
任务要求	利用示教器完成伺服点焊系统的基本选项配置;完成点焊工作站的网络通讯组态配置		
学习重点			
学习难点			
计划用时		实际用时	
组别		组长	
组员姓名			
成员任务分工			
实施场地			
现场 5S 管理			
任务实施步骤与信息记录	(任务实施过程中重要的信息记录,是撰写工程说明书和工程交接手册的主要文档资料,可另附纸张) 1. 点焊用机器人的基本选型配置 2. 在 PC 端完成 PLC 控制器的组态并下装到 CPU 中 3. 使用示教器完成机器人的 Profinet 网络配置 		

（续表）

综合评价	1. 目标完成情况 2. 存在问题 3. 改进方向

任务二　伺服焊枪的配置及应用

任务概述

本任务学习机器人伺服焊枪的配置及应用，包括如何将伺服焊枪的标准配置文件导入机器人控制器，焊枪在投入使用前如何进行校准、标定以及一些与焊枪相关参数如何设定使用。

任务目标

知识目标：
1. 理解将伺服焊枪配置文件导入机器人控制器的方法。
2. 理解伺服焊枪如何校零及调相。
3. 理解伺服焊枪在投入使用前如何进行标定。

技能目标：
1. 能够完成焊枪配置文件的导入。
2. 能够完成焊枪初始化及校准。
3. 能够完成外部伺服轴调相。
4. 能够完成伺服焊枪压力校准。

素养目标：
1. 提升学生获取和运用知识的能力。
2. 培养学生技术探索的积极性。

实践训练

一、伺服焊枪配置文件（MOC.cfg）导入

1. 焊枪配置文件导入

（1）将带有焊枪配置文件的U盘插入示教器，进入"控制面板"界面，点击"配置"按钮，

伺服焊枪的
配置实操演示

点击"文件"按钮,选择"加载参数…"选项,如图 6-2-1 所示。

(2)选择"加载参数并替换副本"单选项,如图 6-2-2 所示。

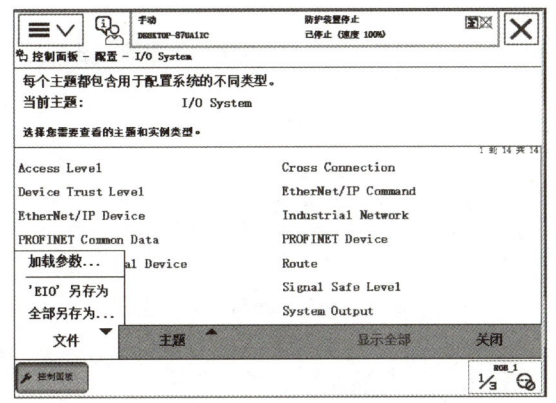

图 6-2-1　加载参数

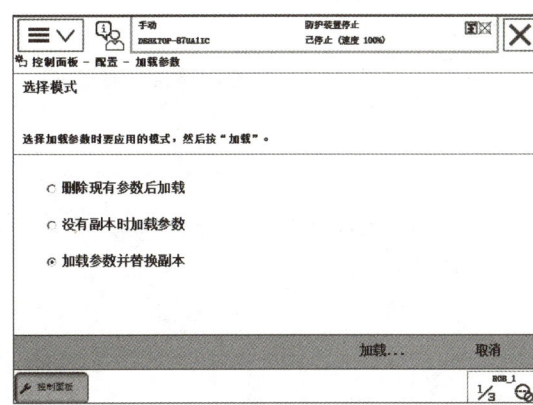

图 6-2-2　加载参数替换副本

(3)点击"加载"按钮,选择 U 盘中 MOC.cfg 文件,点击"确定"按钮,如图 6-2-3 所示。

(4)文件加载后系统重启,在示教器的右上角会出现一个小齿轮,表示文件加载成功,如图 6-2-4 所示。

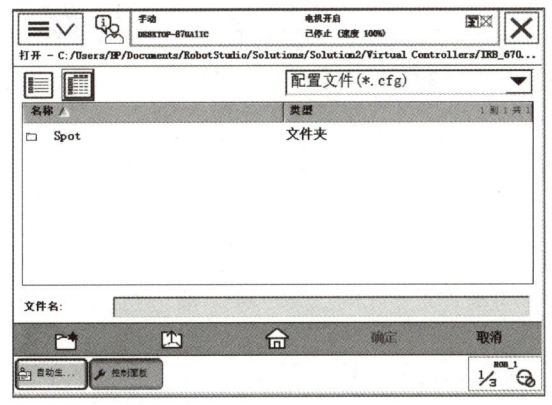

图 6-2-3　配置文件加载界面

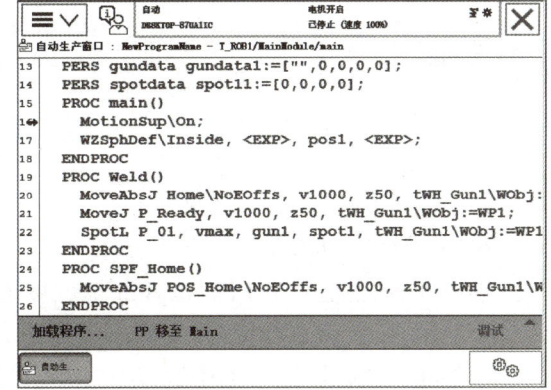

图 6-2-4　右上角出现齿轮图标

2. 更改焊枪配置文件

在实际焊接现场如果一台机器人需要使用两个或两个以上焊枪工具时,则机器人需要对焊枪进行自动更换,那么就需要在自动启动更换时屏蔽焊枪的自动耦合轴和焊钳温度检测功能,具体操作如下。

(1)在示教器上选择"控制面板",进入配置界面,在"主题"列表中选择"Motion"选项。

(2)在 Motion 界面中,选择"Mechanical Unit",并点击进入,如图 6-2-5 所示。

(3)点击"SGUN_1"并进入配置参数界面,如图 6-2-6 所示。在参数选项中选择"Active at Start Up"选项,并将其更改为"NO"选项,如图 6-2-7 所示。

(4)同样在 SGUN_1 的配置参数界面,找到"Deactivate PTC Supervisor"参数,将其更改为"YES",如图 6-2-8 所示。

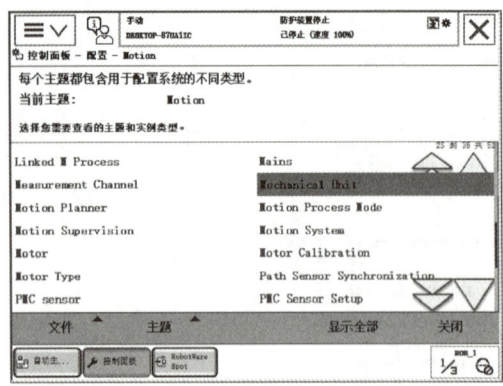

图 6-2-5　Motion 界面

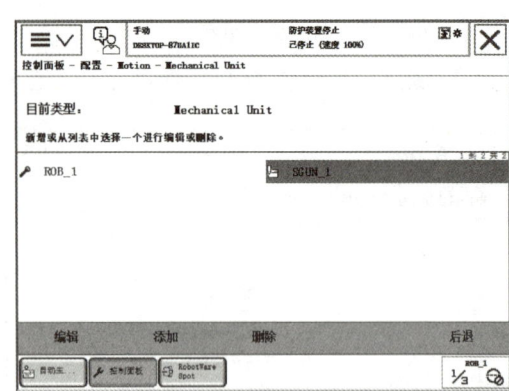

图 6-2-6　Mechanical Unit 界面

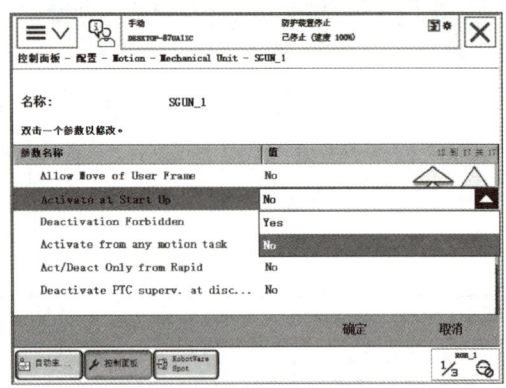

图 6-2-7　禁止自动耦合轴

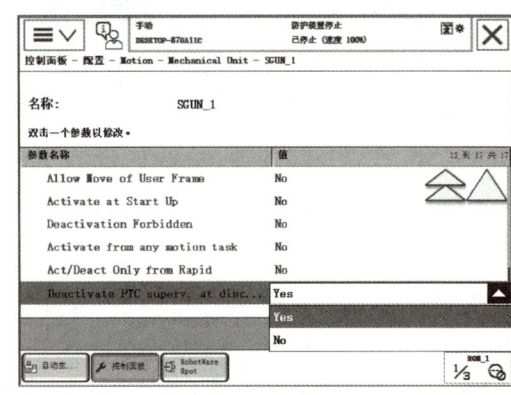

图 6-2-8　禁止温度检测

二、伺服焊枪校零及调相

1. 伺服焊枪的校零

焊枪配置完成后，伺服焊枪外部轴就可以手动动作了，此时，需要对焊枪进行校零，将焊枪手动闭合，然后进行微校，具体步骤如下。

（1）在示教器校准界面中选择"SGUN_1"选项，如图 6-2-9 所示。

（2）选择"校准参数"→"微校"选项，如图 6-2-10 所示。

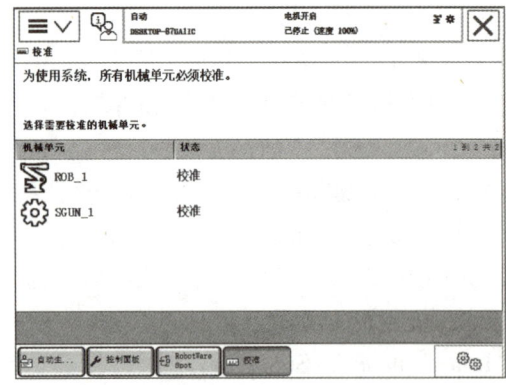

图 6-2-9　校准界面

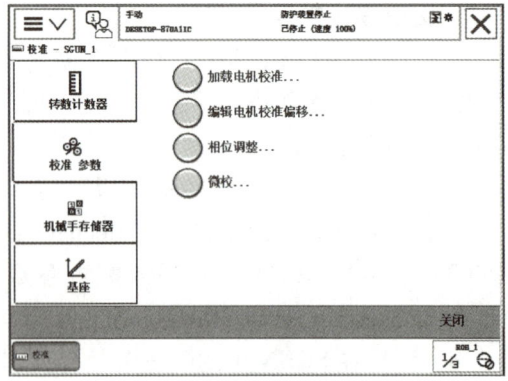

图 6-2-10　焊枪外部轴微校界面

（3）点击"微校"按钮，提示需要将外部轴运行到零点位置，也就是焊枪的动臂与静臂贴合点，如图 6-2-11 所示。

（4）点击"确定"按钮，选择"SGUN_1"选项完成焊枪外部轴校准，如图 6-2-12 所示。

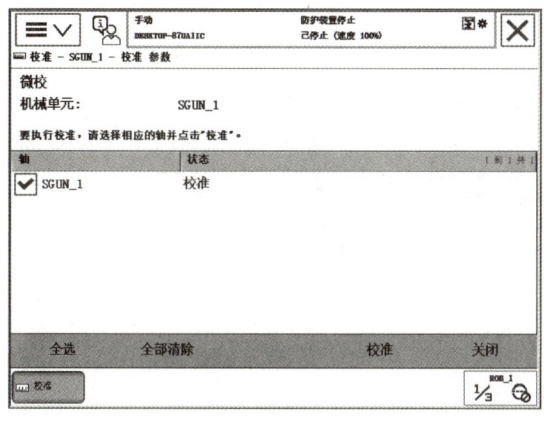

图 6-2-11　选择 SGUN_1 校准

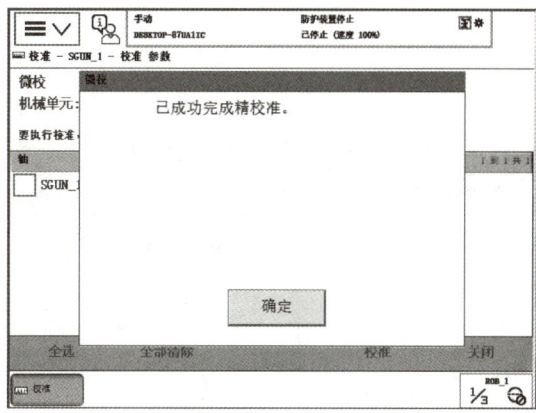

图 6-2-12　完成校准

2. 外部轴调相（Commutation）

（1）在程序编辑器中点击"调试"按钮，选择"调用例行程序"选项，在例行程序中选择调相子程序"Commutation"，如图 6-2-13 所示。

（2）手动接通机器人使能，启动例行程序，如图 6-2-14 所示。

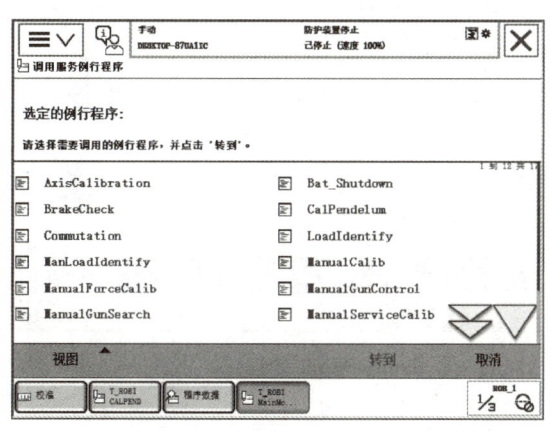

图 6-2-13　调用例行程序

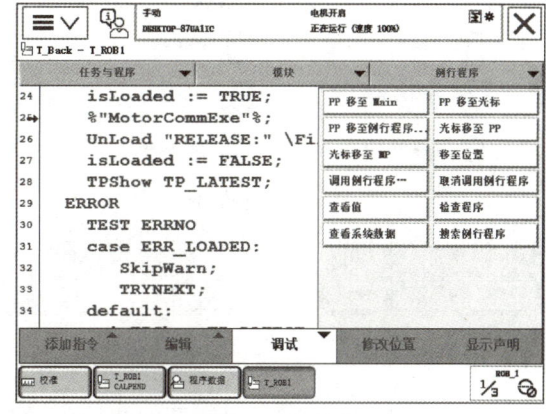

图 6-2-14　启动例行程序

（3）启动例行程序后，示教器上会出现提示信息，点击"OK"按钮，如图 6-2-15 所示。

（4）出现提示信息，点击"Comm"按钮，如图 6-2-16 所示。

调相结束后，退出功能界面，这时就可以自由运行伺服焊枪了。如果没有做校零动作，此时就可以闭合焊枪并做校零。

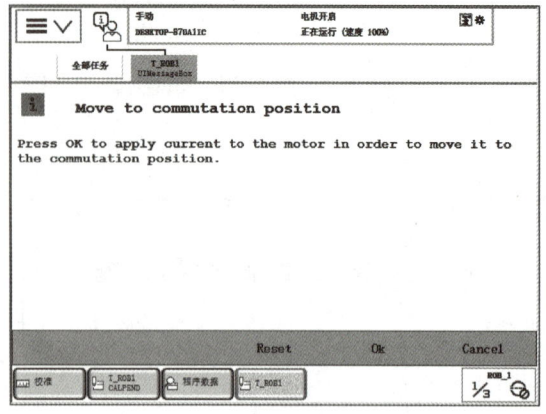
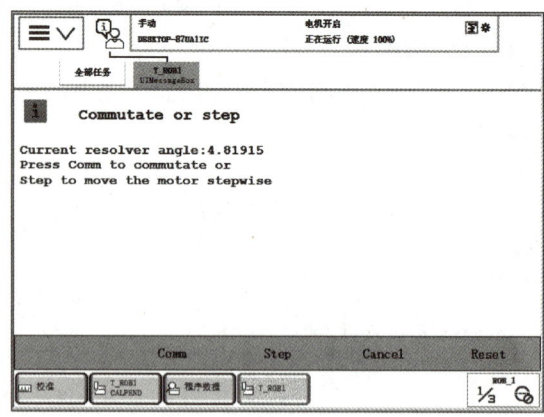

图 6-2-15　提示移动调相电位置　　　　图 6-2-16　提示用户选择正常还是逐步运行

三、伺服焊枪的标定

1. 伺服焊枪初始化

（1）进入"Robot Ware Spot"界面，点击"手动操作"按钮，如图 6-2-17 所示。

（2）选择"焊枪初始化"，提示初始化后电极帽的数据将被更新，如图 6-2-18 所示。

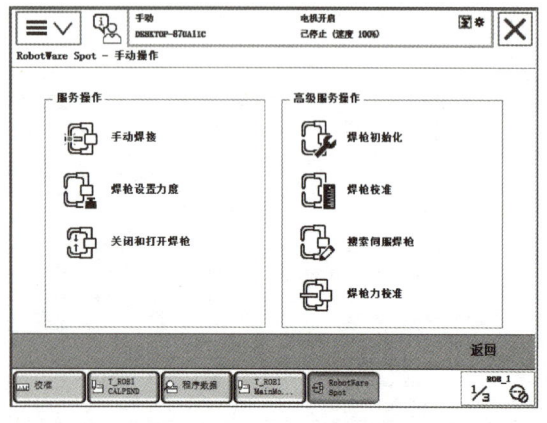
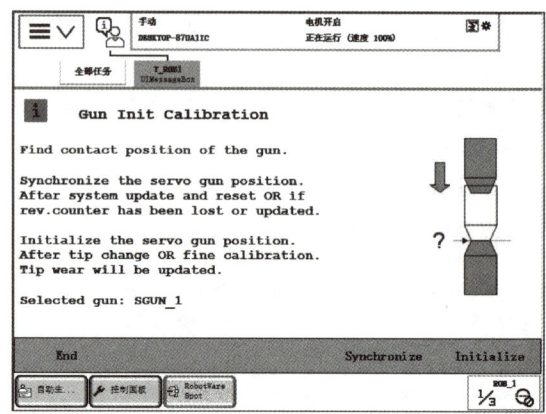

图 6-2-17　Robot Ware Spot 界面　　　　图 6-2-18　焊枪初始化界面

（3）点击"Initialize"按钮开始初始化，如图 6-2-19 所示。

（4）系统会提示焊枪将快速运行到 10 mm 处，然后慢速寻找闭合点，这时电极数据将被更新，一定要确保电极帽已更换为全新的。点击"OK"按钮，如图 6-2-20 所示。

（5）初始化结束，如图 6-2-21 所示。

2. 伺服焊枪校准

（1）进入 Robot Ware Spot 界面，点击"手动操作"按钮，如图 6-2-22 所示。

（2）手动加载使能，然后点击点焊手动界面上的"校准"按钮，如图 6-2-23 所示。

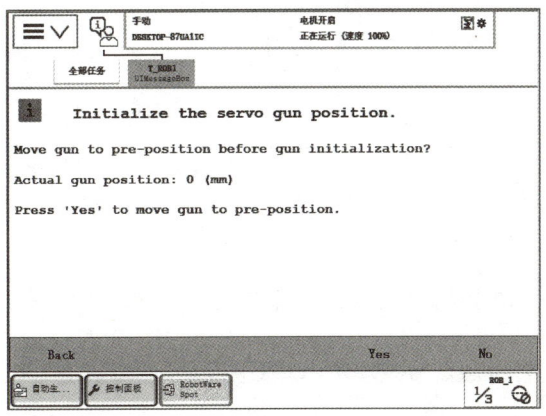

图 6-2-19　焊枪将移动到闭合位置

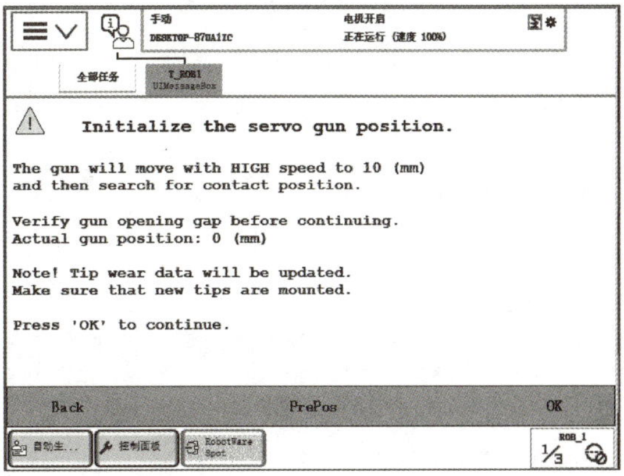

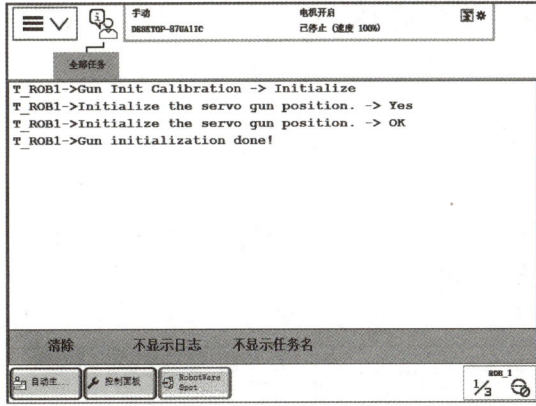

图 6-2-20　提示焊枪寻找闭合点

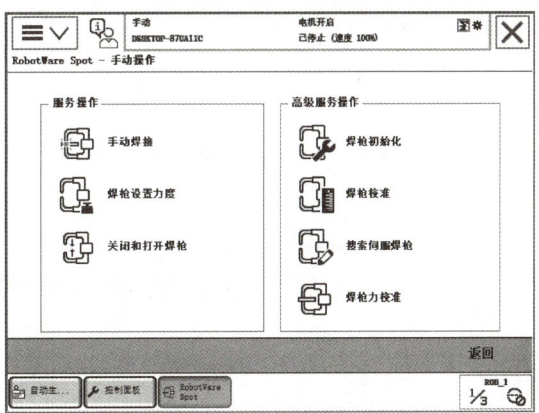

图 6-2-21　焊枪初始化结束

图 6-2-22　点焊手动界面

3. 校准焊枪压力范围

（1）选择控制面板主题"Motion"，在 Motion 界面中找到"SG Process"选项，并点击进入，如图 6-2-24 所示。

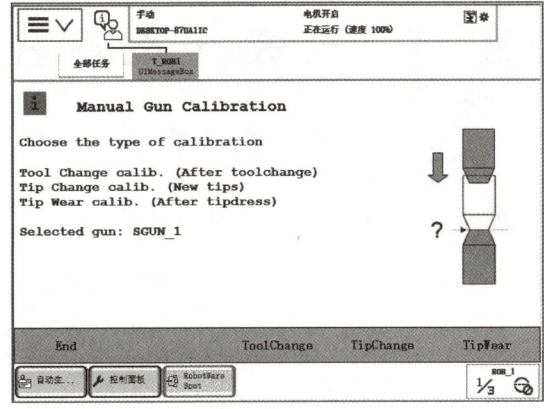

图 6-2-23　焊枪校准界面

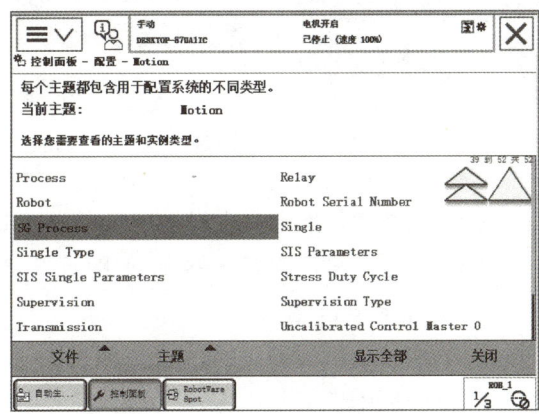

图 6-2-24　SG Process 选项

（2）找到需要设定的焊枪号，并点击进入，如图6-2-25所示。

（3）校准最大压力设为2 800 N；校准的最小压力设为700 N；校准时间。设为0.5 s，如图6-2-26所示。

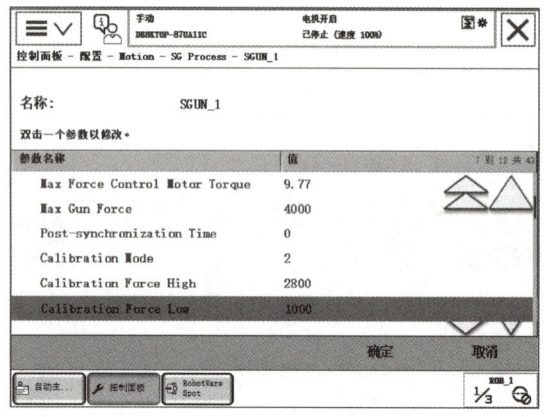

图6-2-25　焊枪参数设定界面

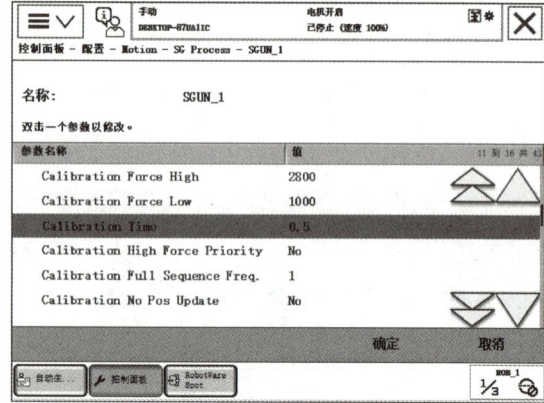

图6-2-26　焊枪校准压力

（4）同步检测参数"Sync Check Off"由"No"修改为"Yes"，如图6-2-27所示。

4. 焊枪力校准

（1）安装外部压力传感器，在示教器的"Robot Ware Spot"界面中选择手动操作，选择焊枪力校准，然后点击"Setup"按钮进行校准参数设定，如图6-2-28所示。

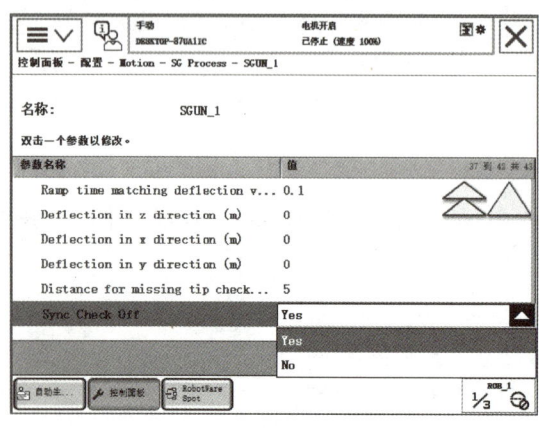

图6-2-27　同步检测开启

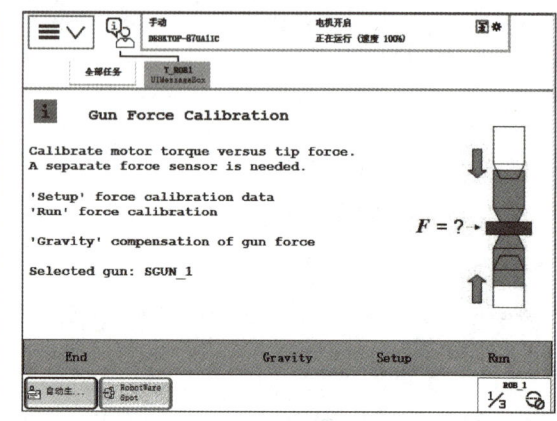

图6-2-28　焊枪压力校准

（2）校准动作次数是在参数"Number of measurement"中设定的，如图6-2-29所示。

（3）校准值显示在示教器上，如图6-2-30所示。

5. 焊枪开合范围

（1）在控制面板界面的"主题"列表中选择"Motion"，找到"Arm"选项，并点击进入，如图6-2-31所示。

（2）找到要设定的焊枪"SGUN_1"，并点击进入，如图6-2-32所示。

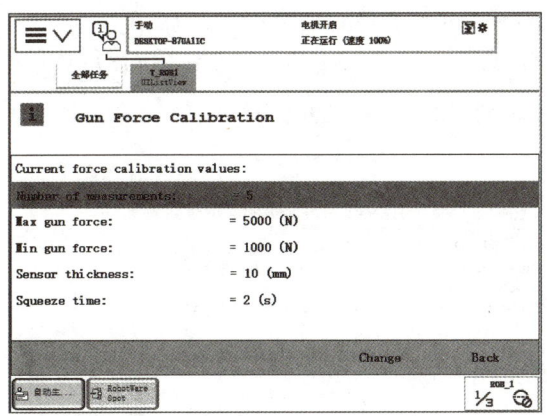

图 6-2-29 校准压力参数设置

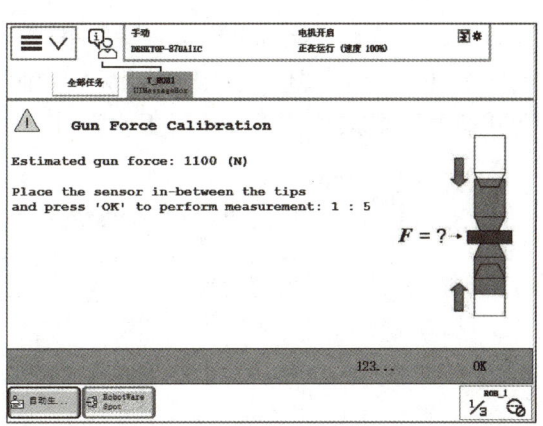

图 6-2-30 焊枪压力多次校准

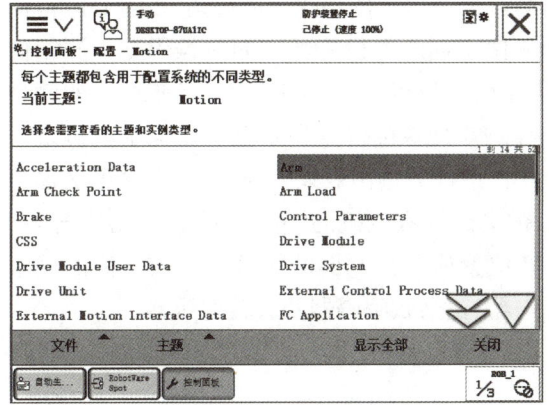

图 6-2-31 "Arm"选项

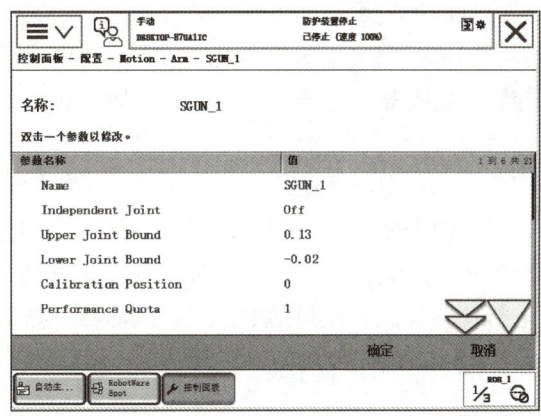

图 6-2-32 选择"SGUM_1"焊枪

理论基础

一、伺服焊枪

伺服焊枪配置的目的是优化伺服电机的参数使其平稳运行,并设定伺服焊枪开口极限位置保护焊枪,以及设定焊枪的压力保证焊接的质量。

伺服焊枪是由伺服控制器驱动伺服电机来控制焊枪的夹紧与打开动作,焊枪的伺服控制器需要应用添加外部轴来实现应用控制。

二、焊枪配置文件

伺服焊枪会有一个相关的配置文件,配置文件分直驱和皮带驱动两种,文件设置了焊枪的默认名称及默认参数等,文件里的参数不可轻易改动,只需要直接下载到机器人控制器中即可,使用示教器或 RobotStudio 软件都可以实现配置文件下载。

首次导入焊枪的配置文件的时候,示教器都会报警,此时解除的方法有两种,一种是使用微校功能"fine calibration",另一种方法是使用更新转数计数器功能"Updata Revolution

Counters"。两种方法都可以可消除警报,报警消除后机器人控制器可以上电使用。

另外,如果不想使用默认的伺服外部轴"7"号轴,想更改为"8"号轴或者"9"号轴,那么可以打开配置文件,将"axis_7"更改为对应轴号即可,如图6-2-33所示。

```
121 JOINT:
122
123     -name "SGUN_1" -logical axis_7 -use_measurement_channel "SGUN_1"\
124     -use_process "SGUN_1" -use_axc_filter "SGUN_1" -use_arm "SGUN_1"\
125     -use_transmission "SGUN_1" -use_brake "SGUN_1" -use_supervision "SGUN_1"\
126     -use_drive_system "SGUN_1" -uncalibrated_control_master_type "UCCMO"\
127     -use_uncalibrated_control_master "SGUN_1"\
128     -normal_control_master_type "LCMO" -use_normal_control_master "SGUN_1"
129 #
```

图 6-2-33　更改伺服外部轴号

三、焊枪伺服调相(Commucation)

伺服焊枪配置文件导入故障清除后,若手动运行伺服焊枪出现故障或振动,则需要进行伺服调相。调相实际就是调整或校准伺服电机编码,使得伺服电机旋转一圈后编码器检测相位与转子磁极相位对齐。永磁交流伺服电机的编码器相位与转子磁极相位对齐的唯一目的就是要达成矢量控制,避免控制失速、飞车、电机振动异响等现象的发生。永磁交流伺服电机定子绕组产生的电磁场始终正交于转子永磁场,才能获得最佳的输出效果,这种控制方法也被称为磁场定向控制,达成控制目标的外在表现就是永磁交流伺服电机的"相电流"波形始终与"相反电势"波形保持一致,从而使伺服电机控制与其位置检测控制匹配一致。目前主流的伺服电机位置反馈元件包括增量式编码器、绝对式编码器、正余弦编码器及旋转变压器。

四、伺服焊枪标定

1. 伺服焊枪初始化校准

更换新的伺服焊枪、焊枪机械结构出现了变化,或更换新的电极帽后,都需要对焊枪进行初始化。

2. 焊枪标定压力范围

这个范围值实际是焊枪压力校准时的一个保护区间,校准压力的最大值一般是焊枪规定压力最大值的70%~80%,而校准压力的最小值一般是摩擦压力的1.5~2倍。焊枪的最大压力(Max Gun Force)是4 000,那么把校准最大压力设定在2 800~3 200之间即可(经验值);焊枪校准的最小压力设为750~1 000(经验值);校准时间设为0.5 s即可(经验值),然后就可以利用外部压力传感器对伺服焊枪的夹紧力进行多次校准,找到压力均衡点。

3. 焊枪开合范围

设定焊枪动臂与静臂的开合最大范围,确保焊枪臂过度张合造成的损坏。只需要设定焊枪的上臂(动臂)移动的最大范围及最小范围,其他参数不需要改变,使用默认值即可。焊枪臂移动的最大范围可以根据现场情况使用尺子测量得出,焊枪说明书会给出其极限保护值。焊枪臂移动的范围值单位是 m。

4. 焊枪的传动比

手动运行焊枪的开合,用卡尺进行测量,要尽量测量得准确一些,否则会影响焊枪臂的实际动作尺寸,从而影响焊接质量,也会造成焊枪的损坏。

关联图谱

伺服焊枪的配置及应用					
伺服焊枪配置文件		伺服焊枪校准		伺服焊枪的参数标定	
理解伺服焊枪配置文件意义	能够根据配置文件配置伺服焊枪	理解伺服焊枪的调相及校准意义	能够应用示教器进行伺服焊枪校准及调相	理解伺服焊枪的重要参数的意义	能够使用示教器对伺服焊枪进行标定
理论	实践	理论	实践	理论	实践

任务实施记录单及验收单

任务名称：伺服焊枪的配置及应用		实施日期	
任务要求	在示教器上完成伺服焊枪的配置；应用示教器进行伺服焊枪校准及调相；使用示教器对伺服焊枪进行标定		
学习重点			
学习难点			
计划用时		实际用时	
组别		组长	
组员姓名			
成员任务分工			
实施场地			
现场5S管理			
任务实施步骤与信息记录	（任务实施过程中重要的信息记录，是撰写工程说明书和工程交接手册的主要文档资料，可另附纸张） 1. 伺服焊枪的配置文件 2. 应用示教器进行伺服焊枪校准、调相步骤 3. 对伺服焊枪进行标定的步骤 		

（续表）

综合评价	1. 目标完成情况 2. 存在问题 3. 改进方向

任务三　点焊应用与编程

任务概述

本任务主要学习点焊的基本编程指令。通过示教与编程，实现机器人点焊的动作过程。了解点焊应用过程中的运行区域监控（World Zone）功能和机器人多任务运行（Multitasking）功能。

任务目标

知识目标：
1. 掌握 SpotJ 和 SpotL 指令内容。
2. 了解 World Zone 功能及应用。
3. 了解 Multitasking 功能及应用。

技能目标：
1. 能够在程序编辑器中熟练编写 SpotJ、SpotL 指令。
2. 能够进行焊接轨迹设计。
3. 能够实现 World Zone 和 Multitasking 功能。

素养目标：
1. 提升学生获取和运用知识的能力。
2. 培养学生技术探索积极性。

实践训练

一、点焊位置示教

将制作好的工装夹具放在焊接平台或者变位器上，再用定位销定位并将工装夹具锁紧。

在机器人点焊过程中,需要确定四个关键示教点,即示教原点 Home、机器人的待焊接点 P_Ready、机器人的点焊位置 1 P_0001、点焊位置 2 P_0002。下面以两个焊点为例进行编程讲解。机器人的焊接轨迹为:Home→P_Ready→P_0001→P_0002→P_Ready→Home。

1. 示教原点位置

新建一个例行程序,示教原点 Home 的位置、待焊接点 P_Ready 位置都要根据现场环境路径及示教,这里不做讲解。

2. 示教焊点位置

手动操作机器人,将焊接工具运行到工件对应的焊点,然后在示教器中示教焊点。

(1)在手动操作界面的工具坐标处选择焊枪工具,如图 6-3-1 所示。

(2)根据焊枪的说明完成焊枪工具 TCP 数据和焊枪的重量参数设定,如图 6-3-2 所示。

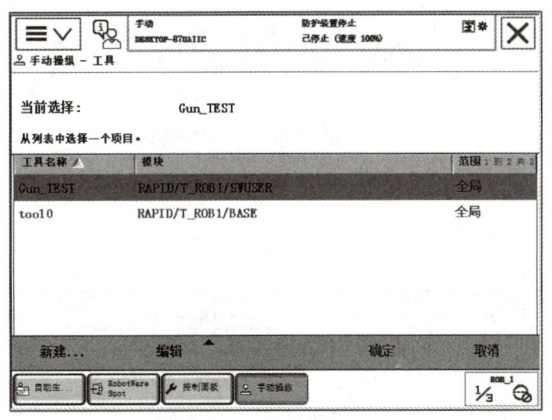

图 6-3-1 选择焊枪工具

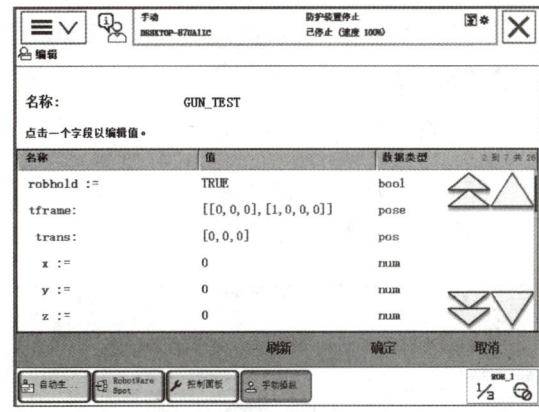

图 6-3-2 设定焊枪工具参数

(3)在新建的例行程序中添加焊接指令(SpotWeld 指令),如图 6-3-3 所示。

(4)进入焊接指令界面后可以看到所有和点焊相关的编程指令,添加 SpotL 指令,并分别定义每一个焊点,如图 6-3-4 所示。

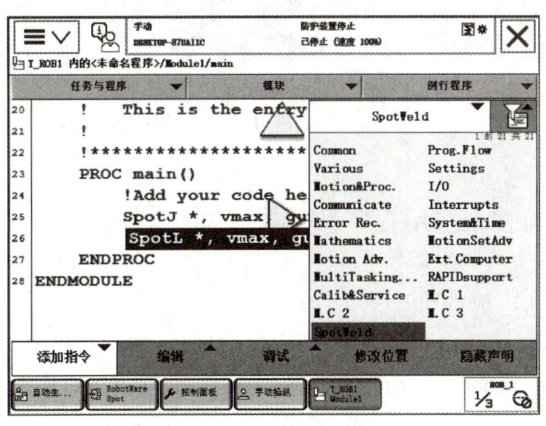

图 6-3-3 添加 SpotWeld 指令

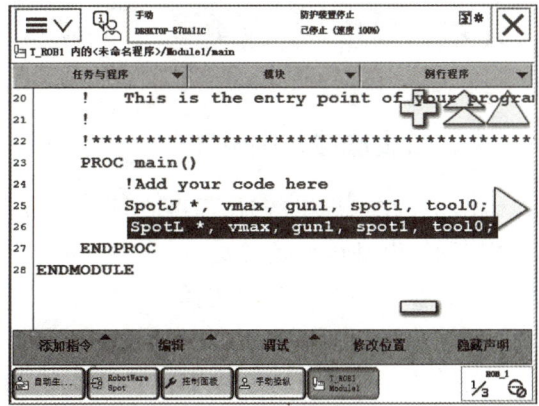

图 6-3-4 添加 SpotL 指令

二、监控区域（World Zones）设定

（1）进入例行程序，添加指令，选择"MotionSetAdv"指令，如图6-3-5所示。
（2）以球体监控区域为例，添加WZSphDef指令，如图6-3-6所示。

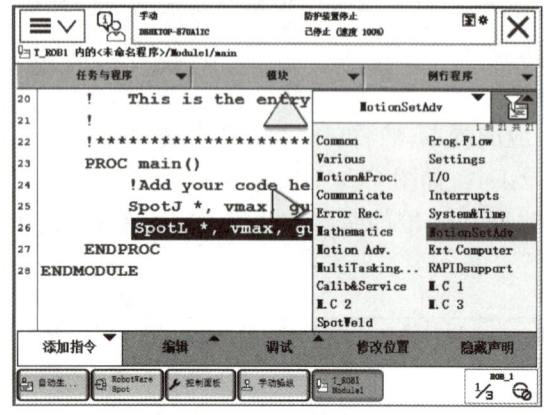

图6-3-5　MotionSetAdv指令

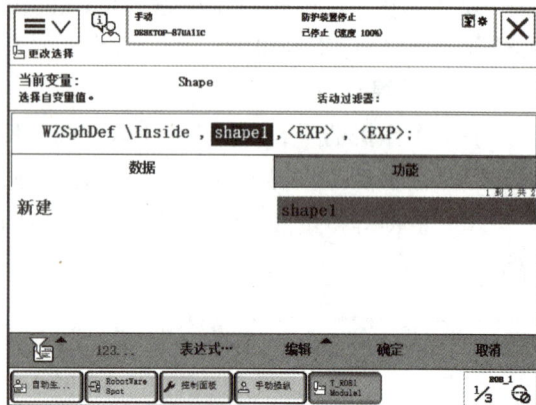

图6-3-6　WZSphDef指令

（3）设定球体监控区域球心，如图6-3-7所示。
（4）设定球体监控区域半径，如图6-3-8所示。

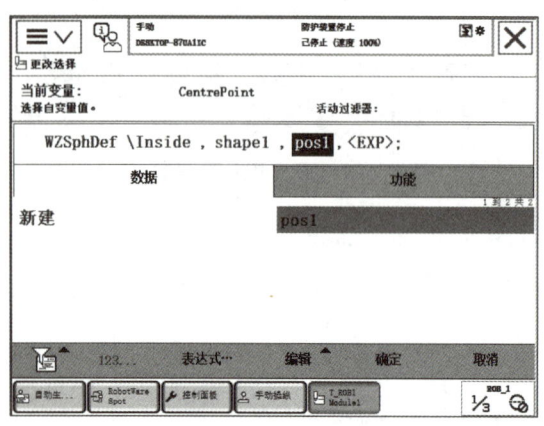

图6-3-7　设定球心

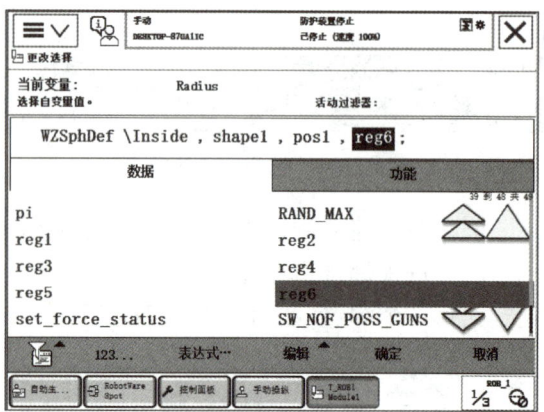

图6-3-8　设定球体监控区域半径

三、设定底层程序循环运行

机器人在点焊运行时，需要在同一时间运行多个应用程序，例如水、气的监控，因此设定底层程序循环运行是必要的。

（1）在"主题"列表中选择"Controller"选项后，界面如图6-3-9所示。
（2）选择"Task"并新建一个任务，如图6-3-10所示。

新任务参数设定："Task in Foregound"参数用于设定程序的优先级，一般不设置该参数，即表示程序的优先级一样；"Type"参数用于设定任务类型，先选择"Normal"选项将新建程序在前台运行，再进行相应编程。

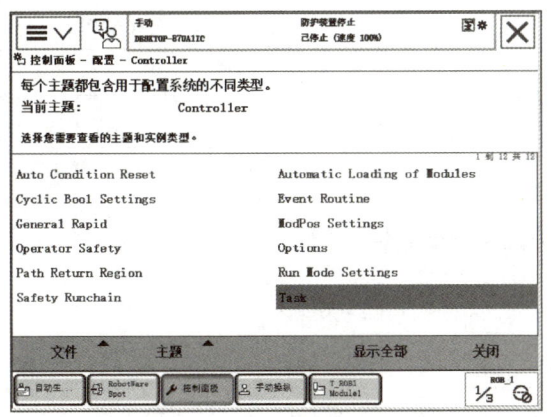
图 6-3-9 主题 Controller 界面

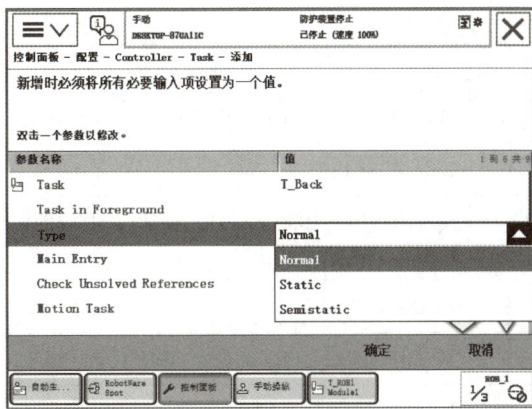
图 6-3-10 新建任务

（3）"Main Entry"参数设定为新建主程序,如图 6-3-11 所示。
（4）"Type"参数设定为"SemiStatic",如图 6-3-12 所示。

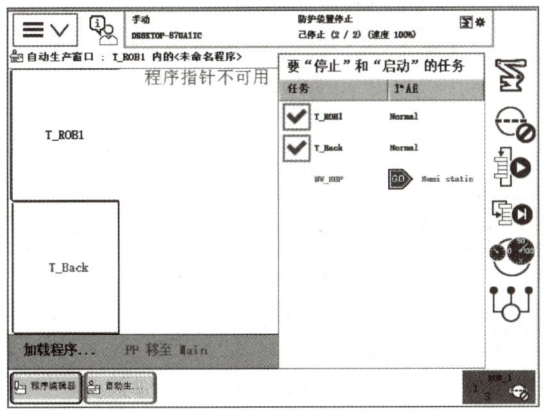
图 6-3-11 新建主程序

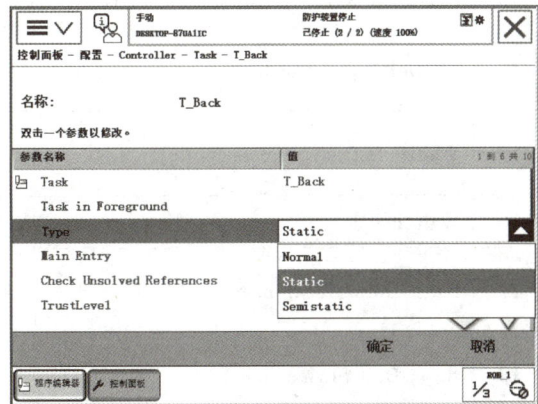
图 6-3-12 "Type"参数设为"SemiStatic"

四、点焊应用

所有点焊编程准备工作完成后,开始进行点焊程序编辑。新建例行程序"WeldPrg"作为工业机器人自动点焊例行程序,其内容及说明见表 6-3-1。

表 6-3-1 工业机器人自动点焊例行程序内容及说明

行号	程序内容	说明
1	PROCWeldPrg( );	调用点焊例行程序
2	MoveAbsJ home\NoEOffs,v1000,fine,tWH_Gun1_Ref;	机器人运行到原点
3	Set DoRobInWelding;	置位信号"DoRobInWelding" 输出 DeviceMap"200"
4	WaitDI DiRunSeg1,1;	等待 PLC 信号,同时开启控制器输入 DeviceMap"81"

(续表)

行号	程序内容	说明
5	MoveJP_Ready,v1000,fine,tWH_Gun1_Ref;	运行到待焊接点
6	EnterZone 1;	激活干涉保护区
7	SpotJ P_01 v1000, gun1, Spot_P5000050_HA01_2_CB02, tWH_Gun1_Ref;	焊接第一个焊点
8	ExitZone 1;	关闭干涉保护区
9	MoveJP_Ready,v1000,fine,tWH_Gun1_Ref;	运行到待焊接点
10	EnterZone 1;	激活干涉保护区
11	SpotJ P_0002 v1000, gun1 Spot_P5000050_HA01_2_CB02, tWH_Gun1_Ref;	焊接第二个焊点
12	ExitZone 1;	关闭干涉保护区
13	CheckTip WH1, WeldController1, tWH_Gun1;	判断电极修帽、换帽
14	Set DoRobTaskFinish;	置位信号"DoRobTaskFinish" 输出 DeviceMap"10"
15	WaitDI DiTaskComplete,1;	等待 PLC 信号 输入 DeviceMap"11"
16	WaitTime 1;	等待 1 s
17	Reset DoRobTaskFinish;	复位信号"DoRobTaskFinish" 输出 DeviceMap"10"
18	Reset DoRobInWelding;	复位信号"DoRobInWelding" 输出 DeviceMap"200"
19	WaitDI DiTaskComplete, 0;	等待 PLC 信号"DiTaskComplete" 输入 DeviceMap "11"
20	IF di_TipDressReq = 1 THEN	判断 PLC 信号"di_TipDressReq" 是否需要修帽,DeviceMap"51"
21	TipDress_WH1	如果 PLC 发出修帽请求,机器人将运行修帽例行程序
22	ENDIF	结束判断
23	IF diTipChangeReq = 1 THEN	判断 PLC 信号"diTipChangeReq" 是否需要换帽,DeviceMap"52"
24	TIPCHANGE_WH1	如果 PLC 发出换帽请求,机器人将运行换帽例行程序
25	ENDIF	结束判断
26	ENDPROC	结束点焊程序 WeldPrg

理论基础

一、SpotJ/SpotL 指令

SpotJ/SpotL 指令是 ABB 机器人的点焊语句，其中 SpotL 指令使 ABB 机器人以 MoveL 直线形式走到焊接点并焊接，SpotJ 指令使 ABB 机器人以 MoveJ 形式走到焊接点焊接。指令"SpotJ/SpotL ＊,Vmax,Gun1,Spot1,tWH_GUN1,Wobj"的具体意义如下：

"＊"表示焊点名称。

"Vmax"表示机器人从上一个位置点移动到当前焊点的速度。

"Gun1"表示当前焊点使用的焊枪号。

"Spot1"表示当前焊点使用的焊接数据。

"tWH_GUN1"表示工具坐标。

"Wobj"表示当前工件坐标。

点焊指令语句中的"Gun"，可以在程序数据"gundata"里查看和编辑，如图 6-3-13 所示。

其中，"gun_name"表示焊枪名称；"Weld_counter"表示焊点计数；"Max_nof_welds"表示焊点数；"Curr_tip_wear"表示当前修帽量；"Max_tip_wear"表示最大修帽量。

点焊指令语句中的"Spot"为焊接数据，可以在程序数据"spotdata"中查看和编辑，如图 6-3-14 所示。

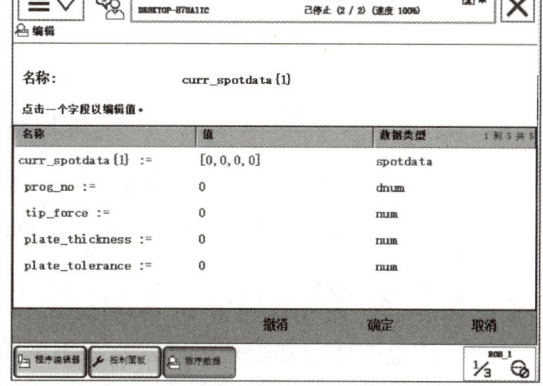

图 6-3-13　程序数据"gundata"　　　　图 6-3-14　程序数据"spotdata"

其中，"prog_no"表示焊接程序号，对应的是焊接控制中的程序号；"Tip_force"表示焊接压力；"Plate_thickness"表示焊板的厚度；"Plate_tolerance"表示焊板厚度检测时的允许误差。

二、World Zone 功能

机器人的 World Zone 功能（608-1 选项）主要定义了机器人的运行区域，当机器人进入

或离开这个区域后会发出一个信号。例如,现场有多个机器人在一个区域工作,那么当机器人的工作区域发生干涉时,可以通过 World Zone 功能来防止机器人发生碰撞。机器人工作时与外部设备发生干涉时,也可以使用此功能。

World Zone 的相关指令存放在示教器的"添加指令"→"Motion set Adv"菜单下。

WZBoxDef 表示 World Zone 功能定义的监控区域是方形区域,以大地坐标系为基准,通过对角线的两点定义监控区域。

WZCylDef 表示 World Zone 功能定义监控的区域是圆柱体区域,以大地坐标系为基准,定义圆柱的监控区域。

WZSphDef 表示 World Zone 功能定义监控的区域是球体区域,以大地坐标系为基准,通过圆心及半径定义球形监控区域。

WZLim. jiontDef 表示通过关节坐标系的绝对位置设定机器人的软限位监控区域。

WZHome. jiontDef 表示原点判别区,以关节坐标系为中心来定义原点的监控区域。

WZDoset 表示当机器人 TCP 进入或离开定义的监控区域时输出一个信号。

WZEnable 表示使能开启一个监控区域。

WZDisable 表示禁止一个临时的全局监控区域。

WZFree 表示禁止并删除一个临时的全局监控区域。

以球体监控为例介绍 World Zone 功能指令的含义。

(1) 球体监控指令 WZSphDef。

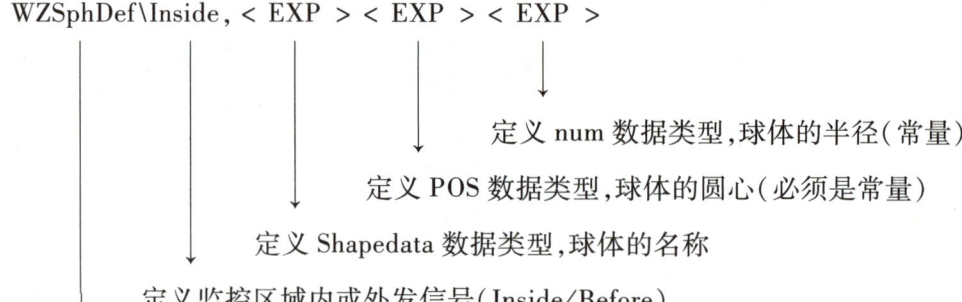

注:这里的球心必须是大地坐标系下的位置值。

(2) 监控区域输出信号指令 WzDoset。

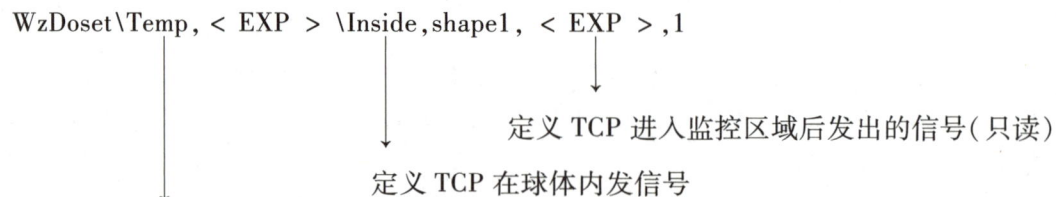

定义 World Zone 变量或可变量,不能是常量,数据类型是 wzstationary

(3) 关联启动事件,并且在 TCP 进入监控区域后,发出信号,如图 6-3-15 所示。

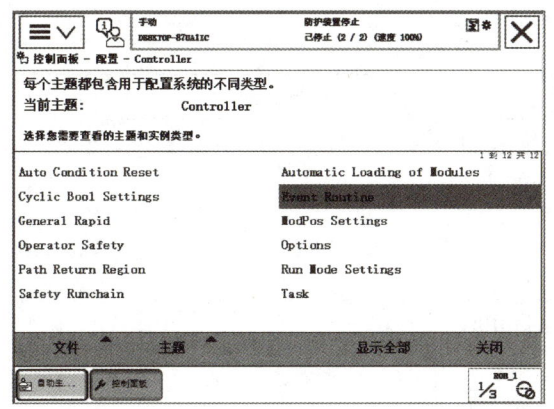 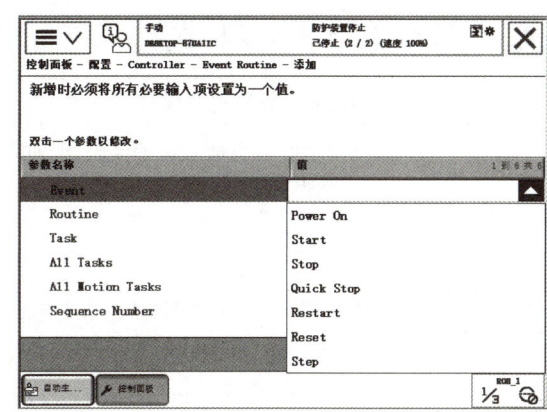

图 6-3-15　关联启动事件

其中,"Event"表示机器人系统事件;"Routine"表示系统事件要启动的例行程序;"Task"表示例行程序的任务程序。

(4)重启机器人,弹出提示信息"Power up(Routine) is Running",表示设定成功。

三、Multitasking 功能

(1) Multitasking 功能使机器人可以同时运行多个任务程序,每个任务程序可以由多个程序模块和多个系统程序模块组成。多任务程序运行的后台程序,即使主程序运行停止或中断,后台的任务程序也不受影响,可以继续运行。例如,点焊过程中对冷却水机组的开启及监控都是在后台程序中运行的。

ABB 机器人的 Multitasking 功能是由"623-1"选项激活,一个机器人最多可以在同一时间内有 20 个任务程序共同执行。另外,每项任务都有自己的中断处理事项,只有自身才能触发这些中断例行程序。

(2)新建一个任务,新任务的类型选项中,"Normal"是用于在新建程序时,将新建程序显示在前台运行,方便用户调试;"Static"表示重启机器人系统后,后台程序会在上次中断的位置,继续往下运行;"SemiStatic"表示重启机器人系统后,后台程序会重新载入程序;"Main Entry"用于设定新建任务的主程序。

关联图谱

点焊应用与编程					
点焊位置示教		World Zone 功能		Multitasking 功能	
掌握点焊基本编程指令	能够使用指令示教焊点位置	了解机器人运行保护的多种区域功能设定	能够设定机器人球体监控区域	了解 Multitasking 功能及意义	能够在示教器上建立底层运行程序
理论	实践	理论	实践	理论	实践

任务实施记录单及验收单

任务名称：点焊应用与编程		实施日期	
任务要求	利用示教器完成点焊原点及焊点的示教；编辑机器人点焊的工作保护区；新建一个主程序实现多任务运行，底层运行机器人的保护区程序		
学习重点			
学习难点			
计划用时		实际用时	
组别		组长	
组员姓名			
成员任务分工			
实施场地			
现场 5S 管理			
任务实施步骤与信息记录	（任务实施过程中重要的信息记录，是撰写工程说明书和工程交接手册的主要文档资料，可另附纸张） 1. 完成点焊原点及焊点的示教编程 _____ _____ _____ 2. 点焊工作保护区的建立步骤 _____ _____ _____ 3. 多任务运行的步骤 _____ _____ _____		
综合评价	1. 目标完成情况 _____ _____ 2. 存在问题 _____ _____ 3. 改进方向 _____ _____		

理论综合测验

一、判断题

（　）1. 工业机器人点焊工作站的冷却水及压缩空气可有可无，没有特别大的作用。

（　）2. 机器人点焊焊枪有 X 型、C 型和 U 型。

（　）3. "WzDoset\Temp,<EXP>\Before,shape1,<EXP>,1"指令的功能是当机器人的 TCP 进入监控区域时发出一个信号。

二、单选题

1. 在示教器的（　）菜单中可以查看机器人的系统功能选型。
A. 手动操纵　　　　B. 程序编辑器　　　　C. 控制面板　　　　D. 程序数据

2. 在示教器的（　）菜单中可以导入伺服焊枪的配置文件。
A. 手动操纵　　　　B. 程序编辑器　　　　C. 控制面板　　　　D. 程序数据

3. 下列指令中（　）是点焊指令。
A. MoveL　　　　　B. MoveJ　　　　　　C. SpotL　　　　　　D. MoveC

参 考 文 献

[1] 叶晖. 工业机器人实操与应用技巧[M]. 北京：机械工业出版社，2023.
[2] 邓三鹏. ABB工业机器人编程与操作[M]. 北京：机械工业出版社，2018.
[3] 张金红，李建朝. ABB工业机器人编程[M]. 北京：北京理工大学出版社，2021.
[4] 陈小艳，郭炳宇，林燕文. 工业机器人现场编程（ABB）[M]. 北京：高等教育出版社，2018.
[5] 杨杰忠，王振华，朱利平. 工业机器人技术基础[M]. 北京：电子工业出版社，2017.
[6] 刘罗仁，傅子霞. 工业机器人操作与编程（ABB）[M]. 北京：北京理工大学出版社，2021.
[7] 金文兵，许妍妩，李曙生. 工业机器人系统设计与应用[M]. 北京：高等教育出版社，2018.
[8] 张春芝，钟柱培，张大维. 工业机器人操作与编程[M]. 北京：高等教育出版社，2022.
[9] 兰虎，鄂世举. 工业机器人技术及应用[M]. 北京：机械工业出版社，2020.
[10] 王富春，关来德. 工业机器人工作站系统组建[M]. 北京：北京理工大学出版社，2021.